_______________ 님의 소중한 미래를 위해

이 책을 드립니다.

우리는
1형당뇨를
선택하지
않았습니다

메이트북스

메이트북스 우리는 책이 독자를 위한 것임을 잊지 않는다.
우리는 독자의 꿈을 사랑하고,
그 꿈이 실현될 수 있는 도구를 세상에 내놓는다.

우리는 1형당뇨를 선택하지 않았습니다

초판 1쇄 발행 2022년 5월 6일 | **초판 5쇄 발행** 2024년 8월 2일 | **지은이** 김미영
펴낸곳 (주)원앤원콘텐츠그룹 | **펴낸이** 강현규·정영훈
편집 안정연·신주식 | **디자인** 최선희
마케팅 김형진·이선미·정채훈 | **경영지원** 최향숙
등록번호 제301-2006-001호 | **등록일자** 2013년 5월 24일
주소 04607 서울시 중구 다산로 139 랜더스빌딩 5층 | **전화** (02)2234-7117
팩스 (02)2234-1086 | **홈페이지** matebooks.co.kr | **이메일** khg0109@hanmail.net
값 19,000원 | **ISBN** 979-11-6002-372-5 03590

걱정하지 마라! 삶은 계속될 것이고,
당뇨병은 단지 그 길을 함께하는 동료일 뿐이다.

• 호수 페이주(1형당뇨인으로서 최초의 우주비행사) •

추천사

——— 우리나라의 경제 수준은 개발도상국에서 벗어나 선진국 대열로 합류했고, 의료 시스템도 눈부시게 발전했습니다. 하지만 대한민국 의료 시스템에서 아쉬운 질환이 있습니다. 바로 1형당뇨병이지요. 1차의원에서는 전문교육을 위한 다학제 진료가 어렵고, 대학병원에서는 동일 수가 '3분 진료' 시스템 제한과 4대 중증질환(암, 심장, 뇌혈관, 희귀난치성질환)에 선정된 질환을 우선 진료합니다.

1형당뇨병은 인슐린을 평생 투여해야 하는데도 4대 중증질환에 포함되지 않습니다. 그래서 수많은 1형당뇨인은 1차의원과 3차병원 어느 곳에서도 환영받지 못하고, 고혈당과 저혈당 사이에서 외줄타기를 하며 고생하고 있습니다.

이 책은 국가 의료 시스템의 사각지대에 있는 1형당뇨인과 가족들이 나이트스카우트 프로젝트를 한국에서 처음 만들어 성장시키고, 다른 나라에서 부러워할 만큼 제도를 개선해가는 생생한 기록을 담았습니다. 연속혈당측정기와 인공췌장시스템 도입, 질환에 대한 인식 개선 노력이 1형당뇨인을 위한 국내 의료 시스템 개선으로 이어지도록, 1형당뇨병 전문가로서 새롭게 결심하는 계기가 되었습니다.

김재현, 삼성서울병원 내분비대사내과 교수

——— 당뇨병을 전공하는 의사로서 진료실에서 1형당뇨인들의 혈당 기록지를 받아들 때면 종종 무력감을 느끼곤 했습니다. 저의 초라한 지식과 환자 분의 고군분투가 아무 소용없다는 사실에 말이죠. 하지만 나이트스카우트와 김미영 대표님의 노력으로 새로운 희망을 발견한 것 같아 무척 기쁩니다.

이 글을 읽으면서 진료실에서는 알기 어려웠던 1형당뇨인과 그 가족들의 생생한 삶의 체취를 느낄 수 있어서 감사했습니다. 특히 연속혈당측정기와 DIY APS 덕분에 거친 피부가 아닌 아이의 부드러운 손가락을 만질 수 있었다는 대목에서 같은 부모의 입장으로서 무척 감사하다는 생각이 들었습니다. 1형당뇨인들의 똑똑하고 당당한 삶을 위해 함께 노력하겠다는 다짐과 함께, 더불어 살아가는 사회적인 변화가 이 책을 통해 시작되기를 바랍니다.

문준성, 영남대병원 내분비대사내과 교수, 대한당뇨병학회 총무이사

——— 이 책은 1형당뇨인의 어머니이자 1형당뇨병 환자단체의 대표인 저자가 일반인의 눈높이에서 저술한 1형당뇨병 종합 안내서입니다. 실제 경험한 내용을 바탕으로 기본 이론부터 최신 의료기술까지 이해하기 쉽게 설명하고 있습니다. 1형당뇨인은 물론이고, 그들을 편견 없이 이해하고 싶은 사람들에게 많은 도움이 될 것입니다.

김재현, 분당서울대병원 소아청소년과 교수

——— 부모는 아이의 질병에 대해 전문가가 될 수밖에 없습니다. 이 책은 1형당뇨인 아이의 건강과 행복을 위해 고군분투하는 부모의 살아 있는 기록입니다.

박유랑, 연세대학교 의과대학 교수

——— 1형당뇨인과 그 가족들이 느끼는 힘겨움, 그리고 사회의 몰이해를 고스란히 감내해야 하는 일상은 결코 쉽지 않을 것입니다. 아직은 부족하지만 미국 당뇨병학회 가이드라인에 환자 중심 원칙이 분명히 다뤄지고 있고, 사회가 함께 감당하고 노력해야 할 부분이 많다는 인식이 더욱 확장되고 있습니다.

이 글에서 치열하게 갈등하고 고민한 선배의 따스한 손길이 느껴집니다. 어떤 분은 이 책이 지식의 보물창고처럼 느껴질 것입니다. 이 책은 '당뇨'라는 병을 어떻게 다루어야 할지 친절하게 알려주고, 당뇨인과 가족들에게 당뇨병 관리를 위한 미래를 제시합니다. 이 책을 읽고 저자가 홀로 고민하고 흐르는 눈물을 참아야 했던 시간들이 '빛'으로 바뀌었다는 생각이 듭니다. Turn your scar into a star!

유승현, 고대안암병원 내분비내과 교수

——— 이 책은 1형당뇨를 어떻게 관리해야 하는지 그 노하우를 환우 가족의 눈높이에 맞추어서 안내합니다. 1형당뇨병환우회 대표이자 IT 전공자인 저자는 연속혈당측정기, 혈당 관리 앱, 인공췌장시스템 등 '스마트한 혈당 관리법'을 소개하며 환우 가족의 삶의 질을 개선하고자 돕고 있습니다. 환자 중심의 의료서비스 혁신을 위해 고군분투하며 가치 있는 삶을 살고 있는 저자의 이야기를 통해 희망을 얻으시길 바랍니다.

엄주연, 부경대학교 간호학과 교수

——— 병원의 당뇨교육실은 늘 바쁩니다. 그래서 1형당뇨 관련 내용을 충분히 전달해드리지 못한 것 같아 많이 아쉬웠습니다. 그런데 이럴 때 도움이 되는 책이 출간되어서 반가운 마음이 들었습니다. 처음 1형당

뇨를 진단받은 당뇨인과 가족들이라면, 반드시 읽어봐야 하는 책입니다. 일반인도 쉽게 이해할 수 있게끔 경험담이 들어 있어서 공감도 되고 술술 읽혀서 더욱 좋습니다.

권은경, 삼성서울병원 아동전문간호사(소아청소년 당뇨병 교육 전담)

———— 1형당뇨병 환우들을 위한 책이 나왔습니다. 그런데 이 책은 아파하고 힘들어하는 환우와 그 가족들은 물론이고, 생로병사를 겪고 있는 모든 이들이 봐야 할 희망의 책입니다. 1형당뇨병인 아이를 둔 엄마가 어떻게 울고 웃으며 성장해가는지, 한 편의 영화처럼 그려져 있습니다. 작지만 위대한 움직임은 병원·치료 중심에서 시민·예방·돌봄 중심의 보건의료 시스템으로 전환을 이뤄가는 전략적인 실험이 되고 있습니다. 평범한 한 아이의 엄마가 세상을 바꾸는 네오인 것이지요. 이 책을 통해 또 다른 네오가 나오길 기대합니다.

성지은, 과학기술정책연구원 선임연구위원 박사

———— 김미영 대표의 1형당뇨 이야기는 아이의 질병을 통해 가족 전체가 성장하고, 세상에 선한 영향력을 전하는 훌륭한 사례입니다. 그녀의 활동은 환자운동이 사회 전체에 가져올 수 있는 변화의 가능성을 실증하

고, 사용자 중심 의료 시스템 전환으로의 물꼬를 트고 있습니다. 저는 감히 그녀의 활동이 1형당뇨 영역뿐만 아니라 후손들에게 오래 기억될 역사가 될 것이라고 믿습니다.

서정주, 한국에자이 기업사회혁신 이사

——— 이 책은 사회적으로 반드시 필요하지만 수행되지 않았던 '언던 사이언스(undone science)'에 대한 이야기입니다. 이 책은 연구개발 투자가 세계 수위를 달리는 국가임에도 불구하고, 그동안 불모지에 있었던 1형당뇨 환자와 가족들이 어떻게 당뇨 관리를 위한 기술과 제도를 만들어가는지, 그 분투를 그리고 있습니다. 당뇨 관리에 필요한 시스템을 만들어가면서 깨어 있는 시민으로 성장하는 가족과 친구들의 기록입니다.

송위진, 한국리빙랩네트워크(KNoLL) 정책위원장 박사

——— 이 책은 '1형당뇨 백과사전'이라 불려도 손색없습니다. 1형당뇨를 갖고 평생 살아가야 할 환자와 그 가족이 알아야 할 정보와 생생한 투병 수기까지 들어 있습니다. 수많은 시행착오를 거쳐야만 터득할 수 있는 노하우들을 챕터마다 '1분 꿀팁' 형식으로 제공해 환자와 가족들에게 실질적인 도움을 주고 있습니다. 1형당뇨와 관련한 전문 용어도 알기 쉽

게 설명해 독자들을 배려하고 있습니다.

이 책은 가족 중에 1형당뇨인이 있다면 책장에 두고 수시로 꺼내 읽어야 하는 '투병 필독서'입니다. 평범한 엄마였던 저자가 왜 한국1형당뇨병환우회를 창립하고 1형당뇨 환자들을 대변하는 환자단체 활동가로 변신했을까요? 저자와 한국1형당뇨병환우회의 활동 내용을 읽다 보면 '환자단체가 얼마나 중요한지'를 새삼 깨닫게 될 것입니다. 김미영 대표의 '환자 중심' 철학을 이 책에서 확인할 수 있습니다. 그래서 환자운동을 하는 저로서는 이 책을 추천하지 않을 수 없습니다.

안기종, 한국환자단체연합회 대표

——— 저는 스무 살에 1형당뇨인이 되었습니다. 고생하시는 부모님을 보면서 얼른 어른이 되고 싶었지요. 어릴 적에 장난감 하나 사달라고 조르지 않았고, 항상 긍정적이고 활발했습니다. 흔히들 이야기하는 '일찍 철이 든, 누구나 부러워하는 엄마 친구 아들'이었습니다.

그러다가 1형당뇨가 찾아왔고 제 인생은 송두리째 무너졌습니다. 슬프고 억울했지만 불평만 하기에는 하루하루가 치열했고 매일이 감사했습니다. 맛있는 밥에 감사했고, 편안한 잠자리에 기뻤고, 잘 조절된 아침 혈당에 행복했습니다. 여전히 진행형이지만 하나님과 제 자신에 대한 믿음으로 극복하고 있습니다. 일상의 평범함이 감사함으로 바뀔 때, 세상은 달리 보입니다.

저는 컴퓨터공학을 전공했고 영상처리, 인공지능 등 신기술 분야를 공부해서 지금은 누구나 부러워할 만큼 좋은 직장에서 사회적 역할을 다하고 있습니다. 그런데 다른 사람을 위해서 '나'를 희생하는 일은 생각해본 적이 없었지요. 평범한 사람들 속에서 나를 보여주고 '1형당뇨인도 평범하고 건강하게, 그리고 훌륭하게 사회에서 한 역할을 할 수 있다'는 것을 보여주면 내 역할은 다한 것이라 여겼습니다.

하지만 이 책을 읽고 프라이팬에 맞은 듯한 충격을 받았습니다. 많은 1형당뇨인들이 이 책을 읽고 음지에서 양지로 나오는 계기가 될 것이라고 생각합니다. 저자에게 감사하고, 제가 아는 사람 중에 이런 좋은 사람이 있다는 것이 참 좋습니다.

창훈, 21년차 1형당뇨인

——— 1형당뇨를 진단받은 모든 분들은 수없이 찾아오는 저혈당의 위협, 제대로 먹지 못하는 고통, 바늘이 주는 아픔에 신음합니다. 이 책은 어떻게 1형당뇨와 더불어 살아가야 하는지를 보여주고, 동시에 얼마나 힘든 과정을 거쳐서 현재의 환경이 갖춰졌는지를 알려줍니다. 개인의 문

제로만 한계선을 긋지 않고, 이 길을 모든 환우가 누릴 수 있도록 끝없이 싸워온 저자에게 감사와 경의를 표합니다. 1형당뇨 환우들의 행복과 안전한 삶을 위해 이 책을 추천합니다.

1형당뇨 진단 2년차에 접어든 일곱 살 환우의 부모

——— 이 책은 1형당뇨인과 가족들이라면 꼭 읽어야 하는 필독서이자 보물 지도입니다. 한국1형당뇨병환우회 대표인 저자는 1형당뇨인과 그 가족들에게 필요한 정보들을 알기 쉽게 설명해줍니다. 또한 IT와 관련된 혈당 관리 방법을 소개하고, 가이드를 제시하고 있습니다. "아무것도 하지 않으면 아무 일도 일어나지 않는다"는 저자의 말처럼, 모든 것이 불가능해 보였을 때 그녀는 실천하고 변화를 이끌어냈습니다.

남유정, 33년차 1형당뇨인

——— 일곱 살 때 발병했던 아이의 1형당뇨가 어느새 14년이나 흘렀습니다. 아이는 잘 자라서 대학생이 되었습니다. 처음 발병했을 때는 '잘 해낼 수 있을지' 걱정도 많았습니다. 그런데 지난날을 돌이켜보니 제가 아이를 키운 것이 아니라, 아이가 저를 키워낸 것 같습니다. 당뇨가 있는 아이는 저를 밥 잘 챙기는 부지런한 엄마로, 아이의 힘든 점과 불편함을

잘 캐치하는 관심 있는 엄마로, 그리고 노력하는 엄마, 늘 기도하는 엄마로 만들었네요.

"때때로 불행한 일이 좋은 사람들에게 생길 수 있다"라며 불행을 함께 해줄 좋은 사람은 많고, 우리가 함께임을 알려주시는 김미영 대표님 덕분에 오늘도 든든합니다. 어려운 용어도 알기 쉽게 풀이해주고, 전문 내용도 상세하게 정리되어 있어서 1형당뇨인에게 많은 도움이 될 것입니다.

김경연, 이영준 환우의 엄마

We Are Not Waiting

쉬운 인생은 없다. 나 역시 인생이 쉽지 않았다. 학창 시절에는 넉넉하지 않은 집안 형편 때문에 학업과 아르바이트를 병행해야 했다. 평일과 주말 가릴 것 없이 아르바이트를 했고, 장학금을 받기 위해 매일같이 새벽에 일어나 도서관에서 공부했다. 1시간도 허투루 사용하지 않았다. 결혼을 하고 나서는 공부하는 남편을 대신해 경제적인 부분을 한동안 책임져야 했다. 그동안 쉽지 않은 인생이었기에 힘들고 어려운 일이 생겨도 회복탄력성이 좋은 편이라고 여겼다.

그런데 아이의 1형당뇨 진단은 이전의 시련과는 차원이 다른 문제였다. 예전에는 내가 열심히, 그리고 부지런히 살면 어느 정도 해결되는 일이었다. 그러나 아이의 1형당뇨는 나의 노력이 반영되지 않는 것만 같았다. 고작 네 살밖에 안 된 아이에게 하루에도 몇 번씩 바늘을 찌르며 주사를 놓는데도 혈당수치는 엉망이었다. 병원에서 퇴원하고 집으로 돌아온 아이와 나는 세상에 내팽개쳐진 듯했다. 아이의 1형당뇨 진단은 우리 가족에게는 무한 책임이었다.

몇 년만 버티면 끝나는 일이 아니었다. '평생'이라고 생각하니 더 답답하고 힘들었다. 그래서 살기 위해 여기저기 정보를 알아보았고, 마침내 연속혈당측정기를 해외에서 들여올 수 있었다. 내 아이만 사용하기가 미안했다. 그래서 같은 처지의 1형당뇨 가족들을 도와주었고, 이 일을 계기로 검찰 조사를 받기도 했다. 아무도 관심을 갖거나 도와주지 않아서 우리 스스로 해결하려고 했던 일들이 문제가 되었다. 다행히 불기소 처분을 받았지만 말로 형용할 수 없을 만큼 힘든 시간이었다.

올해로 아이가 1형당뇨를 진단받은 지 10년이 되었다. 우리 가족에게는 참으로 힘든 10년이었다. 그래도 다행인 것은 아이가 1형당뇨가 있어도 아주 밝고 건강하게 성장하고 있다는 점이다.

1형당뇨를 제대로 관리하려면 인슐린뿐 아니라 의료기기, 디지털 헬스케어 서비스, 의료 데이터를 활용해야 한다. 나는 나이트스카우트 프로젝트를 통해 그 가능성을 확인했다. 그런데 나이트스카우트 프로젝트는 모든 사람이 활용하기에는 너무나 진입장벽이 높았다.

몇 개월 전, 환우회 커뮤니티에서 아이와 유병 기간이 비슷한 청년의 글을 보았다. 그는 청소년기에 1형당뇨를 진단받고 20대 청년이 되었는데, 현재 여러 가지 합병증으로 힘든 상황이라고 했다. 청소년기 때는 반항심으로 1형당뇨를 받아들이지 못했고, 먹고살기 바쁘셨던 부모님은 그를 제대로 돌볼 수 없었다. 그렇다면 청년의 합병증을 가족의 책임이라고 할 수 있을까?

좋은 인슐린이나 의료기기가 주어진다고 해서 저절로 혈당 관리가 잘 되는 것은 아니다. 인슐린의 작용시간이나 의료기기 사용법 등을 공부하고, 디지털 헬스케어 서비스를 통해 데이터를 분석한 다음 적용해야 한다. 이 과정은 한 번으로 끝나는 게 아니다. 그때그때 달라지는 인슐린 민감도에 따라 수많은 시행착오를 겪으며 새로운 기술들을 공부해야 하고, 적절한 혈당 관리 방법을 찾아야 한다.

그럼에도 지금까지는 1형당뇨 관리가 개인의 문제였다. 의료 시스템의 도움을 받을 수 없었다. 아무도 가르쳐주지 않는데 어려운 수학 문제를 스스로 풀라고 하면, 답을 찾을 사람이 몇이나 될까? 교육을 통해 원리를 이해해야 어려운 문제도 해결할 수 있듯이 자가관리를 해야 하는 질환도 교육이 필요하다. 이는 지식의 문제가 아니라 생존의 문제다. '어떻게 관리를 하느냐'에 따라 개인의 건강 상태와 인생이 달라진다.

국가가 인슐린과 의료기기(소모품) 등을 급여로 지원해주면서 개인의 경제적인 부담이 다소 줄었다. 다만 개인이 지출해야 하는 의료 비용은 여전히 크고, 교육이 이루어지지 않은 상태에서 물품만 지원하는 것으로는 혈당 관리 환경을 개선시킬 수 없다. 개인이 해결해야 할 문제로 남겨두지 말고, 질환을 가진 모든 사람들이 보편적으로 누릴 수 있는 의료 정책, 의료 시스템이 만들어져야 한다.

아무리 노력해도 해결될 것 같지 않던 아이의 혈당은 의료기기와 디지털 헬스케어 서비스, 의료 데이터를 활용하면서 드라마틱하게 개선되었다. 그러니 1형당뇨 가족들은 희망을 가지길 바란다. 이제는 정부, 의료진, 기업, 환자단체 모두가 고민할 때다. 올바른 길을 개척하고자 1형당뇨 가족들은 계속 목소리를 내며 'We Are Not Waiting' 할 것이다.

마지막으로 이 책을 쓰기까지 많은 도움을 준 우리 가족, 1형당뇨병 환우회 운영진, 1형당뇨 가족들에게 감사의 마음을 전한다. 그리고 바쁘신 중에도 원고를 감수해주신 삼성서울병원 내분비대사내과 김재현 교수님, 영남대병원 내분비대사내과 교수이자 대한당뇨병학회 총무이사인 문준성 교수님, 추천사를 써주신 선생님들께 감사의 말을 전하고 싶다.

김미영

차례

1장

1형당뇨를 둘러싼 오해와 진실

2장

1형당뇨에 적응하며 사는 법

1형당뇨 회복의 시작점

4장

똑똑하게 혈당을 관리하는 법

1형당뇨와 더불어서 미래를 사는 법

6장

1형당뇨, 우리는 그렇게 회복되었다

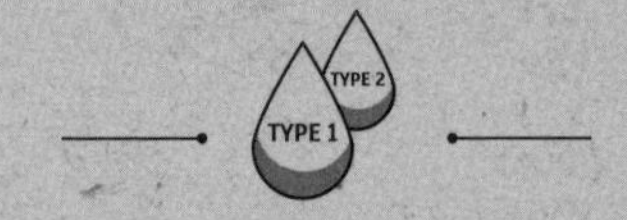

아이가 1형당뇨를 진단받았을 때, 나는 아이의 주치의에게 이렇게 물었다. "저희 집안에는 당뇨 환자도 없고, 제 아이는 살이 찌지도 않았어요. 무엇보다 36개월밖에 안 된 아이에게 나쁜 음식을 먹일 기회도 없었는데…. 어떻게 우리 아이가 당뇨예요?" 그런데 1형당뇨는 유전이나 나쁜 식습관, 운동 부족 등과는 상관없는 질환이다. 나 역시 1형당뇨인의 가족이 되기 전까지만 해도 1형당뇨가 어떤 질환인지 몰랐다.

1장

1형당뇨를 둘러싼 오해와 진실

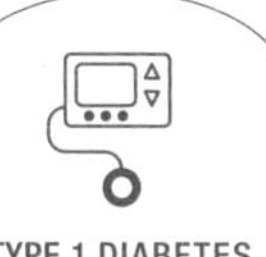

TYPE 1 DIABETES

1형당뇨에 걸린 것은 누구의 잘못도 아닙니다

아이가 1형당뇨라는 진단을 받으면 부모들은 자책한다. '아이를 임신했을 때 몸 관리를 제대로 안 한 건가?' '내가 잘못 키운 게 아닐까?' '내 잘못 때문에 아이가 병을 진단받은 것은 아닐까?' 하는 식이다.

아이가 1형당뇨를 진단받고 나서 조금이나마 희망을 찾고 싶었던 나에게 주변 분들은 영화 〈로렌조 오일〉을 추천했다. 영화 속 인물인 '로렌조'는 **ALD(부신백질이영양증)**를 진단받고도 마땅한 치료법이 없는 상태였다. 로렌조의 부모는 좌절하지 않고 이를 치료할 수 있는 오일을 개발한다.

> **ALD(부신백질이영양증)**
>
> '로렌조 오일병'이라고도 한다. 성염색체인 X염색체 유전자 이상으로 발생하는 병이다. 몸 안의 '긴 사슬 지방산(VLCFA; very long chain fatty acid)'이 분해되지 않고 뇌에 들어가 신경세포를 파괴하는 희귀 질환이다. 영화 〈로렌조 오일〉의 실존 인물인 미카엘라 오도네가 찾아낸 기적의 치료 물질인 '로렌조 오일(Lorenzo's oil)'도 긴 사슬 지방산의 생성을 억제해 줄 뿐 신경세포의 파괴는 막지 못한다.

이는 실화를 바탕으로 한 영화다. 로렌조가 진단받은 ALD는 모계 유전병이다. 이 사실을 알고 나서 로렌조의 엄마는 무거운 죄책감에 빠진다. 게다가 로렌조 오일을 개발해왔던 남편마저 그녀와 싸우면서 "당신의 피 때문이잖아!"라는 말을 하고 만다.

아이가 아프면 대부분의 부모들은 자신의 잘못이라고 생각한다. 그런데 이 얼마나 잔인하고 마음 아픈 생각인가? 어떤 병도 '부모의 잘못'은 없다.

유전 질환이라고 하더라도 부모 역시 그 유전 질환을 물려받았을 뿐이다. 그러니 자책하고 누구의 탓인지 고민하는 일은 의미 없다. 아이의 질환을 회복시키거나 건강 관리에 전혀 도움이 안 된다.

우리 가족은 아이가 초등학교 2학년이 되었을 때 새로운 곳으로 이사를 했다. 예전에 살던 동네의 학교 친구들은 아이에게 **1형당뇨**가 있다는 사실을 알고 있었다. 그래서 아이는 어린이집이나 학교에서 스스럼없이 인슐린 주사를 놓았다.

1형당뇨

정식 병명은 '1형당뇨병'이다. 1형당뇨병은 췌장의 β세포가 자가면역 기전에 의해 파괴되어, 인슐린을 분비하지 못해서 발병하는 질환이다. 그래서 인슐린을 주사 형태로 외부에서 주입해야 한다. 아직까지는 완치가 안 되고 평생 혈당을 관리해야 하는 질환이다.

그런데 새로운 곳으로 이사를 가고 나서는 아이가 1형당뇨라는 사실을 비밀로 해달라고 했다. 그러면서 아이는 "우리 학교 아이들 중에서 왜 나만 당뇨를 앓는 거예요? 누구 때문에 내가 당뇨에 걸린 거예요?" 하고 물었다.

나는 그때 단호하게 말했다. "누구의 잘못도 아니야. 당뇨라는 사실을 알릴지 말지는 네 의견이 가장 중요해. 다만 이 병은 누군가의 잘못 때문에 얻은 것은 아니니까 절대 창피해하지 마. 만약 친구들이 알게 되더라도 꼭 당당하게 이야기하렴." 그러고는 나는 아이에게 1형당뇨가 어떤 질환인지, 관련 내용을 자세히 설명해주었다.

"때때로 불행한 일이 좋은 사람들에게 생길 수 있다." 얼마 전 TV 드라마에서 나온 대사다. 불행한 일이 일어난 것은 나쁜 일의 결과가 아니다. 그런데 사람들은 보통 불행한 일이 생기면 없던 잘못까지 만들어내서 자책한다. 불행은 누구에게나 찾아올 수 있다. 그런데 중요한 것은 좋은 사람 곁에는 그 불행을 함께해줄 좋은 사람들이 많다는 것이다. 1형당뇨를 진단받은 사실에 자책하지 말고 좋은 사람들과 소통하고 함께 목소리를 내다 보면, 불행이 희망으로 바뀌는 날이 분명히 올 것이다.

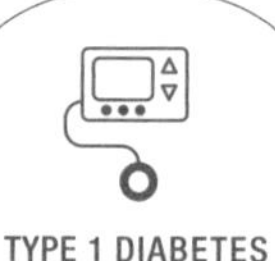

TYPE 1 DIABETES

1형당뇨란 어떤 병이고 증상은 어떤가요?

> **인슐린**
>
> 췌장의 랑게르한스섬에 있는 β세포에서 분비되는 호르몬으로 혈당을 강하시키는 기능을 한다. 1형당뇨인들이 사용하는 주사 인슐린은 혈당을 떨어트리는 면에서는 체내 인슐린과 같지만 인슐린의 발현시간, 최대 작용시간, 반감기, 지속시간 면에서는 체내 인슐린과 다르다.

1형당뇨가 발병하는 원인은 식습관이나 비만이 아니다. 선천적이거나 유전 질환도 아니다. 췌장(이자)의 β세포가 파괴되어 **인슐린**을 분비하지 못해서 발병하는 질환이다.

췌장은 명치 부위의 등 쪽 가까이에 위치하고, 십이지장으로 둘러싸여 있다. 췌장의 대부분은 소화 효소를 만드는 세포들로 이루어져 있으나 1% 내외의 특수한 세포들이 있다. 이를 '췌도(islet, 膵島)세포'라고 한다.

랑게르한스섬(islets of Langerhans, 세포를 발견한 랑게르한스의 이름을 땄다)이라는 호르몬을 분비하는 특수 조직은 내분비세포들로 이루어져 있는데, 대표적으로 α세포와 β세포가 있다. α세포에서는 혈당을 올리는 글루카곤 호르몬을 분비하고 β세포에서는 혈당을 내리는 인슐린 호르몬을

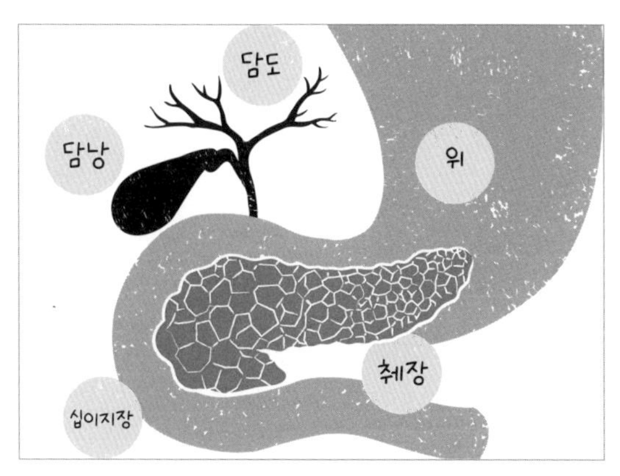

췌장의 위치

분비한다. 이 두 호르몬의 상호작용으로 혈당이 적절하게 유지된다.

음식을 섭취하면 인슐린이라는 호르몬의 영향으로 영양소가 에너지원으로 사용된다. 그런데 1형당뇨병은 자가면역 기전으로 인슐린을 분비하는 췌장의 정상 β세포를 스스로 공격해 파괴시키는 질환이다. 따라서 췌장이 인슐린을 분비하는 능력을 잃는 것이므로 외부에서 주사로 공급해주어야 한다.

그런데 인슐린은 왜 '먹는 약'으로는 안 되고 '주사 형태'로 주입해야 할까? 인슐린을 알약으로 만들어서 복용하면 위장관의 소화액에 의해 인슐린 성분이 모두 소화가 되면서 약효가 사라지기 때문이다. 알약 형태가 아닌 흡입형 인슐린도 개발되었지만, 인슐린 용량을 미세하게 조절하지 못하고 흡입하는 과정도 쉽지 않다. 게다가 기관지가 약하거나 어린아이인 경우 위험성이 높아서 널리 상용화되지는 못했다.

1형당뇨는 인슐린을 분비하지 못해서 생기는 질환이다

일반적으로 1형당뇨 아이들이 밥을 먹을 때 맞는 인슐린 주사량은 수도꼭지에서 떨어지는 물 한 방울보다 적은 양이다. 보통 초등학생 이상이 되어야 한 번에 0.05ml(5단위) 정도를 주사하고, 유아의 경우에는 0.001~0.005ml(0.1~0.5단위)를 주사한다. 아이들이 물약을 먹을 때 사용하는 약통 중에서 제일 작은 약통이 12ml(1,200단위)인 것을 감안하면 0.001ml 또는 0.05ml는 정말 적은 양이다. 그런데 이때 인슐린 양이 조금이라도 맞지 않으면 저혈당이나 고혈당을 유발할 수 있다.

저혈당은 보통 인슐린 용량이 많았을 때, 운동으로 당 소비가 많아서 섭취한 탄수화물의 양보다 인슐린 양이 더 많을 때 주로 생긴다. 저혈당 상태가 되면 뇌세포와 신경세포가 에너지 부족으로 인해 절전 모드와 같은 상태로 전환한다. 그래서 저혈당 상태에서는 힘이 없거나 무기력해진다. 저혈당이 1시간만 지속되어도 저혈당 혼수상태가 올 수 있고 심하면 사망에 이를 수도 있다.

고혈당은 인슐린 용량보다 섭취한 탄수화물의 양이 많을 때, 지방이나 단백질이 많아서 오랜 시간 지속해서 **혈당**을 올릴 때 발생한다. 고혈당은 저혈당만큼 치명적이지는 않지만, 고혈당이 지

> **혈당**
>
> 혈액 속에 포함된 포도당의 농도를 말한다. 포도당의 농도는 혈액뿐 아니라 우리 몸에 있는 액체(눈물, 땀, 소변, 침 등)로 간접적인 측정이 가능하다. 다만 혈액이 포도당의 농도를 가장 빨리 반영한다. 혈당이 만성적으로 높을 경우 소변으로 배출되는데, 이러한 병적 상태를 당뇨병이라고 한다.

고혈당
증상

▲ 고혈당

피로감(과하게 졸리고 나른하다),
몸이 무거움, 미열, 약한 몸살 기운, 목마름,
입에서 단내가 남, 눈 뻐근함/뻑뻑함,
눈 충혈, 두통, 손발 저림, 몸에서 쥐 나는 느낌,
손이나 피부 등이 건조하고 목이 마름. 체한
것처럼 가슴이 답답하기도 하고 배고픈 것도
아닌데 계속 무언가를 먹고 싶어 한다.

▲ 심한 고혈당
(250~300mg/dl 이상)

코에서 아세톤 냄새가 남, 숨이 참, 메스꺼움

▲ 심한 고혈당 이후

고혈당/저혈당 후 혈당이 정상 범위로 돌아와도
컨디션이 회복되는 데 최소 1~2시간에서 길게는
하루 이상 걸림. 몸살 후처럼 전신무력감이 있음.
특히 고혈당/저혈당 롤러코스터 후는 주사도 무섭고,
식사도 무서움

▼ 저혈당

체력 급 방전, 기운 없음, 식은땀, 허기,
배에서 꼬르륵 소리, 손발 떨림, 눈에 초점이
안 맞음, 집중력 저하(뇌가 정지된 느낌),
단어가 생각이 안남, 생각/말/행동이
느려짐, 같은 말 반복, 졸림, 어지러움, 두통,
불안, 짜증, 잠을 자다가 악몽을 꾸면서
깨기도 한다. 심장이 빨리 뛴다.

▼ 심한 저혈당(60mg/dl 이하)

감정 격화(심한 짜증, 말만 시켜도 귀찮고
'나 좀 가만히 놔뒀으면' 하는 느낌,
소리지르고 싶은 느낌), 혀와 입천장 마비
(치과에서 마취 주사 맞은 느낌), 눈에
별빛같이 반짝거리는 게 보임, 앞이 보였다
안 보였다 함, 눈앞이 하얗게 변함, 잠듦

▼ 심한 저혈당 이후

종일 몸에 힘이 없고 집중이 안 됨.
(특히 새벽에 자다가 저혈 올 경우)
죽을 수도 있겠다는 생각이 들면서 혈당
관리에 회의적인 생각이 들고 다 때려치우고
싶음. 새벽 저혈당시 보통 악몽을 꾸면서
깨는데 식은땀이 나고 일어나면 손이 떨리고
심장이 빠르게 뛴다. 이때 단 음료를 마시며
진정이 되길 기다리는데 아무래도 무섭다
보니, 과하게 먹게 된다. 그러다 보면
아침에는 고혈당으로 일어나기도 한다.

저혈당
증상

고혈당과 저혈당 증상

속되면 갈증과 피로, 무기력증, 공복감을 느낀다. 그래서 많이 먹어도 체중이 줄고 심할 경우 **케톤산증**이 발생한다. 고혈당에 장기간 노출되면 여러 가지 당뇨병성 합병증도 발생한다.

저혈당이나 고혈당이 생기지 않으면 가장 좋겠지만, 이렇게 관리하기란 쉬운 일이 아니다. 혈당에 영향을 주는 것은 단순히 음식이나 인슐린 용량만이 아니기 때문이다. 인슐린 주사시간, 운동 여부, 컨디션, 다른 질병의 여부, 호르몬 분비 등과 같이 많은 변수들이 작용한다.

(당뇨병성)케톤산증

케톤산증은 급성 대사성 합병증으로 혈액 내 케톤체(ketone body)가 증가하고 산도(pH)가 낮아지는 상태를 말한다. 고혈당 때문에 신체에 필요한 에너지를 당으로 제공받지 못하고 지방을 사용하면서 혈액 속에 산(acid) 대사물이 쌓여 발생하는 것이다. 다뇨, 쇠약감 등의 증상과 함께 구토 등을 동반하고 혼수상태에 빠질 수도 있다. 심하면 사망에 이를 수도 있다.

||| 1형당뇨, 1분 꿀팁 |||

저혈당을 회복하기 위한 음식으로 초콜릿이 많이 거론된다. 그런데 초콜릿은 지방 함량이 높아서 혈당을 빠르게 올리지 못하고 혈당을 천천히 올린다. 저혈당 상태에서 혈당을 빠르게 올리려면 주스나 청량음료와 같은 액상 음료가 가장 좋다. 음료에 표시된 '영양성분' 중에 '탄수화물' 양이 아닌 '당류' 양을 보고 선택하는 것이 좋다. 탄수화물 양은 많은데 당류 양이 적다면 복합당의 비율이 높은 것이고, 반대로 당류 양이 높으면 단순당의 비율이 높은 것이다. 단순당은 혈당을 빨리 올려준다. 그래서 저혈당일 때는 당류 양이 중요하다. 실제로 건강에는 단순당보다 복합당이 좋다. 다만 저혈당 상태는 혈당을 빨리 올려줘야 하니 예외의 상황으로 보면 된다.

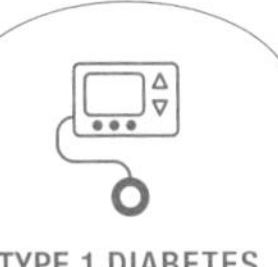

TYPE 1 DIABETES

1형당뇨병과 2형당뇨병은 분명히 다릅니다

인슐린이 분비되지 않는 1형당뇨인은 변수에 더 많은 영향을 받는다. 때문에 당뇨 증상이 일반적으로 알려진 **2형당뇨병**과는 비슷하지만 '발병 기전'과 '관리 방법'이 다르다.

1형당뇨병은 2형당뇨병에 비해 유병인구가 적다. 그래서 1형당뇨에 대해 잘못 알고 있는 대중들이 많다. 그만큼 부정확한 상식을 바탕으로 잘못된 질문을 많이 한다. 의도야 어떻든, 가끔은 그들의 관심과 배려가 환우들에게는 상처가 될 수도 있다. 게다가 1형당뇨 관련 기사를 쓰는 기자들도 가끔 틀린 내용으로 기사를 작성하기도 한다.

2형당뇨병

당뇨는 1형당뇨병·2형당뇨병·임신성 당뇨병으로 나뉜다. 그중에 2형당뇨는 유병인구가 가장 많은 당뇨 질환으로, 1형당뇨에 비해 비교적 천천히 진행된다. 기계로 치면 1형당뇨는 갑자기 고장이 난 상태라면, 2형당뇨는 여러 이유로 노후화되어 제 기능을 하지 못하는 상태다.

1형당뇨 환우들이 자주 듣는 질문들

다음은 1형당뇨 환우들이 자주 듣는 질문들과 이에 대한 답변이다. 우리가 잘못 알고 있었던 내용은 없는지 한 번 살펴보자.

질문) 태어날 때부터 당뇨였나요?

답변) 1형당뇨는 선천적 질환이 아닙니다. 어느 날 갑자기 찾아온 교통사고 같은 질환입니다.

질문) 집안에 당뇨를 앓고 있는 사람이 있나요?

답변) 1형당뇨는 유전 질환이 아닙니다. 오히려 2형당뇨에 비해 유전적 소인이 적습니다.

질문) 소아비만 때문에 소아당뇨가 오는 건가요?

답변) 1형당뇨는 비만이나 나쁜 식습관, 운동 부족 때문에 발병하는 질환이 아니고 **자가면역질환**입니다. 대개 전 연령층에서 발병되기 때문에 '소아당뇨'라는 표현은 잘못된 표현입니다. 1형당뇨가 올바른 용어입니다.

자가면역질환

면역이란 외부 세균, 바이러스 등의 병원체에 대해서 인지하고 방어하는 기전이다. 신체의 면역체계 이상으로 자신의 건강한 세포, 조직, 또는 기관을 공격하는 질환을 자가면역질환이라고 한다. 완치가 어렵고 치료로 증상을 완화해 합병증을 예방할 수 있다.

질문) 전염되는 질환인가요?

답변) 아니요. 1형당뇨는 전염되는 질환이 아닙니다.

질문) 여주나 돼지감자가 당뇨에 좋다는데 먹어보는 건 어떤가요?

답변) 당뇨에 좋다는 식품을 권하지 말아주세요. 1형당뇨인들은 인슐린 주사 없이는 혈당 관리가 되지 않습니다.

질문) 당뇨는 언제 좋아지나요? 점점 좋아지고 있는 거죠?

답변) 아직까지는 완치가 불가능한 질환입니다. 평생 당뇨를 가지고 살아야 합니다.

질문) 완치가 안 되는 것이라면 언젠가 합병증이 생기는 건가요?

답변) 1형당뇨를 진단받았다고 해서 모두 당뇨 합병증이 오는 것은 아닙니다. 혈당 관리를 잘하면 합병증 없이 건강하게 생활할 수 있습니다.

일반적으로 유전 질환이라고 하면, 특정 유전자의 이상으로 질환이 100% 발병하는 경우를 의미한다. 즉 특정 유전자에 이상이 생기면 태어날 때부터 특정 질환이 발병하거나 나이가 들면서 그 질환이 100% 발병하는 경우다. 반면에 일반 질환들은 여러 유전자들의 이상소견이 복합적으로 작용해 질환 발생에 일부 영향을 미치고, 환경적 요인 역시 질환 발생에 영향을 미친다. 예를 들어 고혈압, 비만, 2형당뇨병 등이 일반적인 질환에 속한다. 일부 유전적 소인이 관여하지만 유전 질환이라고 명명하지는 않는다.

'1형당뇨 인식 개선' 캠페인 포스터(2020년)

다만 고혈압, 비만, 2형당뇨병은 나이가 들수록 흔하게 발병하는 편이고, 가족력이 있는 경우도 많다. 만약 가족 중에서 2형당뇨병이 있다면 상대적으로 발병 위험도가 2~3배 올라간다. 실제로 국내에서는 2형당뇨인 대부분이 2형당뇨병 가족력이 있다.

국내의 1형당뇨병 유병률은 매우 낮다. 때문에 직계가족 중에서 1형당뇨인을 보기란 쉽지 않다. 그러니 "집안에 누가 1형당뇨예요?"라고 질문하는 것은 2형당뇨병과 1형당뇨병을 구분하지 못한 질문이다. 가족 중에 2형당뇨인이 있다고 해서 1형당뇨병 발생과 연관성이 있는 것은 아니다.

또한 첫째 아이에게 1형당뇨병이 있다고 해서 둘째 아이도 동일하게 발병할 확률은 인종과 나라마다 약간씩 다르지만, 국내에서는 1% 미만으로 매우 낮다. 부모가 1형당뇨병이 있어도 아이에게 발생할 확률 또한 매우 낮다.

직계가족 중에서 1형당뇨인이 있으면 1형당뇨병의 상대적인 발병 위험도가 10배가량 상승한다. 다만 한국, 일본, 중국 등 아시아 인종은 1형당뇨병 유병률이 0.1% 미만으로 매우 낮다. 그러므로 상대적인 위험도가 10배 상승해도 가족 중에 1형당뇨인이 있는 경우는 매우 드물다. 그만큼 가족력이라는 유전적 소인으로 평가할 때, 한국인은 2형당뇨병에 비해 1형당뇨병의 유전적 소인이 매우 낮다.

한국인보다 1형당뇨병 유병률이 20~30배 높은 인종(북유럽 일부 국가 및 유태인 등)은 가족 구성원 중에 1형당뇨인이 있으면 고위험군으로 지정되어, 1형당뇨병 발병 여부를 모니터링하도록 권유받는다. 하지만 1형당뇨병 유병률이 매우 낮은 한국인은 가족 중에 1형당뇨인이 있더라도 1형당뇨병의 절대적인 발병 위험도가 매우 낮다. 때문에 1형당뇨병 발병 여부를 정기적으로 모니터링하도록 권장하지 않는다.

결론적으로 1형당뇨병도 일부 유전적 소인이 관여하지만 1형당뇨병 유병률이 매우 낮은 한국인에게는 2형당뇨병에 비해 1형당뇨병이 가족력으로 평가하는 유전적 소인이 매우 낮다. 따라서 "집안에 누가 1형당뇨예요?"라는 질문은 1형당뇨병과 2형당뇨병을 구분하지 못한 엉뚱한 질문이다.

'1형당뇨'는 소아청소년 시기에도 진단받을 수 있다고 해서 '소아당뇨'로 불려왔지만 정식 병명은 아니다. 소아당뇨라는 명칭은 소아비만, 나쁜 식습관, 운동 부족 등과 연관 지어 1형당뇨에 대한 오해를 불러오기 때문에, 정식 병명인 '1형당뇨병' 또는 '1형당뇨'로 불러야 한다.

TYPE 1 DIABETES

1형당뇨, 완치가 가능한가요?

처음 질환을 진단받은 1형당뇨인들이 가장 많이 질문하는 것 중 하나가 '식이를 조절하고 규칙적으로 운동을 하면 인슐린 주사를 안 맞을 수 있는지'에 관한 것이다. 나는 아이가 1형당뇨를 진단받고 나서 1형당뇨 완치 사례가 있는지를 그야말로 '미친듯이' 검색했다. 전 세계에서 완치 사례가 하나라도 있다면 가능성이 있다는 뜻이니, 실제 사례가 하나만 나와주기를 바랐다.

보통 **2형당뇨**의 경우 살을 빼거나 식이를 조절하거나 운동을 하면 복용하던 약을 끊는 사례들이 있지만, 1형당뇨인은 노력한다고 해도 인슐린 주사를 안 맞을 수 없다.

1형당뇨 발병 초기인 **허니문기**에는 인슐린을 가끔 중단하는 경우도 있지만,

2형당뇨

당뇨병은 그 기전에 따라 1형당뇨병과 2형당뇨병으로 나뉜다. 췌장에서 인슐린이 전혀 분비되지 않아서 발생한 당뇨병을 1형당뇨병이라 한다. 인슐린 분비기능은 일부 남아 있지만 여러 가지 원인에 의해 상대적으로 인슐린 저항성이 증가해서 발생하는 경우를 2형당뇨병이라 한다. 1형이냐 2형이냐에 따라 치료와 관리 면에서 여러 가지 차이가 있다.

결국 다시 인슐린을 맞아야 한다.

혈당 관리가 쉽지도 않은데 완치도 안 된다니…. 나는 '차라리 위중한 병이더라도 **완치**가 가능한 질환이면 얼마나 좋을까?' 하는 어리석은 생각도 했었다.

1형당뇨 가족들은 완치가 안 된다는 사실에 절망하고 좌절한다. 질환을 관리할 때 '희망'은 치료약만큼이나 강력한 힘이 있다. 그런데 완치가 안 된다는 사실은 치료약 하나를 잃은 것과 같다.

하지만 1형당뇨는 관리를 잘하면 건강하게 살 수 있다는 희망이 있기 때문에 또 다른 치료약이 남은 것과 같다. 그리고 최근에는 1형당뇨가 있어도 혈당 관리를 잘할 수 있는 환경이 마련되었다. 게다가 완치가 안 되는 병이기에 좋은 음식 섭취, 규칙적인 운동으로 자기 몸에 더 관심을 가지고 살피며 살아간다.

병원도 주기적으로 다니며 검사를 해야 몸에 작은 이상도 빨리 알아차릴 수 있다. 그 덕분에 비당뇨인들보다 더 건강하게 살 수도 있다. 해외에서는 '당뇨인(PWD; people with diabetes)'이라는 말을 사용한다. 당뇨병

허니문기

허니문기(밀월기, 관해기)는 1형당뇨를 진단받고 인슐린 주사를 맞기 시작한 후 일시적으로 췌장에서 인슐린이 분비되어서 인슐린 주사를 안 맞거나 인슐린 양을 줄여도 혈당이 정상적으로 유지되는 시기다. 허니문기의 상태나 기간은 개인차가 크고 허니문기가 아예 없는 사람도 있다. 하지만 허니문기는 반드시 끝이 있기 때문에 완치되었다고 생각하면 안 되고, 허니문기가 없다고 해도 실망할 필요가 없다.

완치

만성질환이나 자가면역질환 등에서는 '완치' 대신에 '관해'라는 용어를 사용한다. 관해는 완치와는 다른 개념으로, 어떤 질환의 증상이 가라앉은 상태이지만 언제든 다시 증상이 나타날 수 있는 상태다.

환자(diabetes patient)라고 하지 않고 그저 '당뇨를 가진 사람'이라는 뜻이다. 뜻하지 않은 교통사고처럼 1형당뇨가 찾아왔지만, 잘 관리하면 오히려 더 건강한 일상을 영위할 수 있다.

1형당뇨의 경우 주사를 맞지 않는 일시적인 허니문기를 관해기라고 볼 수 있다. 2형당뇨의 경우 좋은 식단과 규칙적인 운동 등으로 당뇨약을 끊는 관해기가 있을 수 있고, 자가면역질환인 크론병 같은 경우도 치료를 통해 관해기가 있을 수 있다. 하지만 완치가 아니므로 언제든 상황이 바뀌면 증상이 다시 나타날 수 있다.

TYPE 1 DIABETES

1형당뇨는 어떤 회복의 길을 걸어가나요?

아이가 1형당뇨를 진단받았을 때 그 충격은 말로 다할 수 없었다. 그런데 충격을 느낄 새도 없이 새롭게 배워야 할 것들이 많았다. 아이가 퇴원하고 나면 내가 인슐린 용량을 결정해야 했고, 주사도 놓아야 했다. 그리고 음식도 만들어야 했다. 조금 과장을 보태면 내 손에 아이의 목숨이 왔다 갔다 했다.

'왜 나에게 이런 시련을 주었는가? 나쁜 짓 하지 않고 성실하게 살아왔는데, 어찌 이렇게도 가혹할까?'라는 생각을 했다. 기도를 하려고 눈을 감으면 원망과 분노의 감정만 쏟아져 나왔다. 주변에서는 간절히 기도하면 나을 것이라고 말했지만, 나는 그럴수록 더 화가 났다. '잘 모르면 제발 입 좀 닫아주세요'라며 말하고 싶었다.

어떤 때는 '혹시 오진이 아닐까?'라는 생각이 들어서 다시 검사해달라고 요청하기도 했다. "혹시 2형당뇨여서 주사를 안 맞고도 관리할 수 있는 것 아닌가요? 오진 가능성은 없나요?" 하면서 말이다. 지금 생각해보

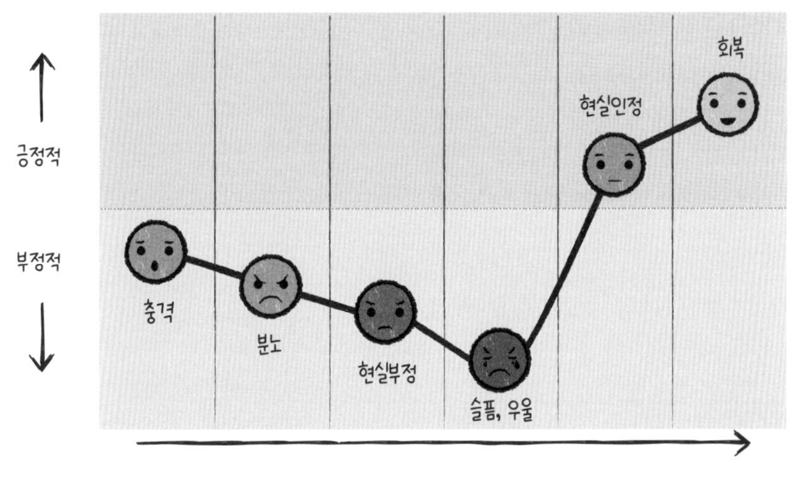

1형당뇨병을 받아들이는 단계

면 말도 안 되는 질문들이지만 그때는 현실을 부정하고만 싶었다. 편히 잠을 이룰 수가 없었고, 어쩌다 잠깐 잠이 들어도 눈을 뜨기가 싫을 정도였다. 아이의 당뇨만 생각하면 숨이 막혀오고 답답했다. 아무것도 아닌 일에 눈물이 났고, 사소한 말에도 상처를 받았다.

충격, 분노, 현실부정, 슬픔, 우울의 상태는 아이가 퇴원을 하고도 반복적으로 나타났다. 그런데 감정이 오락가락하는 순간에도 나는 무너지지 않아야 했다. 나는 온전히 아이의 1형당뇨를 관리해야 하는 보호자였다. 국내외 기사, 논문, 커뮤니티 자료 등을 검색했다. 새로운 의료기기나 희망적인 이야기를 볼 때면 가슴이 뛰었다. 그러면서 절망은 희망으로 조금씩 변해갔다.

1형당뇨 가족들과의 만남이 회복의 시작점이다

나의 회복 과정에서 가장 결정적인 역할을 했던 것은 당뇨병 의료기기의 개발 사례와 1형당뇨 가족들과의 만남이었다. 당시에 내 생활은 아이의 혈당을 관리하는 일에 매몰되어 있었다. 그러다가 **연속혈당측정기(continuous glucose monitoring system)**, **인슐린펌프(Insulin pump)**, **인공췌장시스템** 등과 같은 의료기기와 IT기술을 접하고는 놀라울 만큼 나아졌다.

그리고 세상에서 홀로 떨어진 듯한 외로움을 느끼다가도 1형당뇨 가족들을 만나면 위로를 받기도 했다. '내 아이와 같은 질환을 가진 사람들도 있구나. 내 슬픔과 분노와 고단한 삶을 이해할 수 있는 사람들이 있구나'라는 생각이 들자 큰 위로가 되었고, 그들과 정보나 노하우를 공유하면서 현실을 받아들일 수 있었다.

연속혈당측정기(continuous glucose monitoring system)

피하에 센서의 바늘(needle)을 삽입해서 간질액으로 혈당을 측정한다. 측정된 혈당은 송신기(transmitter)를 통해 스마트폰이나 웨어러블, 수신기(receiver)에 1~5분 간격으로 전송해 준다.

인슐린펌프(Insulin pump)

인슐린 자동주입기라고도 한다. 3~4일 정도 사용할 인슐린을 기기에 넣고, 기기와 연결된 주사 바늘(cannula)이 피하에 삽입되어 자동 또는 수동으로 인슐린을 주입하는 기기다. 보통 초속효성 인슐린을 사용한다.

인공췌장시스템

연속혈당측정기로 측정된 연속적인 혈당의 흐름과 섭취한 탄수화물, 수동 주입한 인슐린 양 등을 참고한 알고리즘이 인슐린 양을 자동으로 결정한다. 그 주입 양을 인슐린펌프에 전달해 자동으로 혈당 흐름을 조절해주는 시스템이다.

동병상련의 마음이 회복을 하는 데 큰 도움이 된다는 사실을 깨달았다. 이후 나는 더 적극적으로 1형당뇨 가족들과 소통하며 커뮤니티 활동을 이어갔다. 내가 겪은 시행착오를 다른 가족들은 겪지 않았으면 하는 바람에서 새로운 정보나 혈당 관리 방법 등을 공유했다. 모임을 주최해서 여러 가족들을 꾸준히 만났고, 내 도움이 필요한 곳이라면 언제든지 달려갔다. 그런데 이상하게도 다른 사람들에게 도움을 주는 것 같았지만 그 과정에서 내가 회복이 되었다.

대부분의 1형당뇨인과 가족들은 나와 비슷한 회복의 과정을 겪었을 것이다. 물론 어떤 사람은 절망 단계에 머물러 있을 수도 있다. 하지만 회복의 단계로 들어서려면 현실을 인정하고 회복하려는 노력을 해야 한다.

많은 사람들과 머리를 맞대고 소통하다 보면 회복하는 속도는 빨라진다. 그러니 홀로 숨지 말고 세상으로 나와야 한다. 함께 소통하고 우리의 목소리를 낼 수 있어야 한다.

혈당 관리는 쉽지 않다. 혁신적인 의료기기와 인공췌장시스템 등이 있다고 하더라도 고혈당과 저혈당을 완벽하게 막을 수는 없다. 그러다 보니 대부분의 1형당뇨인들과 보호자들은 '나는 혈당 관리를 제대로 못한다'라고 생각한다. 그런데 너무 자책할 필요는 없다. 가끔 혈당을 관리하느라 일상생활조차 포기하고 혈당 관리에 얽매여 사는 분들도 계신다. 그런데 우리가 혈당 관리를 하는 이유는 평범한 일상을 살기 위한 것이다. 혈당 관리와 일상생활이 균형을 이룰 수 있도록 마음을 다스리는 태도가 가장 중요하다.

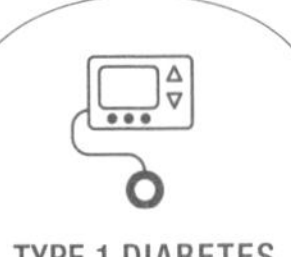

TYPE 1 DIABETES

왜 췌장·췌도 이식이 답이 아닌가요?

1형당뇨를 진단받고 아이 주치의 선생님께 "제 췌장을 떼어줄 수는 없나요?"라고 물었다. 많은 부모들이 아이가 1형당뇨를 진단받았을 때 하는 생각일 것이다.

아이가 당뇨를 진단받기 전만 해도 당뇨는 나와는 전혀 상관없는 일이었다. 장기이식에 대한 지식 역시 전혀 없었다. 그런데 아이가 1형당뇨를 진단받으니 내 췌장을 떼어주고 싶을 만큼 간절한 마음이었다. 췌장을 이식하면 아이가 완치될 수 있을 거라는 생각도 들었다. 그런데 장기이식은 완치를 의미하지 않는다.

이식을 하면 다른 사람의 장기가 내 몸에 들어오는 것이라서 면역거부반응이 일어난다. 때문에 '면역억제제'를 계속 복용해야 한다. 면역이란 '생체의 내부 환경이 외부 인자인 **항원**에 대해서 방어하는 현상'으로, 면역력은 우리 몸을 건강하게 지키는 방패 역할을 한다.

장기이식을 받으면 이식받은 장기의 거부 반응을 줄이기 위해 면역억제제를 복용해야 하고, 그로 인해 면역력이 떨어질 수밖에 없다.

장기를 기증하는 공여자에 비해 장기이식을 원하는 수여자 수가 훨씬 많다. 그만큼 대기 기간이 길다. 그리고 이식 수술에 위험도 따른다. 때문에 위험을 감수하고도 이익이 큰 환자들이 주로 수술을 받는다.

항원

항원은 생명체 내에서 이물질로 간주되는 모든 물질이며, 심지어 자신의 일부 조직도 항원으로 작용할 수 있다(이런 경우에 자가면역질환이 생긴다). 항원이 체내에 투입되면 면역 반응을 일으키고, 항원을 제거하는 과정에서 항체가 만들어진다. 1형당뇨는 췌장의 β세포가 항원이 되고 이에 대한 항체가 생성되었기 때문에, 새로운 β세포가 생성되더라도 다시 파괴되는 것이다.

혈당 관리가 안 되거나 신장에 합병증이 와서 투석을 하는 경우에는 신장과 췌장 동시 이식이 일반적이다. 췌장 단독 이식의 경우에는 췌장이 다른 장기에 비해 연한조직(순두부 형태)이라 이식이 쉽지 않다. 게다가 단독 이식을 해도 성공 확률이 다른 장기 이식보다 낮다.

이식받은 장기에도 수명이 있다. 때문에 젊은 나이에 췌장 이식을 할 경우에는 나이가 들어서 다시 인슐린을 맞아야 한다. 최근에는 췌장 이식보다 상대적으로 간단한 **췌도** 이식도 진행되지만, 면역억제제를 복용해야 하고 췌도세포 역시 수명이 있어서 근본적인 치료 방법은 아니다.

췌도

췌도(랑게르한스섬)는 췌장에 분포되어 있는 내분비세포의 군집을 말한다. 내분비세포는 인슐린이나 글루카곤 등의 호르몬을 분비해 체내 혈당을 조절한다. 1형당뇨는 인슐린을 분비하는 β세포의 기능에 문제가 있어 인슐린을 분비해주지 못하므로, 췌도 이식은 β세포를 이식하는 것이다.

나는 아이에게 이식에 대해서 어렸을 때부터 이렇게 말해왔었다. 그래서인지 아이는 이식하지 않고 평생 혈당을 관리하며 살겠다고 한다. 무엇보다 아직 아이인지라 수술이나 시술이 무서워서 이식하지 않겠다고 한다.

평생 혈당을 관리해야 한다

어느 날 자식이 부모에게 신장을 이식해주는 방송을 보았다. 그때 나는 아이에게 이렇게 물었다.

"소명이는 엄마가 신장이 안 좋아서 이식을 받아야 한다면 어떻게 할 거야?"

그러자 아이는 망설임 없이 "당연히 내 신장을 떼어줄 거예요"라고 했다. 수술이 무서워서 췌장 이식도 안 하고 평생 혈당을 관리하면서 살겠다는 아이가 엄마에게 신장을 떼어준다고 하니, 기특하면서도 신기했다. 나는 "신장을 이식해주는 것은 무섭지 않아?"라고 물어보았다. 그러자 아이는 이렇게 말했다.

"무서워도 엄마를 살릴 수 있다면 떼어줘야죠. 혹시 제가 커서 나중에 신장을 못 떼어준다고 하면, 그땐 조용히 제가 잘 때 떼어가세요. 안 떼어준다고 하면 아주 '나쁜 놈'이에요."

짧은 대화였지만 아이와의 대화에서 엄마를 생각하는 마음, 그리고 이식에 대한 생각을 알 수 있었다. 한편으로 감사한 마음이 들었다.

1형당뇨인 중에서 당장 장기이식을 받지 않으면 생명을 유지하기가 어려운 사람들도 있다.

삼성서울병원 내분비대사내과 김재현 교수는 "말기신부전이 동반된 경우 신장과 췌장 동시 이식을 고려하고, 췌장 단독 이식이나 췌도 이식은 1형당뇨인 중에서도 집중적인 교육과 CGM(continuous glucose monitor, 혈당을 1~5분마다 수신해서 확인할 수 있는 연속혈당측정기), SAP(sensor augmented pump, 연속혈당측정기 센서 연동형 인슐린펌프) with LGS(low glucose suspension, 저혈당에서 인슐린 주입을 중단하는 기능) 등 최신 기기를 사용해도 중증 저혈당이 반복적으로 발생해서 혈당 조절이 어려운 경우에 고려해볼 수 있다"라고 했다.

이식은 이런 분들을 위해 양보해야 한다. 관리를 잘해서 건강하게 살 수 있는 1형당뇨인이라면, 이식을 조금 더 진지하게 생각해볼 필요가 있다.

공여자와 수여자 간의 수적 불균형으로 인해 이종 간의 장기이식 연구가 진행되고 있다. 이종장기 이식은 다른 종의 생물에서 유래한 장기나 조직 또는 세포를 이식하는 것을 말한다. 국내에서는 무균돼지의 각막과 췌도 이식에 대한 연구가 활발히 진행되고 있고, 임상시험 계획도 식약처에 제출된 상태다. 공여자가 턱없이 부족한 상황에서 이종 간의 장기이식은 이식을 기다리는 환자들에게 희망이 될 수 있다. 다만 윤리적인 문제나 이종 간 이식으로 인해 발생될 수 있는 문제들을 장기 추적해야 하기 때문에 상용화되는 데까지는 시간이 걸릴 것으로 보인다.

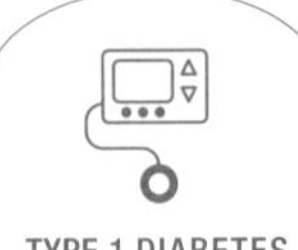

TYPE 1 DIABETES

당뇨병은 혈당이 높아서 문제인데 왜 저혈당이 생기나요?

당뇨병은 소변으로 당이 빠져나오는 병적 상태이다. 고혈당으로 인한 질환인데 왜 저혈당이 나타나는 것일까? 아이가 당뇨를 진단받았을 때 저혈당을 걱정하는 나에게 지인들이 많이 했던 질문이다.

2년 전쯤 환우회 커뮤니티에서 내가 많이 의지하고 지내던 친정아버지 연배의 당뇨인께서 돌아가셨다. 당뇨병을 앓은 지 40년 가까이 되는 분이었다. 그분 장례식장에서 아내 분을 처음 뵈었다. 아내 분은 장례식장에서 내게 이런 말씀을 하셨다.

"당뇨가 있는 사람은 당이 높아서 문제인데, 왜 자꾸 설탕물을 마시는지 이해가 안 됐어요."

40년간 혈당 관리를 하며 인슐린을 맞았는데, 가장 가까이에서 지켜보던 아내마저 왜 저혈당이 오는지 몰랐던 것이다.

일반적으로 우리 몸은 저혈당이 일어나지 않도록 방어책이 철저히 마련되어 있다. 그런데 당뇨병이 있다면 인슐린 용량이 과도하거나 인슐린

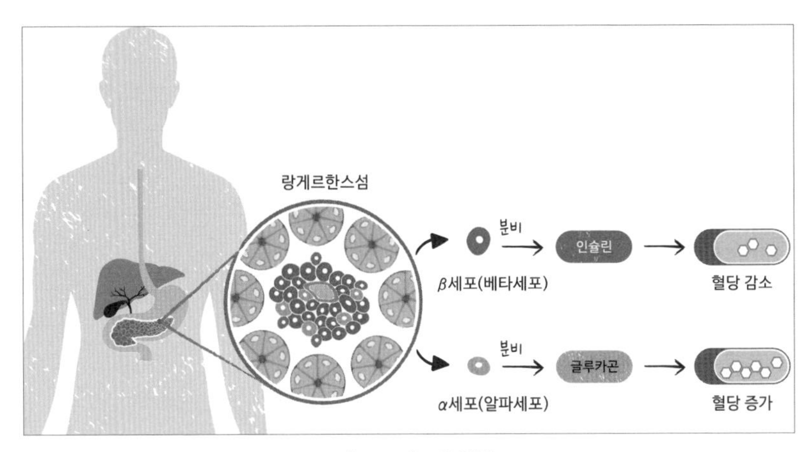

β세포·α세포의 역할

주입 후에 식사를 거를 때, 또는 에너지 소비가 과도한 경우에 저혈당이 발생할 수 있다. 저혈당을 방치하면 뇌에 영양소 공급이 부족해지면서 심각한 상태에 이른다. 따라서 재빠른 대처가 필요하다.

1형당뇨는 췌장의 **β세포**가 파괴되어 인슐린을 분비하지 못하기 때문에 고혈당이 되는 것이다. 혈당을 올려주는 글루카곤을 분비하는 **α세포**는 파괴되지 않았으니 저혈당이 발생하지 않아야 하는데, 우리 몸은 신기하게도 혈당 균형을 맞춰주는 하나의 호르몬 분비에 이상이 생기면 다른 호르몬 분비에도 이상이 생긴다. 그래서 β세포가 파괴되어 인슐린 분비가 안 되면 α세포도 제 역할을 하지 못해 글루카곤

췌도의 α세포와 β세포

췌도는 다른 세포도 있지만 크게 α세포와 β세포로 구성된다. α세포는 혈당을 올리는 글루카곤을 분비하고, β세포는 혈당을 떨어트리는 인슐린을 분비한다. 비당뇨인은 α세포와 β세포가 유기적으로 동작해서 고혈당 및 저혈당이 발생하지 않는다.

분비에도 이상이 생긴다. 이러한 상태에서 인슐린을 많이 주입했을 때 저혈당이 생긴다.

보통 췌장에서 분비되는 인슐린의 반감기(half-life)는 3~5분으로 짧다. 그런데 외부에서 주입해주는 인슐린의 반감기를 짧게 하면 저혈당 발생은 줄어들지만, 수시로 인슐린을 주입해야 하는 단점이 생긴다. 단점을 극복하기 위해 반감기와 지속시간이 긴 인슐린 주사제를 사용하다 보면, 예상치 못한 저혈당 발생 위험이 높아지는 것이다.

또한 혈당에 영향을 주는 인슐린 양, 식사량과 종류, 인슐린 주사시간, 운동 강도 등은 우리가 어느 정도 통제가 가능한 변수다. 그런데 컨디션, 호르몬 등과 같이 통제 불가능한 변수들이 더 많다. 오히려 통제 가능한 변수는 빙산의 일각일 뿐이다. 따라서 같은 종류, 같은 양의 음식을 먹고 동일한 양의 인슐린을 맞아도 매번 동일한 혈당 흐름을 기대하기가 어렵다. 고혈당뿐 아니라 저혈당도 발생한다.

1형당뇨는 인슐린이 분비되지 않아서 고혈당이 발생하고 이로 인해 소변으로 당이 빠져나오는 질환이다. 혈당 관리를 잘하면 소변으로 당이 빠져나오는 상태는 사라지고, 가끔 고혈당이 발생할 수는 있지만 늘 고혈당 상태는 아니기 때문에 당뇨병이라는 병명이 정확한 용어는 아닐 수도 있다. 또한 당뇨병이라는 병명은 '당(糖, sugar)'과 '소변(尿, urine)'이라는 부정적인 단어가 합성된 단어로, 병명에서 오해와 편견이 존재한다. 그래서 많은 1형당뇨인들은 '1형당뇨병'이라는 명칭 대신에 '인슐린 분비 저하증' 또는 '췌도부전' 등 다른 병명으로 불러야 한다고 생각한다.

TYPE 1 DIABETES

첫째가 1형당뇨인데, 둘째를 낳아도 될까요?

1형당뇨는 유전적 소인이 약한 질환이다. 그렇기 때문에 부모가 1형당뇨인이라 하더라도 자녀가 1형당뇨를 진단받을 확률은 매우 낮다. 형제자매가 모두 1형당뇨를 진단받는 경우가 있기는 하지만, 이 또한 아주 낮은 확률이다.

환우회 커뮤니티에서는 첫째가 1형당뇨라서 둘째를 가지기가 무섭다는 글을 자주 볼 수 있다. 나 역시 첫째 아이가 당뇨를 진단받았을 때 둘째를 낳아도 될지 걱정이 많았다. 그런데 생각을 바꿨다. 1형당뇨인인 첫째를 위해서라도 둘째를 낳아야겠다는 결심이 들었다.

아이가 2012년에 1형당뇨를 진단받고 한 달쯤 지났을 때였다. 병원 엄마들 모임이 있다고 해서 나갔다. 그때 한 엄마와 인사를 했고 그분이 내게 "아이에게 형제가 있냐"고 물었다. 아직은 외동이지만 둘째를 낳을 것이라 말하자 그분은 나에게 이렇게 말했다.

"1형당뇨 아이 한 명도 키우기 힘든데, 둘째는 안 낳는 게 서로를 위해 좋을 거예요."

사실 아이가 당뇨 증상이 있었을 즈음, 나는 둘째를 임신한 상태였다. 그런데 직장 일도 바쁘고 아이가 당뇨라는 사실에 스트레스를 받아서인지 둘째를 유산했었다. 그 후 한 번 더 둘째를 유산하고 나서야 서른여덟 살의 나이에 둘째를 낳을 수 있었다.

제대혈(umbilical cord blood)

산모가 아기를 출산한 직후 아기의 탯줄에서 나온 혈액을 말한다. 제대혈에는 백혈구, 적혈구, 혈소판 등 혈액세포를 만드는 조혈모세포가 많이 포함되어 있다. 그래서 백혈병 등의 혈액암과 난치성 혈액 질환에 사용된다. 이외의 질환에도 제대혈 치료 연구가 많이 이루어고 있지만, 실제 치료에 적용되는 경우는 아직 제한적이다.

우리 부부는 애초에 2명 이상의 아이를 낳자고 가족계획을 세웠었다. 첫아이가 당뇨를 진단받고 나서는 치료를 위해 둘째의 **제대혈(umbilical cord blood)**이라도 보관하고 싶었고(아직 제대혈 치료법은 없지만 혹시나 해서였다), 아이에게 평생을 함께할 친구 같은 동생을 만들어주고 싶은 마음에 둘째를 포기하지 않았다.

무엇보다도 첫째가 동생을 간절히 원했다. 가끔 집에 친구와 그 동생들이 놀다 가면 아이는 "왜 나는 동생이 없냐"고 울 정도였다. 그만큼 동생을 간절히 원했고, 둘째를 낳았는데도 동생을 더 낳아달라고 조르던 아이였다.

우리 부부도 이미 두 번의 유산과 늦은 나이에 둘째를 임신하면서 '혹시 둘째도 1형당뇨를 진단받으면 어쩌지? 1형당뇨보다 더 무서운 질환을 진단받으면 어쩌지?' 하는 걱정을 많이 했다.

1형당뇨병은 2형당뇨병보다 유전적 소인이 약하다

다행히 둘째는 건강히 태어났고, 우리 가족의 기쁨이자 활력소가 되었다. 첫째를 위한 둘째가 아니라, 둘째는 그 자체로도 충분히 소중한 존재였다. 1형당뇨로 웃을 일이 적었던 가족에게 웃음을 선사해주었고, 혼자라서 외로워하던 아이는 동생을 누구보다 잘 챙겼다. 동생은 형이 주사도 잘 맞고, 멋진 형이라고 생각했다.

어느 날 아침밥을 먹다가 TV에서 치매보험 광고를 보았다. '고혈압, 당뇨병이 있어도 가입 가능한 보험'이라는 카피를 보자마자 일곱 살인 둘째는 이렇게 말했다.

"당뇨가 있다고 해서 보험 가입이 안 된다고? 우리 형은 당뇨인데도 힘이 세고 똑똑하고 건강한데. 보험회사가 나쁘네."

그러자 나는 아이에게 이렇게 말해주었다.

"수현아, 저건 당뇨가 있어도 가입을 시켜주겠다는 보험이야."

그랬더니 둘째는 "가입시켜주려면 그냥 시켜주면 되지, 왜 광고를 하지?"라며 버럭했다.

형이랑 다섯 살이 차이가 나는데도 투닥투닥거리지만, 당뇨 관련 이야기만 나오면 힘이 되어주는 동생이다. 아마 첫째도 이런 동생이 기특하고 든든했을 것이다.

누군가 나에게 "첫째가 1형당뇨인데, 둘째를 낳아도 될까요?"라고 물으면 애초에 둘째 계획이 있었는지를 물어본다. 아이의 1형당뇨와 상관없이 둘째를 낳을 계획이 있었다면 낳고, 그럴 계획이 처음부터 없었다면 낳지 말라고 조언한다.

1형당뇨는 유전적 소인이 낮지만 형제가 동시에 발병할 가능성이 아예 없지는 않다. 우리는 1형당뇨가 아니더라도 살아가는 동안 여러 사건과 사고를 겪는다. 그런데 언제 일어날지 모르는 사건·사고를 미리 걱정해서 현재의 계획을 중단하는 일은 거의 없다. 그러니 태어날 아이의 1형당뇨를 미리 걱정할 필요는 없다.

제대혈로 소아당뇨를 치료할 수 있다는 광고를 흔히 볼 수 있다. 여기서 '소아당뇨'는 '1형당뇨'를 말한다(여담이지만 제대혈 회사에서도 '소아당뇨' 대신에 '1형당뇨'라는 용어를 사용해주기를 바란다). 그런데 제대혈을 이용해 1형당뇨를 완치한 사례는 없다. 다만 연구가 진행되고 있으니 치료될 가능성이 있다는 것뿐이다. 제대혈 보관은 비용이 들고, 보관 회사에서 얼마나 잘 보관하는지 우리가 확인할 수 있는 방법이 없다. 때문에 제대혈 보관은 신중하게 생각하고 결정해야 한다.

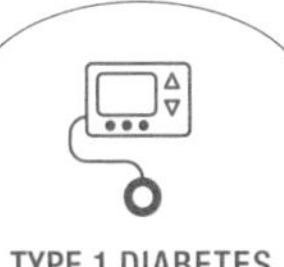

TYPE 1 DIABETES

영유아보육법과 학교보건법 개정이 필요했던 이유

아이가 1형당뇨를 진단받았을 때, 아이는 직장 어린이집을 다니고 있었다. 진단을 받자마자 나는 어린이집에 전화를 했다. 아이가 1형당뇨를 진단받았는데 어린이집을 계속 다닐 수 있는지 궁금했다. 그때 나는 원장 선생님의 말씀을 잊을 수가 없다.

"저는 우리 어린이집에 있는 아이들을 자식이라 생각하고 보육합니다. 자식이 아프다고 내치는 부모가 어디 있겠어요? 1형당뇨에 대해서 잘은 모르지만, 저와 선생님들께 가르쳐주시면 소명이가 어린이집 생활을 잘 할 수 있도록 돌볼게요."

아이가 입원하고 있는 동안 나는 어린이집에 가서 원장 선생님, 담임 선생님, 간호사 선생님께 혈당 체크하는 방법과 인슐린 주사 놓는 방법을 알려주었다. 그리고 어린이집 일과에 맞춰서 혈당 체크하는 시간, 주사를 맞아야 할 시간을 작성해서 시간표로 만들어드렸다. 처음에는 시행착오도 있었지만 1형당뇨에 편견 없는 선생님들 덕분에 아이는 어린이집을 잘 다닐 수 있었다. 그렇게 4년이 지나고 아이는 어린이집을 무사히 졸업했다.

4년 동안 어린이집 원장 선생님은 한 번 바뀌었고, 새로 오신 원장 선생님도 다르지 않았다. 어린이집 선생님들께서는 우리 아이를 아픈 아이가 아닌 '점박이 공룡을 좋아하는 밝은 아이'로 즐겁게 지낼 수 있도록 지원해주었다. 어린이집을 다니는 내내 어떤 활동도 소외되지 않고 모두 참여할 수 있게 도와주었다. 그들의 든든한 지원이 아니었다면 아이는 밝게 자라지 못했을 것이라는 생각이 든다.

어린이집 선생님들이 우리 가족에게 든든한 지원군이 된 것처럼, 나 또한 운영위원과 운영위원장을 3년간 맡으며 학부모와 선생님들의 소통 창구를 자처했다. 작은 역할이라도 맡아서 선생님들께 보답하고 싶은 마음이었다.

나는 원장 선생님이 한 번 바뀌고 얼마 지나지 않아 상담 메일을 보냈다. 다음은 그 메일의 답장이다.

안녕하세요. 어린이집 원장입니다.
저도 어린이집의 여러 운영적인 부분들을 체크하고 적응하느라, 아이들 얼굴과 이름을 외우느라 어머님뿐 아니라 다른 학부모님에게 인사가 늦었습니다.
소명이에 대한 어머님의 마음이 전부는 아니겠지만 충분히 이해가 됩니다. 그래서 낯선 제가 섣불리 말씀드리는 것도 조심스러웠어요. 아이들과 친해지려고 교실이나 유희실에서 잠깐씩 아이들과 놀며 시간을 보내는데, 소명이가 좋아하는 점박이 공룡에 대해 이야기 나누며 블록 놀이를 했더니 소명이가 제 이야기를 했나 보네요. 고맙기도 하고 감동적이기도 합니다.
담임 선생님에게 소명이가 스스로 관리할 수 있도록 하고 계시다는 이야기를 들었습니다. 내년 일들에 대해 여러 가지로 많이 걱정스러울 거라는 마음이 듭니다. 야외학습이나 교실의 냉장고 관리, 교사 배치 등은 2013년을 계획할 때 최우선으로 생각하고 있습니다. 걱정하지 마시고 편안한 마음으로 진급하면 됩니다.
지금의 소명이는 무척 잘하고 있고, 어린이집에서는 아픈 소명이가 아니라 점박이 공룡을 좋아하는 밝은 소명이로 즐겁게 지낼 수 있게끔 지원하겠습니다.
비교할 만한 문제는 아니지만 제가 이전에 근무하던 곳은 장애통합어린이집이어서 소명이보다 더 어려움이 많은 아이들과 함께했었어요. 그래서 조금이라도 더 지원이 필요한 아이들과 부모님의 마음을 간접적으로나마 경험할 수 있었지요. 그 경험들이 소명이뿐만 아니라 이곳 아이들에게도 좋은 영향을 줄 거라 생각합니다.
저희는 소명이는 물론이고 어머님에게도 든든한 지원군이 되고 싶어요. 메일을 보내주셔서 감사하고, 언제든 도움이 필요하거나 따뜻한 커피가 생각나거든 사무실로 오세요.
즐거운 저녁 보내세요.

어린이집 원장 박○○ 배상

1형당뇨 아이를 거부하는 경우도 있다

1형당뇨인 아이를 잘 돌봐주는 보육기관도 있지만, 입소 자체를 거부하거나 심지어 재원하는 중에도 1형당뇨를 진단받으면 퇴소해야 하는 보육(교육)기관도 많았다.

2015년 4월, 경기도 화성에 소재한 시립어린이집에서 1형당뇨 아이를 거부하는 일이 있었다. 시립어린이집에는 간호사 선생님이 계셨고, 아이의 부모는 간호사 선생님께 케어를 받을 수 있을 것이라 생각했다. 그래서 오랜 시간을 대기했고, 마침내 어린이집에 들어갈 순서가 되었다.

첫 상담에서 "아이가 1형당뇨라서 어린이집에서 주사와 혈당 체크를 해야 한다"고 전했다. 그러자 간호사 선생님은 주사나 혈당 체크는 해줄 수 없고 부모가 와서 해줘야 한다고 했다. 그런데 부모가 매일 어린이집에 오는 일은 다른 아이들과의 형평성 문제가 있으므로, 그것도 쉽지 않다고 했다. 결국 1형당뇨 아이를 받을 수 없다는 말을 돌려서 전한 셈이다.

아이 엄마는 이 사실을 1형당뇨 커뮤니티에 알렸다. 나는 당시에 커뮤니티 운영자도 환우회 대표도 아니었지만, 해당 어린이집에 전화를 했다. 그런데 어린이집 측은 계속 연락을 피했다. 원장 선생님과 힘들게 연락이 닿았지만 원장 선생님의 뜻은 완강했다. 시립이고 간호사 선생님까지 있는 어린이집인데도 인슐린 주사와 혈당 체크를 못하겠다는 것이다.

결국 관할 시청에 민원을 제기하고 주무관과 면담도 했다. 하지만 해당 어린이집을 처벌할 방법은 없다는 말만 들었다. 1형당뇨 아이들은 국가나 교육기관으로부터 보호받지 못해도 어디 가서 하소연할 수 없는 현실이었다. 나는 너무나도 슬펐다. 그때 당시 나는 직장을 다녔고 둘째도 돌이 막 지난 시점이라 시간적으로나 정신적으로 여유가 없었다. 하지만 이러한 상황을 마냥 보고 있을 수만은 없었다. 그래서 커뮤니티에 계속 문제 제기를 하며 우리가 처한 상황을 외부에 알리고자 했다. "법을 개정해서 국가의 보호를 받을 수 있게 하자"는 목소리를 높였다.

처음에는 커뮤니티 내에서도 큰 관심이 없었다. 과거에도 해봤는데 안 되었다고, 계란으로 바위치기라고 했다. 그렇지만 나는 포기할 수 없었다. '1형당뇨가 어떤 질환인지, 지금 우리가 처한 상황이 어떤지'를 알릴 수 있는 동영상을 만들었다. 그저 법적으로 보호받지 못하는 1형당뇨 아이들을 위해서였다. 영유아보육법 개정의 필요성을 알리기 위한 목적이기도 했다. 다행히도 해당 동영상을 보고 많은 분들이 의견에 공감해주고 함께했다.

서명지 모음

온·오프라인 서명을 받았고, 오프라인 서명이 4만 3천 건이나 되었다. 4만 3천 건의 서명이 담긴 A4용지를 쌓아 올리자 30cm나 될 정도였다. 서명지를 여행용 트렁크에 넣어 국회 보건복지위원회 의원실을 방문했다. 몇 차례 의원실을 방문하다 보니 서명지의 무게를 감당하지 못하고 여행용 트렁크의 알리미늄 대가 부러지기도 했다.

의원실에서도 처음에는 관심이 없는 듯했다. 그런데 우리의 노력이 통했는지, 당시 국방위원회 소속이던 김광진 의원실에서 영유아보육법 개정안을 발의했다. 중간에 법안이 폐기되기도 해서 다시 살리느라 우여곡절도 겪었다.

국회 토론회를 통해서 이슈화가 되었고, 2015년 11월 9일에 법안이 상정되었다. 그러고는 2015년 12월 2일, 상임위를 통과해 마침내 2016년 1월 7일에 법안이 통과되었다.

투약 보조

영유아보육법 제32조에는 어린이집 원장이 간호사(간호조무사 포함)로 하여금 영유아가 의사의 처방, 지시에 따라 투약 행위를 할 때 이를 보조하게 할 수 있다는 조항이 있다. 투약 행위는 단순 감기약을 투약하는 것부터 인슐린 주사와 같은 주사 행위까지 포함한다.

보육의 우선제공

영유아보육법에서 한 부모 가정, 다문화 가정, 차상위 계층의 자녀 또는 장애를 가진 아이들 등 사회적 약자에 대해 보육의 우선제공 필요성 등을 고려해 가점을 부여한다. 단일 질환으로는 1형당뇨가 유일하게 포함되어 있다.

법안이 통과되면서 1형당뇨 아이들은 어린이집에 입소할 때 가산점을 받을 수 있었고, 간호사에게 인슐린 **투약 보조**를 받을 수 있었다. 다만 유치원은 영유아보육법이 아닌 학교보건법을 적용받으므로 **보육의 우선제공**이나 투약 보조 등에 대한 요구는 할 수 없었다.

다음은 1형당뇨와 관련한 법 내용이다.

〈영유아보육법 제28조(보육의 우선제공)〉

1. 1형당뇨를 가진 경우로서 의학적 조치가 용이하고 일상생활이 가능해 보육에 지장이 없는 영유아

〈영유아보육법 제32조(치료 및 예방조치)〉

⑤ 어린이집의 원장은 간호사(간호조무사를 포함한다)로 하여금 영유아가 의사의 처방, 지시에 따라 투약 행위를 할 때 이를 보조하게 할 수 있다. 이 경우 어린이집의 원장은 보호자의 동의를 받아야 한다.

법안 자체가 통과된 것도 기뻤지만 무엇보다 우리가 목소리를 내면 바뀔 수 있다는 사실에 기뻤다. 이 사건을 계기로 우리는 더 단합하고 목소리를 낼 수 있었다.

그럼에도 1형당뇨 아이들이 당연히 누려야 할 권리를 법에 명시해야 한다는 점, 그리고 법에 명시되어 있더라도 여전히 아이들을 거부하는 사례가 있다는 점이 너무나 안타깝다. 선생님들이 1형당뇨 아이들을 한 번이라도 만난다면, 아이들에 대한 오해와 편견은 사라질 것이라 생각한다.

나는 아이가 1형당뇨를 진단받고 어린이집을 다니는 내내 어린이집 운영위원과 운영위원장을 맡았다. 어린이집 각종 행사에 관심을 가지다 보니 원장 선생님이 먼저 제안한 자리였다. 아이 덕분에 어린이집 선생님과 소통할 기회가 많았다. 타의로 운영위원이 되었지만 결과적으로 운영위원을 한 것은 정말 잘한 선택이었다. 운영위원이 되면서 어린이집 운영에 대해 더 잘 알 수 있었고, 선생님과 많은 소통을 하면서 아이의 어린이집 생활에도 큰 도움이 되었다. 환우회 어머님들께 "바쁘더라도 꼭 학교행사나 운영에 관심을 가지고 작은 역할이라도 맡으라"고 말하는 이유가 이러한 경험에서 비롯된 것이다.

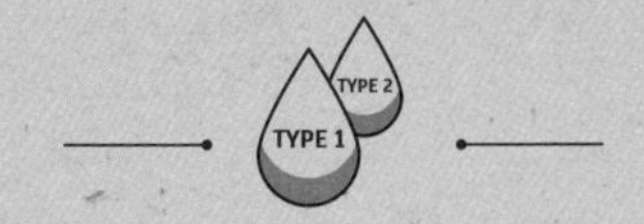

1형당뇨를 진단받으면 국민건강보험공단에 1형당뇨 환자로 등록한다. 그러면 혈당 관리에 필요한 의료기기와 소모품에 대해 요양비 지원을 받을 수 있다. 입원 중에는 병원에서 진행하는 주사교육부터 영양교육, 심리치료 등을 받는 것이 좋다. 그래야 퇴원 후 일상에 적응하기가 수월해진다. 1형당뇨에 대한 기본 지식을 습득하고 외부와 소통하면서 자신만의 노하우를 만들어가자.

2장

1형당뇨에 적응하며 사는 법

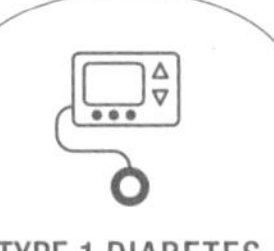

TYPE 1 DIABETES

1형당뇨로 입원하는 동안에는 무엇을 해야 할까요?

1형당뇨인 중에서 상당수는 발병 여부조차 모르고 있다가 **고혈당**이 지속되어 케톤산증으로 응급실에 갔을 때야 알아차린다.

그때부터는 혈당을 낮추기 위한 치료부터 받는다. 음식을 먹기 전에 혈당 체크를 하고 인슐린을 주사해야 하기 때문에 관련 교육도 받는다.

고혈당

고혈당은 혈당수치가 비정상적으로 높은 상태다. 비당뇨인의 경우에도 음식 섭취 후에 일시적으로 혈당이 상승하나, 인슐린이 작동하면서 혈당이 정상 범위로 돌아온다. 1형당뇨인의 경우에는 섭취한 음식에 비해 인슐린 주사 용량이 부족하거나 평소의 용량대로 주사했다고 하더라도 감기나 호르몬 등으로 인해 고혈당이 생길 수 있다.

처음에는 병원의 간호사나 영양사 선생님이 도움을 주지만, 퇴원하고 나서는 1형당뇨인이나 보호자가 해야 한다. 따라서 병원에서 교육을 받아야 어느 정도 자가 관리를 할 수 있다.

인슐린 주사 및 혈당 체크 교육

최근에는 연속혈당측정기와 인슐린 펌프가 나와서 전보다 훨씬 편하게 혈당을 관리할 수 있다. 그럼에도 피를 내서 혈당을 체크하는 방법과 주사기나 펜으로 인슐린의 용량을 맞춘 후 주사하는 방법(MDI; multiple daily injection, 다회주사요법)을 배워야 한다. 이때 사용하는 인슐린의 특성을 이해하고 **인슐린의 발현시간**과 지속시간 등을 알아야 한다.

> **인슐린의 발현시간**
>
> 인슐린을 주사하고 체내에서 약효가 시작되기까지 걸리는 시간을 말한다. 인슐린 발현시간은 인슐린의 종류에 따라 다르다. 발현시간이 길면 주사를 하고 바로 음식을 먹을 수 없으므로 혈당을 관리하기가 어렵다. 그러므로 발현이 빨리 되는 인슐린일수록 혈당을 관리하기가 편하다.

일반적인 인슐린 주사제의 특성이 있긴 하지만 개인차가 있기 때문에 인슐린 1단위로 탄수화물 몇 그램을 커버할 수 있는지(인슐린-탄수화물비 또는 탄수화물계수), 혈당은 몇 mg/dl을 떨어트릴 수 있는지(인슐린 민감도 또는 교정계수) 등에 대한 감을 익히는 것이 좋다. 그래야 퇴원하고 나서 혈당 관리를 수월하게 할 수 있다.

우리나라에서는 혈당 측정 단위로 mg/dl을 사용하지만 mmol/l을 사용하는 국가도 있다. 혈당 단위 mg/dl과 mmol/l의 관계는 다음과 같다.

- 1mmol/l ≒ 18.018mg/dl 예) 10mmol/l ≒ 180mg/dl
- 1mg/dl ≒ 0.0555mmol/l 예) 100mg/dl ≒ 5.55mmol/l

영양교육 받아보기

인슐린이 자동으로 분비되는 비당뇨인과는 달리, 1형당뇨인은 음식을 먹을 때마다 인슐린을 주사해야 한다. 음식이 에너지원으로 사용되는 만큼, 먹는 음식의 양과 성분 등이 굉장히 중요하다. 특히 탄수화물의 양이 얼마인지, 단백질과 지방의 함량이 얼마인지를 확인해야 한다. 이를 확인할 수 없는 음식들이라면 일반적인 음식 재료의 특성으로 가늠할 수 있어야 한다.

입원 중에는 칼로리나 탄수화물 교환 단위 등에 대해서 교육을 받는다. 퇴원 후에는 입원했을 때와 또 다른 혈당 흐름을 보이거나 배웠던 지식들이 들어맞지 않는 경우도 생기지만, 우선은 기본적인 영양교육이 수반되어야 다양한 상황에서도 적응할 능력이 생긴다.

심리상담 프로그램에 참여하기

입원 중에 받았던 교육 중에서 가장 기억에 남는 교육이 심리상담이다. 만약에 심리상담 프로그램이 없다면 따로 신청을 해서라도 꼭 심리상담을 받는 것이 좋다.

병을 진단받으면 환자와 보호자는 자책하거나 절망한다. 이때 심리상담을 통해 마음을 다스리고, 앞으로 이 질환을 어떻게 다스리며 살아가야 할지를 되새겨볼 수 있다. 그리고 상담을 받으면 답답하거나 힘든 마음을 조금이나마 풀 수 있다. 물론 마음을 완전히 치유하기는 어렵지만, 이 과정이 없었다면 퇴원 후에 마음이 무척 힘들었을 것이라 생각한다.

나는 아이가 1형당뇨로 입원했을 때 인슐린을 투여해도 혈당이 떨어지지 않아서 마음이 불안했었다. 그래서 아이와 함께 병동의 복도를 걷거나 계단을 오르락내리락하면서 혈당을 떨어트리려고 노력했다. 그런데 고혈당이 오래 유지된 상태라서 혈당이 잘 떨어지지 않았다. 그렇다고 스트레스를 받을 필요는 없다. 당장 혈당수치를 안정화하는 것보다 입원 중에 처리할 수 있는 서류를 떼고 병원에서 받는 교육 등에 집중하는 것이 좋다.

TYPE 1 DIABETES

1형당뇨 진단을 받은 뒤 퇴원할 때 무엇을 준비해야 할까요?

1형당뇨의 경우에는 퇴원하면 바로 자가 관리를 해야 하므로 혈당 기기와 소모품 등을 미리 구매해둬야 한다. 기기와 소모품은 국민건강보험공단에서 요양비로 지원해준다. 때문에 퇴원 전에 필요한 서류 등을 미리 준비하고 병원 교육을 받는다. 커뮤니티, 환우회 등에 가입해서 궁금할 때 문의할 수 있는 채널을 만들어놓는 것도 유익하다.

당뇨병환자 등록 및 관련 소모품 구입

대부분의 병원에서는 환자가 퇴원하고 첫 외래 진료 때 당뇨병환자 등록 사항을 안내한다. 그런데 퇴원과 동시에 자가혈당관리를 위한 의료기기와 소모품이 필요하므로 퇴원하기 전에 당뇨병환자 등록을 마치는 것이 좋다. 그래야 처방전을 받아서 혈당 관련 기기와 소모품을 구입할 수 있고, **요양비(현금 급여)** 지원도 받을 수 있다.

> **요양비(현금 급여)**
>
> 국민건강보험의 가입자 및 피부양자가 긴급하거나 그 밖의 부득이한 사유로 요양기관과 비슷한 기능을 하는 기관에서 질병·부상·출산 등에 대해서 요양을 받거나 요양기관이 아닌 장소에서 질병을 관리하는 경우, 그 요양급여에 상당하는 금액을 국민건강보험공단으로부터 요양비를 지급받을 수 있다.

건강보험 당뇨병환자 등록

신청자가 국민건강보험공단에 직접 등록 신청하거나 환자를 진료한 의료기관이 등록한다. 신청자가 직접 등록하는 것이 일반적이다.

- 등록 신청자격: 수진자 본인 또는 민법 제779조에 따른 가족으로 배우자, 직계혈족 및 형제자매이거나 생계를 같이하는 직계혈족의 배우자, 배우자의 직계혈족 및 배우자의 형제자매
- 구비서류: 의사가 발행한 '건강보험 당뇨병환자 등록신청서' 1부
- 신청방법: 국민건강보험공단 지사(출장소) 방문, 팩스(신분증 사본 첨부), 우편
- 유의사항: 반드시 원본을 제출해야 함(단 팩스 접수시에는 신청인의 신분증 사본을 첨부하면 원본 생략이 가능함).

처방전 발행 및 최대 처방기간

처방전의 종류는 3가지다. 의료기관에서 3가지 처방전을 따로 발급받아야 한다.

- 당뇨병환자 소모성 재료 처방전: 혈당측정검사지, 채혈침, 인슐린 주사기, 인슐린 주삿바늘, 인슐린펌프용 주사기, 인슐린펌프용 주삿바늘(주입세트)을 구매하기 위한 처방전으로, 최대 180일 처방 가능하다.
- 당뇨병환자 소모성 재료 처방전(연속혈당측정용 전극): 연속혈당측정용 전극(센서)을 위한 처방전으로, 전극에 따라 최대 100일 처방 가능하다(최초 처방은 30일 이내).
- 당뇨병 관리기기 처방전(연속혈당측정기, 인슐린펌프): **연속혈당측정기 트랜스미터**, 인슐린펌프(인슐린 자동주입기)를 위한 처방전으로, 연속혈당측정기 트랜스미터는 최대 1년, 인슐린펌프는 5년(60개월) 단위로 처방이 가능하다.

연속혈당측정기 트랜스미터

트랜스미터(송신기)는 연속혈당측정기 센서로 측정한 데이터를 리시버(수신기)나 스마트폰, 웨어러블 등의 기기에 전달하는 역할을 한다. 제품에 따라 센서와 송신기가 결합되어 있는 제품도 있고 분리된 제품도 있다. 분리된 트랜스미터는 충전해서 재사용할 수 있는 제품도 있고, 사용기간이 정해져서 사용 후 폐기해야 하는 제품도 있다.

의료기기 및 소모품 구매

온·오프라인에서 처방전에 맞는 의료기기 및 소모품을 구입한 후 세금계산서 또는 거래명세서/구매영수증을 발급받는다. 보통 판매업소에서는 거래명세서/구매영수증을 발행한다. 구매하기 전에 판매업소가 '당뇨 소모성 재료 등록업소'인지를 확인해야 한다. 등록업소가 아닌 곳에서 구매하면 요양비 지원을 받을 수 없기 때문이다.

요양비 지급 청구서 작성

요양비 지급 청구서의 종류는 2가지다.

- 당뇨병 소모성 재료 요양비 지급 청구서: 일반 소모성 재료에 연속 혈당측정용 전극을 위한 청구서
- 당뇨병 관리기기 요양비 지급 청구서: 연속혈당측정기(트랜스미터), 인슐린펌프를 위한 청구서

처방전, 세금계산서 또는 거래명세서/구매영수증, 요양비 지급 청구서를 국민건강보험공단 지사(출장소) 방문 또는 우편, 인터넷(요양비 전산청구 시스템)으로 접수한다. 보통 접수 후 2~5일 이내에 지급 청구서에 작성한 계좌로 요양비가 입금된다. 만약 2주 후에도 요양비가 입금되지 않는다면 서류를 제출한 국민건강보험공단에 전화로 문의하면 된다.

건강보험 당뇨병환자 등록을 할 경우에 당뇨라는 사실이 밝혀져 불이익을 당할까봐 염려하는 사람이 있다. 그래서 당뇨병환자 등록을 하지 않고 요양비 지원을 포기하는 경우가 있다. 의료기관에서는 당뇨병환자로 조회할 수는 있으나 의료기관 외에서는 조회할 수 없다. 때문에 이러한 염려는 하지 않아도 된다.

- 당뇨병 환자 소모성 재료: 최대 1일 2,500원의 90% 환급
- 연속혈당측정용 전극: 최대 1일 1만 원의 70% 환급
- 연속혈당측정기(트랜스미터): 최대 1년 84만 원의 70% 환급(최대 3개

월 21만 원의 70% 환급)

- 인슐린펌프: 5년 동안 최대 170만 원의 70% 환급

다음은 요양비 청구와 관련해서 자주 하는 질문들이다. 질문에 대한 답변을 기억해두면 유익하다. 이는 2021년 10월 1일 기준이므로 관련 내용은 변경될 수 있다.

질문) 당뇨병환자 요양비 청구 절차는 어떻게 되나요?

답변) 최초 1회 건강보험 당뇨병환자 등록 → 의료기관에서 처방전 발행(처방기간 확인 필요) → 처방전에 따른 소모품 구매(구매영수증과 거래명세서 필요함) → 요양비 지급 청구서 작성 후 처방전, 구매영수증, 거래명세서와 함께 국민건강보험공단에 제출 → 요양비 환급 비율에 따라 환급됩니다.

질문) 당뇨병환자 등록일 전에 발급받은 처방전으로 요양비 청구가 가능한가요?

답변) 당뇨병환자 등록일 이전에 발급받은 처방전으로 구입한 소모품은 소급적용이 불가능합니다. 다만 등록신청서와 처방전을 동시에 발급받았을 경우에는 미등록 대상자라 하더라도 해당 전문의가 발급한 처방전에 의해 소모품을 구입하면 요양비를 환급받을 수 있습니다.

질문) 처방전은 누가 발급하나요?

답변) 내과, 소아청소년과, 가정의학과 전문의가 발급해야 합니다.

질문) 2021년 1월 1일에 처방전을 발급받았습니다. 요양비 시작일은 2021년 1월 2일인데 구매는 2021년 2월 1일에 했습니다. 이런 경우에 실제 요양비 시작일은 언제인가요?

답변) 요양비 시작일이 2021년 1월 2일이더라도 구매를 2월 1일에 했기 때문에 1월 2일부터 1월 31일의 기간은 요양비 환급을 받을 수 없습니다. 처방전 사용기간 내에 구매했다면 실제 다음 요양비 시작일은(구매일이 기준이므로) 2021년 2월 1일이고, 이날로부터 처방기간까지 계산된 날이 다음 요양비 종료일이 됩니다.

질문) 요양비 시작일이 2021년 2월 1일입니다. 그런데 요양비 시작일 전에 소모품이 떨어졌습니다. 미리 구매해도 되나요?

답변) 요양비 시작일이 되기 전에 소모품이 떨어졌다면 요양비 시작일 30일 전(2021년 1월 2일)에는 미리 구매할 수 있습니다. 다만 처방전을 미리 받은 다음 구매해야 하고, 이 경우에 다음 요양비 시작일은 구매일이 기준이 아니라 원래 요양비 시작일이 됩니다.

예를 들어 요양비 시작일 30일 전인 2021년 1월 2일에 처방전을 받고 바로 구매했더라도 요양비 시작일은 2021년 2월 1일입니다. 참고로 소모성 재료와 연속혈당측정용 전극은 위와 같이 30일 이내에 미리 처방전을 받고 30일 이내에 미리 구매가 가능하나, 당뇨병 관리기기(연속혈당측정 트랜스미터, 인슐린펌프)는 30일 이내 미리 처방받고 14일 이내 미리 구매가 가능합니다.

질문) 처방전을 받고 구매했는데 깜빡하고 1년 동안 국민건강보험공단에 청구하지 않았습니다. 이럴 경우에는 요양비를 환급받지 못하나요?

답변) 국민건강보험공단에 제출해야 할 서류(처방전, 구매영수증, 거래명세서, 요양비 지급 청구서)를 보관하고 있다면, 3년 이내에 구매한 것에 대해서는 청구가 가능합니다.

질문) A**전극**을 사용하다가 이번에 B전극으로 바꿀 경우, 처방전은 최초 처방 기간에 맞추어서 처방받아야 하나요?

답변) 기존에 전극을 처방받아서 한 번이라도 요양비를 수급한 이력이 있다면 최초 처방이 아닙니다. 그렇기 때문에 최초 처방 기간(최대 30일)이 아닌 일반 전극 처방 기간(최대 100일)을 따르면 됩니다.

전극

전극은 연속혈당측정기 센서를 말한다. 국민건강보험공단에서 센서를 요양비로 지원하면서부터 센서 대신 전극이라는 말을 사용했다. 환자들 사이에서는 센서와 전극을 혼용해서 사용하나 처방전이나 요양비 신청 양식에는 전극으로 되어 있으니 혼동하지 않아야 한다.

커뮤니티 가입 및 병원 식단 확인

입원 기간에 1형당뇨 관련 책을 보면서 질환에 대한 기본 지식을 쌓아 놓는 것이 좋다. 퇴원하면 자가 관리를 해야 하므로 병원 기본 교육뿐 아니라 질환에 대해서도 잘 알아둘 필요가 있다.

책으로 기본 내용을 공부한다면 **환자 커뮤니티**에서는 질환과 관련한 최신 정보를 얻거나 환자 간에 소통을 한다. 의료기기 사용법, 당뇨 관련 애플리케이션 사용법, 1형당뇨 관련 정부 지원정책 등은 수시로 변경되므로 커뮤니티에서 최신 정보를 얻는 것이 좋다.

> **환자 커뮤니티**
>
> 환자단체 공식 홈페이지가 외부에 환자단체의 활동을 소개하기 위한 목적으로 만들어진 것이라면, 환자 커뮤니티는 환자들이 소통하고 지식과 노하우를 공유하기 위해 만들어진 곳이다. 환자들의 질환 정보가 노출될 수 있기 때문에 가급적 폐쇄적으로 운영되고, 가입자를 대상으로 등급을 나누고 접근 권한을 제한하는 편이다.

퇴원하고 나면 혈당 흐름이 달라진다. 한동안 고혈당인 상태를 오래 유지하면서 병원에서는 혈당이 잘 떨어지지 않다가 퇴원하면 병원에 있을 때보다 혈당이 잘 떨어지고 인슐린 용량이 줄어드는 게 일반적이다. 그러니 혈당을 더 세심하게 모니터링하고 음식도 신경 써서 먹어야 한다. 그런데 당장 퇴원하면 혈당 관리부터 음식 조리까지 모든 면이 막막해지기 때문에, 병원 식단을 사진 찍거나 영양정보를 기록해두는 것이 편하다.

퇴원을 하면 병원에서 먹었던 식단처럼 준비하거나 음식 양을 전자저울로 재서 먹는 것이 초기 혈당 관리에 도움이 된다. 초기에는 병원 식단을 유지하다가 새로운 음식을 하나씩 도전해보면서 혈당 흐름을 파악한다. 그러면 조금씩 일상에 적응할 수 있다.

1형 당뇨, 1분 꿀팁

아이가 입원했을 때였다. 병원 식단으로 배 2조각이 나와서 먹었는데, 고혈당이 나왔다. 그러자 병원에서는 밥과 반찬 외에는 과일이나 후식을 금지시켰다. 아이는 입원하던 내내 배를 먹은 이야기를 했다. "정말 맛있었는데 이제 못 먹는 거야?"라고 말이다. 아이의 모습을 보며 퇴원하면 먹고 싶은 음식 하나씩 먹게 해주겠다고 다짐했다. 그렇게 하려면 많이 공부하고 검색하고 문의해야 했다. 퇴원하면 당장 일상생활로 돌아가야 하니 준비해야 할 것들을 미리 챙겨두는 것이 좋다. 그래야 시행착오가 줄어들 것이다.

TYPE 1 DIABETES

머리카락은 언제까지 빠지고, 살은 언제 다시 찌나요?

1형당뇨를 진단받은 지 얼마 안 된 분들이 커뮤니티에 많이 하는 질문이 있다. 바로 "머리카락이 언제까지 빠지나요?" "살은 언제 다시 찔까요?" 등이다. 당뇨의 대표 증상 중에 하나가 '많이 먹어도 살이 빠지는 증상'이다. 비단 체중 감소뿐만 아니다. 머리카락도 많이 빠지고 손끝과 발끝의 피부가 건조해진다.

섭취한 음식물은 인슐린이라는 호르몬을 통해 에너지원으로 사용되는데, 1형당뇨는 인슐린이 절대적으로 부족한 상태에서 섭취된 영양소가 당으로 분해되어 소변을 통해 빠져나간다. 때문에 피부도 건조해지고 머리카락도 빠지고 살도 빠진다.

혈당이 잘 조절된다고 해도 관련 증상이 곧바로 사라지는 것은 아니다. 보통 6개월 정도까지는 나타나고, 길게 가면 1년 이내까지 나타난다. 물론 혈당 조절이 안 되면 이후에도 계속 나타날 수 있다.

아이가 당뇨를 진단받기 직전에 우연히 아이의 발을 본 적 있다. 어린

아이의 발이 부드럽지 않고 거칠거칠해서 의문스러웠다. 겨울철이라서 그런가 싶었는데, 어느 날부터 아이가 자고 일어나면 베개에 머리카락이 엄청 빠져 있었다.

태어날 때부터 머리숱이 많던 아이였는데 청소를 할 때면 아이의 머리카락이 많이 보였다. 이 증상은 퇴원하고도 3~4개월간 지속되었다. 다행히 혈당 관리가 잘 되면서 머리카락이 눈에 띄게 빠지지 않았고, 살도 통통하게 올랐다.

체중 감소도 마찬가지다. 당뇨를 진단받을 당시 대부분은 당뇨 증상이 나타나기 전보다 최소 몇 킬로그램은 빠졌다. 보통 체중은 머리카락보다 좀 더 빨리 회복된다. 오히려 인슐린을 주사한 후에 체중이 증가했다고 불평하는 사람들이 있을 정도다. 혈당 관리가 잘 되면 시일이 걸리더라도 빠졌던 살도 찌고 머리카락도 덜 빠지니 걱정하지 않아도 된다.

손끝에 피를 내서 혈당을 측정하다 보니 아이의 손끝은 늘 거칠었다. 하루에도 몇 번씩 알코올 솜으로 소독하고 채혈을 하니 손끝에는 상처가 남았다. 그러다 보니 1형당뇨 아이를 둔 엄마들 사이에서는 보습이 잘 되는 제품을 공유하거나 구매하는 일이 일상이었다. 지금도 손끝 채혈을 하지만 예전에 비해서는 훨씬 덜 한다. 그래서인지 아이의 손이 또래 아이들의 손처럼 부드럽다. 가끔 아이가 자고 있을 때 혈당 체크를 하러 갔다가 아이의 부드러운 손을 만질 때면, 달라진 현실에 벅찬 감동이 밀려올 때가 있다.

TYPE 1 DIABETES

왜 저혈당 증상을 느끼지 못하나요?

당뇨인은 고혈당도 위험하지만 저혈당이 훨씬 위험하다. 고혈당은 합병증을 서서히 유발하는 반면에 저혈당은 1시간만 지속되어도 쇼크가 와서 생명을 위협할 수 있기 때문이다. 보통은 저혈당일 때 얼굴이 창백해지고 식은땀이 나거나 맥박이 빨라지고 떨림 증상이 있다. 그리고 힘이 없고 배고픔을 느낀다.

의료기기가 아무리 발달했다고 해도 100% 완벽한 의료기기가 나올 수는 없다. 때문에 당뇨인들이 저혈당과 고혈당 증상을 느끼는 것은 굉장히 중요하다. 가끔 의료기기 수치가 잘못되었다고 하더라도 증상을 느꼈을 때 곧바로 대처할 수 있기 때문이다.

그런데 저혈당 증상이 없는 당뇨인들이 있다. 우리 몸은 **항상성**을 가지기 때

항상성

환경의 변화와 상관없이 몸의 상태를 일정하게 유지시키려는 성질이다. 즉 호르몬과 신경이 환경 변화에 대해 적절히 반응하도록 조절 작용을 해서 항상성을 가진다. 항상성으로 인해 사람의 몸은 이전 상태를 기억하고 적응한다.

문에 이전의 몸 상태를 기억한다. 추운 나라에 사는 사람들이 극한의 추위에도 적응하며 살 수 있는 이유는 우리 몸의 항상성 덕분이다.

저혈당 증상도 마찬가지다. 평소에 저혈당이 빈번하게 발생한다면, 저혈당을 원래 몸 상태로 기억하기 때문에 저혈당 증상을 느끼지 못하는 것이다. 그러므로 정상혈당 범위에서 혈당 관리를 해두어야 저혈당이 발생했을 때 저혈당 증상을 느낄 수 있다.

이를 의학적으로 저혈당 무감지증(hypoglycemia unawareness)이라고 한다. 저혈당 증상을 인지하지 못하는 것을 의미한다. 이는 '저혈당 관련 자율신경 부전(hypoglycemia-associated autonomic failure)'이라고도 한다. 글루카곤(glucagon) 분비가 떨어진 경우, 저혈당에서 혈당을 올리는 기전은 에피네프린(epinephrine)이다. 그러나 반복적인 저혈당으로 인해 저혈당이 발생했을 때 에피네프린 반응이 떨어지고, 에피네프린 분비에 의해 나타나는 저혈당 증상(맥이 빨라지고 떨리고 식은땀이 나는 증상)도 줄어들어 저혈당 인지능력이 감소한다. 저혈당 발생을 줄이면 회복이 가능하다.

왜 정상혈당에서 저혈당 증상을 느끼나요?

1형당뇨인은 정상혈당에서도 저혈당을 느끼는 경우가 있다. 보통은 고혈당에 장기간 노출된 경우에 나타난다. 이때 우리 몸의 항상성에 의해 고혈당을 정상혈당으로 느끼고, 정상혈당을 저혈당으로 느낀다.

실제로 한 초등학교 아이가 정상혈당인데도 자꾸 저혈당 증상을 느끼는 경우가 있었다. 그 아이의 혈당 흐름을 보니 대체로 고혈당 상태였다. 그래서 아주 서서히 혈당을 내려서 정상혈당 범위를 몸이 제대로 인지할 수 있게 해 혈당을 떨어트렸다. 이런 경우 수치만 보고 정상혈당을 맞추기 위해 혈당을 빠르게 떨어트리는 것보다 서서히 떨어트려서 우리 몸이 적응할 시간을 주는 것이 좋다.

혈당이 급격히 떨어질 때도 정상혈당에서 저혈당을 느낀다. 지금은 연속혈당측정기가 있어서 혈당 흐름을 볼 수 있지만, 과거에 손끝에 피를 내서 혈당 측정을 할 때는 혈당 체크를 해보면 정상혈당인데도 저혈당 증상을 느끼는 경우가 있었다.

이럴 때는 신체 증상을 우선시해서 저혈당에 대처해야 한다. 저혈당에 대처하고 20~30분 뒤에 혈당을 체크해보면, 이전보다 혈당이 더 떨어져 있는 경우도 많다. 결국 당뇨인은 평소에 정상혈당 범위에서 혈당 관리를 해야 한다. 그래야 저혈당이나 고혈당 증상도 잘 느낄 수 있고, 혈당이 급격히 오르거나 급격히 떨어지는 상태를 인지할 수 있다.

일반적으로 비당뇨인의 정상혈당 범위는 공복 혈당 100mg/dl 미만, 식후 2시간 혈당이 140mg/dl 미만, 당화혈색소 5.8% 미만이다. 당뇨인의 경우에는 비당뇨인보다 정상혈당 범위(목표혈당 범위)를 넓게 잡는 것이 좋다.

당화혈색소는 혈액 내에서 산소를 운반해주는 역할을 하는 적혈구 내의 헤모글로빈(혈색소)이 어느 정도 당화(糖化)되었는지, 이를 수치로 나타낸 것이다. 적혈구의 평균 수명은 보통 2~3개월 정도이기 때문에 당화혈색소로 최근 2~3개월의 혈당 평균을 확인할 수 있다.

다만 당화혈색소는 최근 혈당에 가중치가 있고 빈혈이나 혈액 투석 환자, 신생아의 경우에는 정확하지 않다. 이러한 경우에는 당화 알부민 검사를 실시한다.

아이는 가끔 신체의 느낌으로 혈당수치를 말할 때가 있다. "지금 혈당이 아마 112mg/dl쯤 될 거야" 라고 말해서 확인해보면 비슷한 혈당이 나오곤 했다(물론 틀린 경우도 있다). 고혈당이나 저혈당 상태에서 처치를 한 후에 그때의 느낌을 물어보고, 아이와 보호자가 그 느낌을 정리하는 습관을 가지는 것이 좋다. 그러다 보면 다소 엉뚱하지만 "지금 내 혈당이 얼마쯤 되는 것 같아"라고 이야기할 정도로 혈당에 따른 신체 상태를 민감하게 인지할 수 있다.

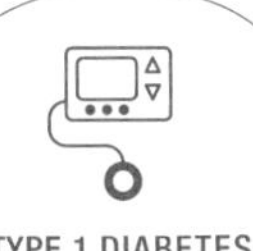

TYPE 1 DIABETES

치아는 어떻게 관리해야 할까요?

> **글루코스**
>
> 포도당으로 불리는 대표적인 단당류다. 혈당을 빨리 올려주기 때문에 저혈당에 대처하기 위해 자주 휴대하고 다닌다. 보통 타블렛(보통 알약보다 조금 큰 사이즈) 형태이지만 최근에는 음료로도 나왔다. 묶음 포장된 것도 있고 낱개 포장된 것도 있다. 휴대성이나 가격을 고려해서 선택하면 된다.

당뇨인은 예상치 못한 저혈당이 나타날 수 있다. 그럴 때면 혈당을 급격히 올리는 액상 음료나 **글루코스**, 사탕 등을 먹는다. 이러한 음식들은 당이 많이 들어 있다. 그래서 어린아이를 둔 부모들은 '아이 치아에 충치가 생기지는 않을까?' 하는 걱정을 많이 한다. 특히 자는 중에 저혈당이 나타나면 액상 음료를 주로 마신다. 이때 자던 아이에게 양치를 시킬 수는 없으니 충치 걱정을 안 할 수가 없다.

나는 아이가 자던 중에 액상 음료를 마시고 나면, 한두 번 정도 입 안을 물로 헹구게 한다. 그럼에도 아이가 초등학교 2학년일 때, 양쪽 어금니 4곳에 실란트를 해줘야 했다. 실란트는 어금니의 씹는 면에 충치 예방을 목적으로 평평하게 메워주는 것을 말한다. 어금니는 평평하지 않고 골이 파져 있는 형태라서 음식물이나 음료가 고이면 충치가 생기기 쉽다. 충치를 예방하려면 음료를 섭취할 때 빨대를 이용해 치아에 음료가 닿는 면적을 최소화한다. 그리고 불소 도포도 주기적으로 하는 것이 좋다.

당뇨인들에게 단맛이 강한 음료나 글루코스 등은 저혈당을 회복시키는 것이기 때문에 군것질거리가 아닌 약으로 봐야 한다. 그래서인지 우리 아이는 단 음식을 찾지 않는 편이다. 오히려 단 음식을 즐겨 먹는 비당뇨인이 많은 것 같다.

혈당관리가 잘 된다면 '치아 관리를 어떻게 하느냐'가 더 중요한 주제이다. 다만 혈당 관리가 잘 안 되어서 고혈당 상태가 오래 유지되면, 충치뿐 아니라 입 안에 염증이 잘 생긴다. 그리고 치주질환이 생기거나 치아가 빠질 위험성도 높다. 그러니 혈당 관리는 물론이고 치아 관리도 신경 써야 한다.

1형당뇨인이자 아이의 치아를 담당하는 치과 선생님은 실란트는 꼭 하는 것이 좋다고 추천했다. 그래서 아이가 초등학교 2학년일 때 치료를 받았다. 실란트는 충치 치료보다는 상대적으로 덜 아프지만, 초등학교 저학년이라면 힘들어하는 게 보통이다. 그런데 겁내지 않고 치료를 무사히 끝냈다. 1형당뇨 진단을 받기 전에는 주사기만 봐도 덜덜 떨었는데, 인슐린 주사를 매일 맞아서인지 두려워하는 강도가 줄었다. 그 모습을 볼 때면 대견하면서도 조금은 안쓰러운 마음이 들기도 한다.

TYPE 1 DIABETES

자가 주사는 언제부터 가능한가요?

사람마다 성장과 발달에 개인차가 있듯이 자가 주사도 마찬가지다. 사람들은 일반적으로 '주사'를 무서워한다. 이는 성인도 마찬가지다. 공포의 대상인 주사를 1형당뇨인들은 하루에도 여러 번 맞아야 한다. 하루에 최소 4번만 주사를 맞더라도 1년이면 무려 1천 번이 넘는다.

사실 어린아이가 주사를 잘 맞아주는 것만 해도 기특하고 감사한 일이다. 그러니 자가 주사는 아이가 마음의 준비가 되었을 때 할 수 있도록 도와주는 것이 좋다. 가끔 1형당뇨 아이가 자가 주사를 하고 싶어 하는데도 그 모습을 보기가 안쓰러워서 자가 주사를 못하게 하는 부모도 있다.

물론 그 마음은 충분히 이해한다. 그러나 아이가 자가 주사를 할 수 있으면 주변 사람들에게 소위 '아쉬운 소리'를 안 해도 된다. 이는 비단 부모의 편함뿐만 아니라 아이도 또래 친구들과 집단생활을 할 때 독립적인 생활이 가능해지므로 굳이 자가 주사를 제지할 필요는 없다고 본다.

우리 아이의 경우에는 다섯 살 때 자가 주사를 하고 싶다고 했다. 아마

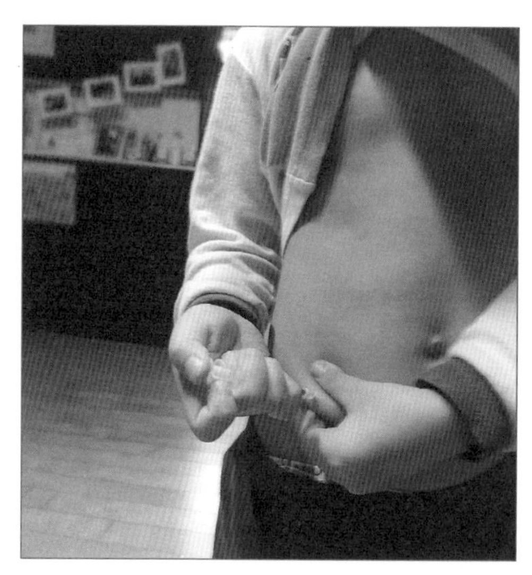

아이가 다섯 살 때 자가 주사를 하는 모습

생후 59개월쯤인 것 같다. 그때까지만 해도 어린아이가 자가 주사를 하는 경우는 거의 없었다. 어린이집에서는 간호사 선생님이 주사를 놓아주었고, 집에서는 우리 부부나 외할머니가 주사를 놓아주었기 때문에 자가 주사를 할 이유가 없었다.

그런데 아이는 자가 주사를 해야 친구들과 더 많이 놀 수 있다고 생각했나 보다. 나는 아이의 의견을 따랐다. 그래서 자가 주사 놓는 방법을 가르치기 시작했다. 고사리 손으로 주사기를 누르는 모습을 보며, 하염없이 눈물이 나왔다. 아이도 처음에는 겁이 났는지 주사기를 쉽게 누르지 못했다. 아이의 손가락 위에 내 손가락을 얹고, 대신 눌러주기를 몇 번 하고 나서야 스스로 주사기를 누를 수 있었다.

부모의 지원이 무엇보다 중요하다

다섯 살 아이가 자가 주사를 한다는 건 쉽지 않았다. 주사기 뚜껑의 폭이 좁다 보니 주사기 뚜껑을 닫다가 주삿바늘에 찔리는 경우도 많았다. 한 번은 손가락이 바늘에 찔려서 피도 많이 나고 멍이 들기도 했다. 그 이후 주사기 뚜껑을 닫을 때는 뚜껑의 옆면으로 주사기 바늘을 구부려서 닫도록 연습시켰다. 이렇게 하면 주삿바늘에 찔릴 염려도 없고 사용한 주사기라는 표시가 되기 때문에, 실수로 **주사기를 재사용하는 일**도 없었다.

혹독한 신고식을 거치고 나서야 아이는 자가 주사를 할 수 있었다. 그러면서 간호사 선생님이 휴가를 내거나 교육으로 안 계셔도 내가 근무 중에 가지 않아도 되었다. 아이도 친구들과 온전히 놀이시간에 집중할 수 있었다.

아이가 자가 주사를 할 때 사진을 한 장 찍었다. 그 사진을 1형당뇨 커뮤니티에 공유했다. 사진을 본 형이나 누나들이 용기를 얻어서 자가 주사를 시작하기도 했다. 우스갯소리로 아이 덕분에 한국의 1형당뇨 자가 주사 시작 연령이 낮아진 계기가 된 것이다.

언젠가는 스스로 해야 하는 일이다. 그러니 아이가 마음의 준비가 되었다

주사기를 재사용하면 안 되는 이유

혈당 관리를 위한 주사기, 알코올 솜, 채혈침, 혈당 측정 시험지는 모두 일회용품이다. 그런데 많은 당뇨인들이 휴대하기 귀찮거나 한 번 사용하고 버리기가 아깝다고 해서 소모품을 재사용하는 경우가 있다. 주사기를 재사용하면 침의 끝이 무뎌져서 찌를 때 통증이 더 커질 수 있고 감염의 위험도 있다. 그러므로 혈당 관리 용품을 재사용해서는 절대로 안 된다.

면 우리는 아이를 응원하고 도와주어야 한다. 부모가 아이를 믿고 응원한다면, 분명 아이는 자가 주사를 할 수 있다. 주변에 자가 주사를 하는 아이들의 모습을 보여주는 것도 좋다. 아이가 용기를 얻어서 자가 주사를 시작하는 계기가 될 수 있으니 말이다.

아이들의 자가 주사를 위해 '주사 보조기'를 활용해보는 것도 좋다. 인슐린 주사기를 주사 보조기 안에 넣으면 주사기는 물론이고 주삿바늘도 안 보인다. 게다가 주사할 때의 통증도 줄어든다. 처음에는 주사 보조기로 연습하다가 점차 자가 주사가 익숙해지면, 그 이후에는 주사 보조기 없이 직접 주사도 가능해진다.

TYPE 1 DIABETES

인슐린 주사량은 왜 매번 달라지나요?

기저 인슐린

지속형 인슐린이라고도 한다. 비교적 고른 약효를 보인다. 기저 인슐린의 종류는 여러 가지다. 일반적으로 12~36시간 유지된다. 인슐린 호르몬은 음식을 먹을 때뿐 아니라 다른 호르몬의 작용이나 신체 상태에 따라 기본적으로 필요하다. 식사와 상관없이 기본적으로 필요한 인슐린이 기저 인슐린이다. 보통 하루에 1회 주사하고, 종류에 따라 2회 주사하기도 한다.

초속효성 인슐린

식사 인슐린이라고도 한다. 기저 인슐린에 비해 지속시간이 짧고(5시간 이내) 작용이 빠르며 피크가 강하다. 음식을 먹을 때나 혈당이 높을 때 사용하는 인슐린이므로, 하루에 여러 번 주사할 수 있다.

36개월이던 우리 아이는 병원 입원 중에 혈당 관리를 했다. 밤에 자기 전에는 **기저 인슐린** 2~4단위, 식사 때는 **초속효성 인슐린** 2~3단위를 주사했다. 퇴원하고 나서는 병원에 있을 때보다 더 많은 양의 음식을 먹었다. 그런데 병원에서 맞던 주사량으로 맞으면 저혈당이 발생했다. 병원에 있는 동안 인슐린 주사량을 가감하는 방법을 배우지 못했다. 그래서 처음에는 병원에서 맞던 주사량대로 맞고, 저혈당이 발생하면 혈당을 빠르게 올릴 만한 음식을 먹었다. 그리고 나서 1~2시간 뒤에 혈당을 측정해보면 고혈당 상태가 되곤 했다. 그렇게 몇 번을 반복하고 나서야 저혈당을 회복시킬 탄수화물 양과 고혈당을 떨어트릴 인슐린 주사량에 대해 감을 잡기 시작했다. 다만 혈당 흐름을 볼 수 없어서 실패한 적도 많았다.

'몸무게 몇 킬로그램, 탄수화물 몇 그램이면 몇 단위의 주사량이 필요하다'와 같은 공식이 있다면 좋겠지만, 그런 건 없었다. 똑같은 음식을 먹어도 매번 혈당 흐름이 달라졌다. 게다가 매끼를 같은 음식, 같은 양으로 먹을 수도 없었다.

새로운 음식을 먹어봤는데 혈당이 잘 나와서 다음에도 똑같이 먹어본다. 그런데 혈당 흐름이 다르다. 그만큼 혈당에 영향을 주는 변수가 너무나도 많다. 이때 가장 큰 변수는 음식의 양과 인슐린의 양이다. 이외에도 직전 혈당수치, 인슐린 주사시간, 운동 여부, 다른 질병 여부, 컨디션, 호르몬 분비, 해당 시기의 인슐린 민감도 등 변수들은 무궁무진하다. 특히 우리가 통제할 수 없는 변수가 더 많다는 것이 문제다.

통제 불가능한 변수들 때문에 연속혈당측정기가 없던 시절에는 혈당 체크를 수시로 해야 했다. 병원 의료진은 하루에 4번 이상 혈당 체크를 하지 말라고 한다. 혈당 체크를 너무 많이 하면 아이에게 스트레스가 될 수 있어서다. 그런데 하루 4번의 혈당 체크로는 아이의 혈당 흐름을 절대 파악할 수 없었다.

통제할 수 없는 변수들이 많으니 아이가 음식을 먹고 인슐린 주사를 하고 나면, 그때부터 나는 '혈당 흐름이 어떻게 변하고 있는지'가 무척 궁금했다. 나쁜 결과가 나오기 전까지는 그사이에 아이 몸에서 어떤 변화가 일어나는지 알 수 없었다. 그래서 혈당 체크를 하루에 10번 이상은 보통이고, 아이가 아프거나 불량한 음식을 먹었을 때는 하루에 24번이나 체크한 적도 있었다.

"마른 논에 물 들어가는 것하고, 자식 입에 밥 들어가는 것이 제일 보기 좋다"라는 옛 어르신들의 말씀이 1형당뇨 아이의 부모에게는 통하지 않았다. 아이가 음식을 먹고 싶다고 하면 수많은 생각과 고민이 스쳐 지나간다. 어쩔 수 없이 혈당 체크를 여러 번 해야 하기 때문에 아이 입으로 음식이 들어가는 일이 마냥 기쁜 일은 아니었다.

수학 공식처럼 정해진 인슐린 양도 없었다. 연속적으로 혈당을 볼 수 있는 연속혈당측정기는 건강하게 살기 위해 반드시 필요한 도구다. 같은 100mg/dl의 혈당이라도 그 시기의 인슐린 민감도나 직전에 먹었던 음식의 특성(탄수화물, 단백질, 지방, 인공 첨가물 등의 함량), 혈당의 추세 등에 따라 그때그때 대처가 달라져야 한다.

1형 당뇨, 1분 꿀팁

아이는 가끔 연속혈당측정기를 사용하지 않았던 때를 이야기한다. 대부분 혈당 관리로 힘들었다는 이야기인데, 한 가지는 그때가 더 좋았었다고 한다. 당시에 나는 혈당 관리를 잘할 자신이 없었다. 때문에 되도록이면 아이가 정해진 시간에, 정해진 양의 식사만 해주기를 바랐다. 아이가 음식을 잘 절제하면 나는 보상으로 당시에 유행하던 장난감을 사주기도 했다. 나에게는 슬픈 기억이다. 그런데 아이러니하게도 아이는 엄마의 장난감 인심이 후했던 그때가 참 좋았다며 추억할 때가 있다.

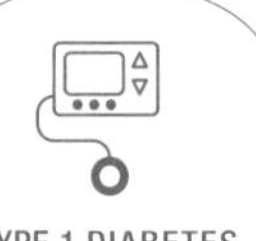

TYPE 1 DIABETES

지방비대증은 왜 생기나요?

반복적으로 같은 부위에 인슐린 주사를 놓으면 피부가 부풀고 딱딱해지는 지방비대증이 생길 수 있다. 인슐린 주사를 놓는 사람의 64% 정도가 지방비대증이 있는 것으로 알려져 있다.

인슐린 자가 주사를 할 때, 당뇨인이 선호하는 주사 부위가 있다. 주사 시에 통증이 적은 부위나 주사를 놓기 편한 위치를 찾는데, 이 부위에 주로 지방비대증이 생긴다. 피부가 부풀고 딱딱해지면 주사시 통증은 줄어들지만, 인슐린 발현 및 작용이 잘 되지 않아서 인슐린 주사량이 늘어난다.

무엇보다 지방비대증으로 부풀어진 피부는 원래대로 복구되기가 어렵다. 다이어트를 해서 살을 빼더라도 지방비대증으로 부푼 부위는 잘 빠지지 않는다. 그러니 각별히 신경 써서 주사 부위를 관리해야 한다.

지방비대증을 예방하려면 다음의 3가지에 집중하는 것이 좋다. 첫째, 주사 통증을 줄일 수 있는 방법을 찾는다. 주삿바늘이 짧은 것을 사용한

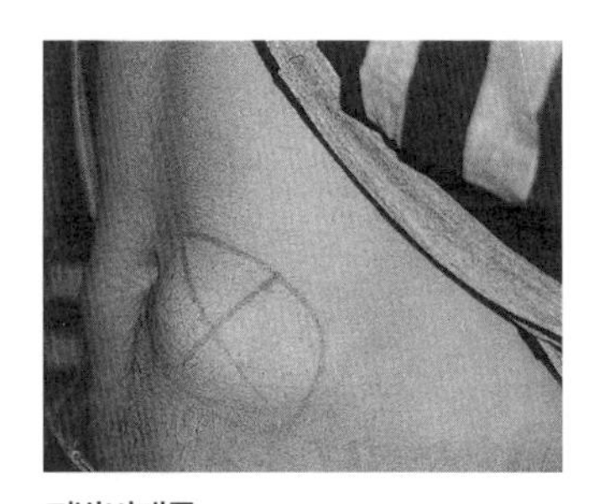

지방비대증

*출처: Becton Dickinson Korea, Ltd. BD Medical, Diabetes Care

다거나 여러 제품을 사용해보고 통증이 가장 적은 제품을 찾는다. 주사 시 통증을 줄이는 방법을 찾아야 주사 통증이 적은 부위에 반복적으로 주사하지 않기 때문이다.

둘째, 한꺼번에 많은 양의 인슐린을 한 부위에 주사하지 않는다. 특히 인슐린펌프 사용자라면 주삿바늘이 한곳에 3일 정도 꽂혀 있다. 때문에 되도록 적은 양으로 인슐린을 나눠서 주사하고, 주사 주입속도를 느리게 해서 천천히 주입되게끔 설정하는 것이 좋다. 펌프 주삿바늘은 동일한 부위에 4일 이상 사용하지 않아야 하고, 위치도 겹치지 않게 바꿔주어야 한다.

셋째, 주사 부위를 항상 확인한다. 만약 부풀었다면 온찜질을 하거나 오일 등으로 마사지를 해서 풀어준다.

의료용 테이프를 사용했던 부위는 어떻게 관리하나요?

1형당뇨인은 의료용 테이프를 많이 사용한다. 그만큼 의료용 테이프를 붙였던 부위를 잘 관리해야 한다. 연속혈당측정기나 인슐린펌프에는 부직포 형태의 의료용 테이프가 붙어 있는데, 떨어지지 않게 하려고 의료용

의료용 테이프

의료용 테이프는 부직포, 필름, 종이 등 종류가 다양하다. 부직포나 종이 타입은 의료기기의 부착 부위를 고정할 때 주로 사용하고, 필름 타입은 방수 때문에 주로 사용한다. 제품별 특징과 용도를 고려해서 자신에게 적합한 의료용 테이프를 활용하자. 그러면 피부 트러블도 완화되고 부착 부위도 안정적으로 관리할 수 있다.

테이프를 추가로 덧대기도 한다.

보통 3일에서 길게는 14일 넘게 붙이고 있어야 하는 경우도 있다. 이때는 **의료용 테이프**를 붙인 부위에 피부 트러블이 생겨서 간지럽거나 진물이 나기도 한다. 이를 막으려면 의료용 테이프를 다양하게 사용해보고, 자신에게 맞는 의료용 테이프를 찾아야 한다. 테이프를 붙이기 전에 털을 제거하거나 보습을 해주면 피부 트러블을 완화할 수 있다. 알레르기 감소를 위해 국소용 비강 스테로이드 스프레이 등을 뿌려주는 것도 한 방법이다.

같은 의료용 테이프일지라도 연속혈당측정기보다 인슐린펌프와 함께

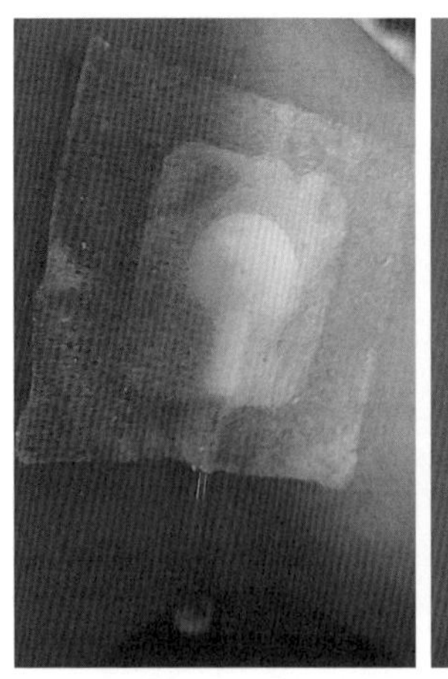

의료용 테이프 위에 오일을 바르고 나서 피부를 정리한 모습

사용했을 때 피부 트러블이 더 생기기도 한다. 의료용 테이프를 뗄 때도 바로 떼면 피부의 각질이 함께 벗겨져서 빨갛게 부풀거나 상처가 나기도 한다. 이때 의료용 테이프를 떼내는 **리무버**나 피부에 바를 수 있는 **오일** 등을 사용하면 피부 자극 없이 테이프를 잘 뗄 수 있다.

리무버, 오일

의료용 테이프를 떼고 나면 접착 성분이 피부에 남는다. 이때 방치하면 피부색이 변하거나 2차 트러블이 생길 수 있다. 전용 리무버나 오일을 사용하면 좋다. 전용 리무버 제품은 'adhesive remover'로 검색하면 나온다. 피부에 사용할 수 있는 오일이라면 써도 된다. 전용 리무버보다 효과는 떨어지나 가격이 저렴해서 전용 리무버의 대안이 될 수 있다.

오일을 사용할 때는 테이프를 떼기 5분 전쯤, 미리 부직포 테이프 위에 오일을 발라서 충분히 스며들게 한 다음 뗀다. 떼고 난 자리에 테이프 자국이 남았다면 화장솜에 오일을 적신 후 부드럽게 밀어준다. 그러면 테이프 자국이 남지도 않고 보습 효과도 있어서 일석이조다.

인슐린펌프는 연속혈당측정기보다 더 굵은 바늘이 피하에 삽입되고 바늘을 통해 약물이 주입된다. 그러다 보니 바늘을 떼내고 나면 피부에 구멍(엄마들 사이에서는 "동굴이 생겼다"고 표현한다)이 생기는데 그 부위를 짜주는 게 좋다. 짜보면 고여 있는 인슐린이나 고름이 나오기도 한다. 고여 있는 인슐린을 짜지 않으면 그 부분에 지방비대증이 생길 수 있고, 고름을 제대로 짜지 않으면 바늘 삽입 부위에 열감이 있거나 붓기도 한다. 심하면 입원 치료를 받아야 할 수도 있다. 짜주고 나서는 상처 연고 등을 발라주고 감염되지 않도록 관리해야 한다.

TYPE 1 DIABETES

1형당뇨에서 허니문기란 무엇인가요?

허니문기(honeymoon period)는 1형당뇨를 진단받은 후 증상이 호전되는 시기를 말한다. 이 시기에는 인슐린 용량이 절반 이상 줄어들거나 아예 안 맞는 경우도 있다. 자가면역이 일시적으로 완화되면서 **β세포**가 혈당을 조절할 만큼의 인슐린을 분비할 수 있는 시기이지만, β세포는 언젠가 파괴되어 인슐린이 분비되지 않는다.

> **β세포**
>
> β세포는 췌장의 랑게르한스섬이라는 내분비세포 군집에 포함된 세포로, 랑게르한스섬의 65~80%를 차지한다. 인슐린을 합성하고 저장·분비하는 기능을 한다. 혈당량이 높아지면 인슐린을 분비해 혈당을 떨어뜨린다.

해외 기사를 보면 최대 13년 동안 허니문기를 유지한 사람도 있다. 인슐린 주사를 맞지 않거나 적은 인슐린으로 혈당 조절이 잘 되는 시기라고 하니, 처음 1형당뇨를 진단받은 사람들은 대부분 허니문기를 기다린다. 그렇다고 모든 1형당뇨인들에게 허니문기가 있는 것은 아니다. 그러다 보니 "왜 나는 허니문기가 없나요?"라고 묻거나 허니문기와 관련 있는 글이 올라오면 '무한 동경' 하는 분들이 있다.

우리 아이는 진단을 받고 지금까지 또래 아이들보다 인슐린 양이 적었다. 한때는 또래보다 절반 이하의 인슐린을 맞기도 했다. 다만 적은 인슐린이라도 맞지 않으면 아이의 혈당은 고혈당 상태로 직행했다. 그러니 주사를 맞지 않은 허니문기는 겪지 못했다. 하지만 나는 허니문기에 큰 의미를 두지 않았다.

1년 이상 주사 없이 생활하는 허니문기를 겪은 한 분은 1형당뇨를 진단받았을 때보다 허니문기가 끝났을 때의 절망감이 더 컸다고 한다. 혈당을 잘 관리해서 허니문기를 평생 유지할 수 있다면 모를까, 허니문기는 끝이 있다. 그러니 허니문기에 큰 의미를 부여할 필요는 없다.

왜 나는 인슐린 양이 많은가요?

투여하는 인슐린 양이 많아서 스트레스를 받는 사람들도 있다. 비슷한 연령대나 몸무게를 가진 사람들의 인슐린 양과 비교해보고, 자기의 인슐린 용량이 많으면 '왜 나는 인슐린 용량이 많을까?' 하며 고민한다.

그런데 몸무게마다 딱 들어맞는 인슐린 양이 정해진 게 아니다. 물론 체격이 클수록 인슐린 용량은 늘어난다. 혈당 관리가 잘 안 되는 경우에 혈당 흐름을 개선하고 운동을 병행하면 인슐린 용량이 확실히 줄어들기도 한다. 하지만 혈당 관리가 어느 정도 잘 되는 경우라면, 인슐린 용량이 많다고 너무 스트레스를 받을 필요는 없다.

우리 아이는 적은 양의 인슐린으로 혈당이 떨어졌던 어린 시절보다 인슐린 양이 더 많이 늘어난 청소년기인 현재가 저혈당 발생 빈도도 줄고 혈당 관리하기도 더 편하다.

초등학교 4학년까지만 해도 하루 인슐린 양이 15~20단위였다. 하지만 5학년 2학기부터는 인슐린 양이 2배 이상 늘어서 열세 살인 최근에는 하루 50단위가 넘기도 한다. 항인슐린 호르몬인 성장호르몬이 활발하게 분비되는 시기인 만큼, 아이는 성장했고 먹는 양도 늘어서 인슐린 양도 함께 늘어난 것이다.

가끔 이렇게 인슐린 양이 급격하게 느는 것도 신경을 쓰는 분들이 있다. 그런데 개인차가 있고 성장 시기별로도 인슐린 요구량이 다르니, 그때그때 먹는 양과 혈당에 맞춰서 인슐린 양을 증감하면 된다.

허니문기를 진단받으면 대개는 "어떻게 하면 허니문기를 오래 유지할 수 있을까요?"라고 질문한다. 아직까지 명확하게 밝혀진 것은 없지만, 필요하다면 인슐린을 사용하면서 고혈당 상태가 되지 않도록 하는 것이 췌장에 무리를 덜 줘서 허니문 기간을 더 연장할 수 있다고 한다. 또한 글루텐 프리 식단이나 비타민D3를 섭취하면 허니문기를 유지하는 데 도움이 된다는 연구 결과가 있다.

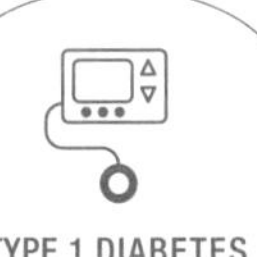

TYPE 1 DIABETES

주변에 1형당뇨임을 알리는 게 좋을까요?

참으로 어려운 질문이다. 나는 1형당뇨를 가진 아이를 키우는 엄마이기는 하지만, 내가 당뇨인은 아니기에 질환을 타인에게 공개하는 것은 굉장히 조심스럽다. 아이가 1형당뇨라는 사실이 부끄럽지는 않지만, 아이는 부모와 떨어져서 수많은 상황을 겪어야 한다. 그렇기에 그 상황을 다 알지도 못하면서 "당뇨를 당당히 오픈해라"라고 말할 수는 없었다.

먼저 당뇨인의 생각이 가장 중요하다. 공개하는 것이 더 불편하고 사람들의 시선이 신경 쓰인다면 오픈하지 않는 것이 좋다.

다만 당뇨인 가족으로서 당뇨인들이 그 사실을 오픈할 수 있는 환경을 만드는 게 굉장히 중요하다. 학교생활, 직장생활을 하면서 당뇨를 오픈하지 않으면

합병증

당뇨 합병증은 급성 합병증과 만성 합병증으로 나뉜다. 급성 합병증은 비교적 단기간 혈당 관리가 안 되었을 때 발생할 수 있는 합병증이다. 고혈당성 혼수, 케톤산혈증, 저혈당 쇼크 등이 해당한다. 만성 합병증은 비교적 오랜 기간 혈당 관리가 안 되었을 때 발생하는 합병증이다. 당뇨망막병증, 당뇨병 신증, 당뇨신경병증, 뇌혈관질환, 당뇨병성 족부병변 등이 해당한다.

혈당 관리를 제대로 할 수가 없기 때문이다.

예를 들어 고혈당이 발생해서 추가 인슐린 주사를 맞아야 하는 상황이다. 그런데 사람들의 시선 때문에 하지 못한다면 고혈당으로 인한 **합병증**이 올 수밖에 없다. 또 심한 저혈당이 발생해서 **저혈당 혼수상태**가 되었을 때, 주변에서 당뇨인인지 모른다면 저혈당 대처가 늦어질 것이다.

> **저혈당 혼수상태**
> 혈액 속 당의 농도가 비정상적으로 낮으면 세포의 주 에너지원인 포도당을 공급해주지 못한다. 저혈당이 지속되면 저혈당 혼수상태가 올 수 있다. 이때 저혈당을 빠르게 회복시켜야 한다. 만약 의식이 없다면 음식을 억지로 먹여서는 안 된다. 기도가 막힐 수 있어서다. 그럴 때는 글루카곤을 주사하고, 곧바로 응급실로 옮겨야 한다.

1형당뇨에 대한 편견이나 잘못된 인식들

앞서 말한 바와 같이 1형당뇨는 누구의 잘못으로 생긴 병이 아니다. 내가 잘못하지 않아도 교통사고를 당하거나 천재지변으로 피해를 입을 수 있듯이, 어느 날 갑자기 1형당뇨를 진단받은 것뿐이다. 그럼에도 대중은 1형당뇨에 편견을 갖거나 잘못된 정보를 진짜인 것처럼 알고 있다. 의학 관련 기사조차 잘못된 내용이 많다.

다음은 1형당뇨에 대한 편견이나 잘못된 인식이 반영된 기사다. 한 번 살펴보자.

〈편견이 개입된 기사 사례 ①〉

기사 제목: '소아당뇨, 세계 최초 원인 밝혀'

• 앵커: 선천성 당뇨로 여겨지는 제1형당뇨병. 지금까지는 그 발병 원인이 밝혀지지 않았는데 재미한국인 과학자가 세계 최초로 그 원인을 찾아냈습니다. 흔히 소아당뇨로 불리는 제1형당뇨병의 예방이 기대됩니다.

• 기자: 흔히 소아당뇨로 불리는 제1형당뇨병은 전체 당뇨환자의 10%를 차지하지만 정확한 발병 원인이 밝혀지지 않았습니다. 다만 선천적인 영향이 큰 것으로 알려져 있으며 몸속에 면역세포인 T세포가 인슐린을 만드는 β세포를 파괴해 발병하는 것으로 추정되었습니다. 그런데 최근 미국에서 유학 중인 20대의 우리나라 여성 박사가 그 원인을 찾아냈습니다.

시카고대학 병리학과 이유진 박사는 면역세포인 T세포가 췌장 안의 림프성 구조에서 활성화되면서 인슐린을 만드는 β세포를 파괴한다는 사실을 최초로 규명했습니다. 연구팀은 동물실험에서 림프성 구조의 형성을 억제하는 방식으로 1형당뇨의 발병을 막을 수 있다는 사실도 증명했습니다. 이번 연구는 〈셀〉 자매지로 면역학 분야의 저명 학술지인 〈이뮤니티〉 온라인판에 게재됐으며, 1형당뇨를 예방할 수 있는 길을 제시한 것으로 평가받았습니다.

* 출처: MBC 뉴스

일반적으로 1형당뇨가 소아당뇨로 인식되는 상황에서 '소아비만으로 인해 소아당뇨가 올 수 있다'고 언급한 기사도 있다. 다음은 기사의 일부를 발췌한 것이다.

〈편견이 개입된 기사 사례 ②〉

노병진 원장은 "섭취 칼로리에 비해 소비 칼로리가 적으면 살이 찔 수밖에 없다. 성장기 때 잘 먹는 것은 좋은 일이지만, 기혈이 정체되어 영양소가 에너지원으로 사용되거나 순환되지 못해서 쌓이기만 하면 소아비만이 되는 것이다. 지방세포가 비대해지는 성인비만과 달리 소아비만은 지방세포 수가 증가한다. 소아비만은 성인비만으로 이어지기 쉬운 데다, 성조숙증, 소아당뇨, 고지혈, 고혈압 등의 합병증 유발은 물론이고 외모 비하, 대인관계 위축 등 정서발달에도 악영향을 미친다"고 말한다. 올바른 식습관으로 교정하고 섭취한 영양을 잘 소비할 수 있도록 이끌어야 한다.

노병진 원장은 "신체 활동량을 조금씩 늘려 체중은 그대로 유지하면서 살이 키가 될 수 있도록 해야 한다"며 "추운 계절에는 신체활동량이 떨어져 살이 더 찌기 쉽다. 근육이 잘 긴장되고 몸이 움츠러드는 만큼 실내에서 스트레칭, 맨손체조, 운동기구를 활용해 몸을 움직인다. 앉았다 일어나기, 트램펄린 하기, 계단 오르내리기 등 생활 속에서 자주 움직일 수 있도록 유도하라"고 덧붙인다.

패스트푸드나 인스턴트식품 등 고열량 식품을 조심하고 5대 영양소를 균형 있게 섭취한다. 성장기의 식이 제한은 아이의 고른 성장발달에 방해 요소가 될 수 있으므로 주의한다. 야식 먹는 일은 없도록 하고, 늦게 잠자리에 드는 습관을 버린다. 수면 부족은 식욕을 증가시키므로 충분히 재우는 것도 소아비만을 예방하는 데 효과적이다.

* 출처: 베이비뉴스

"1형당뇨 아이들을 지원해주자"라는 논평에 "당뇨는 식습관 병인데 엄마도 참 대단하네. 공부 좀 해서 치료해줘라. 아이가 너무 불쌍하다"라는 대중의 댓글이 있었다. 1형당뇨 아이들의 입소를 거부한 어린이집을 다룬 기사에는 "부모가 책임져야지, 어린이집에서 덤터기 쓸 일 있나. 소아당뇨는 부모 식생활 책임이 크다"라는 댓글도 있었다.

1형당뇨인의 가족으로서 우리가 할 일은 1형당뇨인이 혈당 관리를 더 잘할 수 있도록 혈당 관리 환경과 잘못된 인식을 개선하는 일이라 생각한다.

아이는 새 학기가 되면 1형당뇨라는 사실을 공개하지 않겠다고 한다. 낯선 친구들이 많은 상황에서 '내가 누구인지 알기도 전에 당뇨로 인한 선입견을 만들고 싶지 않아서'다. 그러다가 한두 달이 지나 친한 친구들이 생기면, 아이는 자연스럽게 그 사실을 오픈한다. 친구들과 하굣길에 군것질도 해야 하고, 자전거를 타고 나서 음료수도 먹어야 하고, 친구 집에 놀러가서 간식 먹을 일도 생기는데 당뇨를 오픈하지 않으면 친구와 어울릴 때 불편하기 때문이다. 친구들 역시 아이의 당뇨를 자연스럽게 받아들인다. 아직까지 아이의 당뇨를 이상하게 본다거나 놀리는 일은 없었다.

혈당 관리를 잘하기 위해서는 모두에게는 아니더라도 친한 사람 몇 명에게는 당뇨라는 사실을 오픈하는 것이 좋다. 만약의 상황에 대비할 수 있어서다.

과거에는 1형당뇨에 대해 편견이 개입된 기사를 보면 속상해하기만 했다. 그런데 최근에는 환우회 언론 모니터링 담당자를 중심으로 환우회원들이 적극적으로 기사 수정을 요청하고, 실제로 기사가 수정되기도 한다. 특히 당뇨망막병증과 관련한 기사는 전문가들도 40년 전의 연구결과를 반복적으로 인용했었다. 기사뿐 아니라 질병관리청의 국가건강정보 포털의 내용에도 문제가 있어서 환우회의 요청으로 수정되기도 했다. 40년 전에는 지금보다 인슐린 종류가 많지 않았고 당뇨를 자가 관리할 수 있는 의료기기도 많지 않았다. 그러므로 40년 전의 연구결과를 바탕으로 한 기사는 1형당뇨인과 가족들에게 공포감만 줄 뿐이다. 기자 분들에게 부탁하고 싶은 것은 질환 관련 기사를 쓸 때는 그 질환을 올바르게 이해하고 최신 치료 환경이나 연구 결과를 확인한 뒤 기사를 작성했으면 한다. 부정확한 내용으로 쓴 글은 누군가를 절망에 빠뜨리고, 건강을 되찾고자 하는 의지를 꺾을 수도 있다.

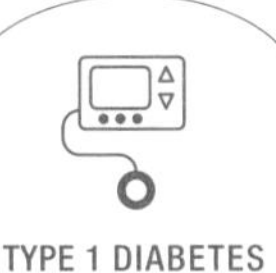

TYPE 1 DIABETES

주변 사람에게 1형당뇨를 어떻게 설명해야 할까요?

아이가 1형당뇨를 진단받았던 첫 해 명절이었다. 당시 가족들은 아이가 당뇨라고 해도 함께 생활하지 않아서 그런지, 혈당 관리가 얼마나 힘든지 몰랐다. 당시 네 살이던 아이는 음식을 통제하니까 종일 '먹을 것'만 생각했다. 그런데 명절은 맛있는 음식이 많아서 아이와 부모에게 너무나 힘든 시간이다. 그때만 해도 나는 혈당 관리에 자신이 없어서 아이 눈앞에 먹을 것을 안 두거나 되도록이면 치웠다. 그런데 시댁 식구들은 명절이라고 끊임없이 음식을 내왔다.

아이는 계속해서 300~500mg/dl대의 고혈당 상태였다. "어린아이가 당뇨라서 주사 맞는 것도 짠하고, 먹고 싶은 음식을 못 먹는 것도 짠하다"라고 말하면서도 누구도 혈당 관리에 관심을 두지 않았다. 참다못한 나는 집에 가겠다고 짐을 쌌고, 결국 아주버님과 싸우고 말았다.

이런 일은 비단 우리 가족에게만 일어나는 일이 아니다. 1형당뇨 가족들이 자주 겪는 일이다. 아이가 예쁘다며 인슐린 주사도 놓지 않고 아이스크림을 사주시는 조부모, 아이가 주사를 맞는 게 마음 아프다며 다른 아이들이 간식을 못 먹게 막는 지인들, 아이가 군것질을 하고 있을 때 "이런 걸 먹으니 당뇨가 오지"라고 말하는 어른들, 아이 앞에서 수시로 명절 음식을 드시는 친지들, 당뇨에 좋다면서 돼지감자 등을 먹어보라고 권하거나 판매처를 알려주는 사람들 등 이러한 사례들은 환우회 커뮤니티에 자주 올라오는 사례다.

제대로 알고 도움을 주는 것이 중요하다

나는 "1형당뇨는 아직까지 완치가 안 되고, 당뇨에 좋다는 음식으로 혈당이 떨어지는 것이 아니다"라고 말해도 "당뇨는 좋아졌니?" "인슐린 주사는 언제까지 맞아야 되니?"라는 질문을 듣는다. 그럴 때면 힘이 빠진다. '친지나 지인들도 그렇게 생각하는데 일반 대중은 얼마나 관심이 없을까'라는 생각이 들 때면, '이럴 거면 차라리 관심이 없는 게 낫겠다'라는 생각이 들기도 했다.

많은 1형당뇨인들이 사람들의 잘못된 인식 때문에 1형당뇨라는 사실을 오픈하지 못한다고 한다. 감히 말하건대, 제발 어설픈 관심으로 1형당뇨인과 그 가족에게 상처를 주지 않았으면 한다.

나도 가끔은 '아이가 1형당뇨라는 사실을 친지나 지인에게 설명하지 말까?' 하는 생각도 했다. 그런데 가까운 사람조차도 1형당뇨를 이해시킬 수 없다면 일반 대중의 인식을 개선하는 일은 더 어려운 일이 될 것이다. 그래서 상처를 받더라도 반복해서 설명하며 지냈다.

아이도 어렸을 때는 가까운 사람에게 1형당뇨라는 사실을 알리지 말아달라고 했다. 그런데 지금은 친구들에게 1형당뇨가 어떤 질환이고, 자신이 사용하고 있는 의료기기가 무엇인지에 대해서도 자세히 설명한다.

한편으로는 친지와 지인은 우리와 가장 가까운 지원군임에도 '발병 초기에는 저런 질문조차 수용할 수 있는 마음의 여유가 없었구나' 하는 생각도 든다. 결국 반복해서 설명하면 친지와 지인들의 인식이 바뀌고, 우리들의 지원군이 될 것이라 믿는다.

'천연 인슐린'이라면서 여주, 돼지감자, 물 심지어 귀뚜라미 가루 등을 광고하는 사람들이 있다. 그런데 언급한 식품들은 1형당뇨를 낫게 하는 효과가 없다. 설사 혈당을 떨어뜨린다 해도 인슐린을 대체할 수는 없다. 인슐린은 정제 과정을 거쳤기 때문에 혈당을 낮추는 성분 이외의 다른 성분이 없다. 그런데 식품은 혈당을 낮추는 성분이 들어 있다고 해도 다른 성분도 들어 있다. 그래서 장복할 경우 부작용이 생길 수도 있다. 무엇보다도 천연 인슐린이 있다면 무엇 때문에 인슐린 주사를 놓거나 저혈당과 고혈당의 위험을 감수하면서까지 혈당 관리를 하겠는가? 지푸라기라도 잡고 싶은 1형당뇨인과 그 가족을 대상으로 거짓된 정보를 퍼뜨리지 않기를 바란다.

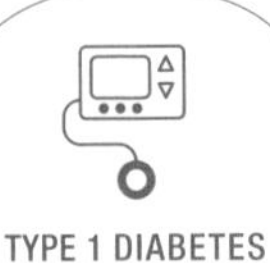

TYPE 1 DIABETES

선생님에게 1형당뇨를 어떻게 설명해야 할까요?

새 학기가 되면 환우회에서는 '신입생 간담회'를 준비한다. 매년 찾아오는 새 학기가 부담이지만 그중에서도 초등학교, 중학교, 고등학교 입학은 더욱 부담스럽다. 학교 환경이 많이 바뀌는 시기라서 더 그렇다.

신입생 간담회는 환우회 아이 부모 중에 교사나 보건교사인 분이 학교생활을 설명하고, 선배 부모님들로부터 어떻게 아이가 학교생활을 해왔는지 그 노하우를 듣는 자리다. 이렇게 학교생활에 대해 듣거나 선배들의 노하우를 바탕으로 '어떻게 선생님과 친구들에게 1형당뇨를 전달할지'를 결정한다.

2019년에 대한소아내분비학회, 보건복지부, 교육부에서 '당뇨병 학생 지원 가이드'를 발간했다. 가이드에는 당뇨병 학생들이 학교생활을 할 때 어느 범위까지 당뇨를 오픈할지 결정해서 당뇨 관리 계획서를 작성하고, 공개 범위에 따라 어떻게 대처해야 하는지가 자세히 나와 있다.

보통은 학교 보건교사에게 요청하면 책자를 받을 수 있다. 만약 보건

<table>
<tr><td rowspan="2">정보공유
여부 확인</td><td colspan="5">학생 및 보호자는 학생의 당뇨병에 대한 상태를 이 문서를 통하여 학교에 제공하기를 원하십니까? (위의 질문에 '예' 라고 대답한 경우에만 하기 서식을 작성하여 학교에 제출합니다.)</td></tr>
<tr><td colspan="3">□ 예</td><td colspan="2">□ 아니오</td></tr>
<tr><td rowspan="6">학생정보</td><td colspan="2">성명</td><td colspan="3"></td></tr>
<tr><td colspan="2">생년월일</td><td colspan="3">년 월 일</td></tr>
<tr><td colspan="2">당뇨병유형</td><td colspan="3">□ 제1형 당뇨병 □ 제2형 당뇨병 □ 기타</td></tr>
<tr><td colspan="2">당뇨병 진단일</td><td colspan="3">년 월 일</td></tr>
<tr><td colspan="2">학년/반</td><td colspan="3"></td></tr>
<tr><td colspan="2">연락처</td><td colspan="3"></td></tr>
<tr><td rowspan="6">보호자정보
(2인 작성권장)</td><td rowspan="3">1</td><td>성명</td><td></td><td>학생과의 관계</td><td></td></tr>
<tr><td>연락처</td><td colspan="3">(집)
(휴대폰)
(기타)
(이메일)</td></tr>
<tr><td>주소</td><td colspan="3"></td></tr>
<tr><td rowspan="3">2</td><td>성명</td><td></td><td>학생과의 관계</td><td></td></tr>
<tr><td>연락처</td><td colspan="3">(집)
(휴대폰)
(기타)
(이메일)</td></tr>
<tr><td>주소</td><td colspan="3"></td></tr>
<tr><td rowspan="4">병원정보</td><td colspan="2">병원명</td><td colspan="3"></td></tr>
<tr><td colspan="2">담당 의료인</td><td colspan="3"></td></tr>
<tr><td colspan="2">주소</td><td colspan="3"></td></tr>
<tr><td colspan="2">전화번호</td><td colspan="3"></td></tr>
</table>

당뇨병 학생 지원 가이드라인 기본정보 서식

교사가 관련 사실을 모른다면 교육부 홈페이지에서 검색하거나 환우회에 요청하면 파일을 받아볼 수 있다.

> **글루카곤**
> 췌장의 랑게르한스섬에 있는 α세포가 분비하는 호르몬이다. 글루카곤이 분비되면 간에 저장된 글리코겐을 사용해 혈당을 높인다. 1형당뇨인은 인슐린 분비가 안 되기 때문에 글루카곤 분비도 원활하지 않다. 그러므로 1형당뇨인이 심각한 저혈당에 빠지면 외부에서 글루카곤을 주사해서 혈당을 회복시킨다.

우리나라는 학교보건법 제15조의2에 따라 저혈당 쇼크로 인해 생명이 위급한 학생에게 보건교사가 **글루카곤** 투약 행위 등의 응급처치를 할 수 있다. 그런데 보건교사가 인슐린을 투약하는 부분은 학교보건법에 명시되어 있지 않다. 2015년 보건복지부에서는 "인슐린 주사는 자가 주사가 가능한 의료행위로, 비의료인도 일정한 교육을 받은 후 시행이 가능하다"라는 유권 해석을 한 바 있다.

그러므로 보건교사가 의지가 있다면 인슐린 주사를 해줄 수는 있지만, 법에 명시된 것은 아니므로 강제할 수는 없다. 환우회는 인슐린 주사 문제로 보건교사 단체와 여러 번 대화를 시도했지만, 그때마다 보건교사 단체의 반대로 학교보건법에 명시할 수 없었다.

보건교사 단체는 보건교사의 과중한 업무와 인슐린 주사에 대한 책임 소지 등의 문제로 인슐린 주사를 반대했다. 보건교사의 과중한 업무는 환우회도 어쩔 수 없는 부분이다. 다만 인슐린 주사에 대한 책임 소지는 보건교사에게 피해가 가지 않게끔 법적으로 명시해달라고 요청했다. 또한 환우회 부모들에게도 보건교사의 인슐린 주사로 인해 문제가 생겼을 때 보건교사에서 책임을 묻지 않겠다는 각서 등을 공증 받아서 제출하라고 가이드하고 있다.

아직까지 우리나라 학교에서는 보건교사의 의지에 따라 인슐린 주사 여부가 결정된다. 그렇기에 초등학교에 입학하자마자 인슐린 주사 문제를 해결해야 한다. 보통 당뇨인들은 자가 주사를 한다. 그런데 초등학교 저학년일 때는 자가 주사가 힘들다. 때문에 보건교사나 부모의 도움으로 주사를 놓는다. 최근에는 인슐린펌프의 보급과 급여화로 버튼만 누르면 인슐린이 주입되는 기기를 사용하는 아이들도 많아졌다.

이와 같이 혈당 관리 방법에는 개인차가 있으므로 자신의 혈당 관리, 혈당 대처방법을 잘 정리해서 담임 선생님께 전달하는 것이 좋다. 부모는 특별한 경우가 아니라면 선생님과의 면담을 통해서 아이의 상황이 어떤지, 구두로 설명하는 것이 좋다.

같은 1형당뇨 아이라도 혈당 관리 환경은 다르다

담임 선생님과 다음의 9가지 사항에 대해 사전에 이야기를 충분히 나누는 것이 좋다.

- 1형당뇨를 어디까지 오픈할 것인가?
- 학교에서 목표혈당 범위를 어떻게 할 것인가?
- 인슐린 주입을 위해 주사기, 펜, 인슐린펌프 중에 무엇을 사용할 것인가?
- 주사기나 펜을 사용할 경우에 누가 주사할 것인가?

- 피를 내서 혈당 체크를 할 것인가, 연속혈당 측정기를 사용할 것인가?
- 주사기를 사용하고 혈당 체크를 할 경우에 어디서 할 것인가?
- 혈당 소모품, 저혈당일 때 먹을 간식은 학생이 소지할 것인가, 아니면 교실이나 보건실에 보관할 것인가?
- DIY APS를 사용할 것인가?
- 스마트폰을 통해 혈당을 수신하고 원격 거리의 부모에게 공유할 것인가?

DIY APS

사용자 주도의 인공췌장시스템(Do It yourself artificial pancreas system)이다. 연속혈당측정기로 읽어 들인 혈당 흐름과 탄수화물 양 등을 참고해 인슐린 주입량을 자동으로 결정해주는 알고리즘을 APS(인공췌장시스템)라고 한다. DIY APS는 1형당뇨인과 보호자가 주축이 되어 개발되는 인공췌장시스템을 뜻한다. 여러 가지 의료기기들을 지원하기 때문에 자신이 사용하고 있는 의료기기에 맞게끔 DIY할 수 있다.

우리 아이는 1형당뇨를 학기 초에 담임교사와 보건교사에게만 공개하고, 학급 생활을 어느 정도 하고 나면 자연스럽게 친구들에게 공개했다. 인슐린펌프와 연속혈당측정기, DIY APS를 사용하기 때문에 주사를 위한 공간은 따로 요청하지 않았다. 혈당 소모품과 저혈당 대비 간식은 학교에 보관하지 않고 아이 가방에 보관했다.

혈당 수신과 혈당 공유를 위해 스마트폰을 소지해야 한다고 전했다. 대신 학교에서는 스마트폰을 꺼내지 않고 가방에 두게 했다. 스마트워치로 혈당을 확인하고 인슐린 주입을 하며 부모와 문자메시지 등으로 연락하겠다고 전했다.

초등학교를 입학할 때만 해도 아이가 어리고 관리 환경이 마련되지 않아서 주사 공간도 따로 제공받았고, 보건실에 저혈당 대비 간식이나 글루카곤도 비치했었다. 그러다가 초등학교 2학년이 되자 아이 스스로 음식에 적합한 인슐린 주사량도 결정할 수 있고, 혈당 관련 데이터들을 원격에서 내가 모니터링할 수 있었다.

그러면서 담임교사, 보건교사께 요청하는 내용이 많이 줄어들었다. 초등학교 3학년 때부터는 새 학기 첫날, 아이가 알림장에 선생님 연락처를 적어 오면 그때 간단히 문자메시지로 연락을 드리고 정기 면담 때 다시 한 번 설명했다.

다음은 담임 선생님께 새 학기 초에 보낸 메일 내용이다.

선생님, 안녕하세요?

정소명 엄마입니다. 새 학기라 많이 바쁘시겠지만, 소명이에게 1형당뇨가 있어서 연락드렸습니다. 1형당뇨는 췌장에서 인슐린 분비가 안 되는 질환으로, 일반적으로 알려진 2형당뇨와는 다른 당뇨입니다. 생후 36개월에 진단받아서 지금까지 외부에서 인슐린을 주입해주고 있습니다.

그러다 보니 저혈당, 고혈당이 자주 발생할 수 있습니다. 현재 소명이는 인슐린을 주입해주는 '인슐린펌프'와 연속적으로 혈당을 확인할 수 있는 '연속혈당측정기'를 사용하고 있습니다. 이런 기기는 소명이가 학교에 가지고 다니는 스마트폰 및 스마트워치와 연동되어 원격에서도 부모가 혈당을 확인하고 인슐린 주사를 해줄 수 있습니다. 그래서 스마트워치는 항상 착용하고 있어야 합니다.

학교 내에서 학생들의 스마트폰 사용이 금지된 만큼, 소명이도 스마트폰은 가방에 두고 스마트워치로 혈당을 보고 인슐린을 주입하며 부모와 소통할 수 있게 하겠습니다. 그런데 이와 같은 관리 환경을 만들기 위해서는 다음과 같은 조건이 필요합니다.

1. 학교에 가더라도 소명이는 스마트폰을 끌 수 없습니다(스마트폰은 주머니나 가방에서 빼지 않고, 모든 연락은 보통 스마트워치로 합니다).
2. 몸에 주삿바늘과 측정을 위한 바늘이 항상 꽂혀 있습니다. 따라서 과도하게 장난을 칠 경우 주삿바늘이 빠질 수 있습니다. 혹시 빠졌을 경우에는 처치가 필요합니다(소명이 혼자 처치할 수 있으니 보건실에 보내주시면 됩니다).
3. 인슐린펌프의 배터리가 부족하거나 바늘이 막혔을 경우 '경고음'이 울릴 수 있습니다. 경고음은 끌 수 없도록 되어 있으니, 되도록 경고음이 울리지 않게 배터리를 미리 체크하겠습니다.
4. 이렇게 관리를 하는데도 혈당이 떨어지면, 혈당을 올리기 위해 수업시간에 주스나 '글루코스'를 먹을 수 있습니다. 글루코스는 낱개로 포장되어 있어서 먹을 때 소리가 조금 날 수도 있습니다.
5. 인슐린펌프가 오작동할 때는 소명이 스스로 인슐린 주사를 해야 할 수 있습니다. 5학년 때까지는 인슐린 주사를 할 경우 조용히 손을 들면 선생님이 눈짓을 해주셔서 복도에서 인슐린 주사를 했다고 합니다.

이렇게 말씀드리니 신경 쓸 부분이 많은 아이 같지만 5학년 때까지 담임 선생님은 소명이가 당뇨가 있다는 걸 인지하지 못할 정도라고 말씀

하셨습니다. 잘 웃고 까불기도 잘하는 또래 남자아이와 비슷합니다.
수업시간에 주스나 글루코스를 먹어야 하는 경우가 종종 있지만, 그 외의 경우는 거의 일어나지 않는 일들입니다. 그리고 소명이와 제가 긴밀하게 연락을 해서 당뇨를 관리하니, 선생님께서 크게 신경 쓸 일은 없을 거라 생각합니다. 그래도 조금은 배려가 필요한 아이이니, 선생님께서 조금만 신경 써주시면 감사하겠습니다.
자세한 이야기는 면담 때 다시 말씀드리겠습니다.
감사합니다.

최근 환우회는 환우회원들의 의견을 취합해 인슐린펌프 경고음에 대해서 식약처에 규제를 완화해달라고 요청했고, 식약처는 소리가 아닌 진동을 통한 사전알림 등으로도 가능하게 하겠다고 답했다. 그러나 실제 제품에 반영되기까지는 시간이 걸리므로 당분간 인슐린펌프의 경고음은 선생님께 말씀드려야 할 내용이었다.

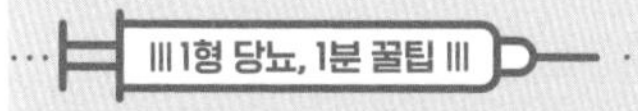

학기 초에 선생님께 메일과 같이 내용을 전달하면 1형당뇨를 굉장히 무서운 질환으로 오해하기도 한다. 한 번은 전화로 말씀드렸더니 선생님이 깊은 한숨을 내쉬기도 했다. 그런데 한 달 정도 지나서 학기 초 면담을 하면 선생님의 반응은 달라져 있다. 대체 아이는 언제 혈당 관리를 하는 것인지, 그사이에 다 나은 건지 등을 질문하신다. 선생님이나 주변 친구들이 눈치채지 못할 정도로 아이는 평범한 학교생활을 하기 때문이다.

TYPE 1 DIABETES

여행은 어떻게 준비해야 할까요?

여행의 묘미는 떠나기 전의 설렘이라고 생각한다. 그런데 아이가 1형 당뇨를 진단받고 나서는 나에게 여행은 더 이상 설레고 즐거운 일이 아니었다. 그래도 우리 가족은 주말마다 가까운 곳이라도 외출을 했고, 회사에서 프로젝트가 끝나면 여행을 갔다. 아이에게 새로운 세상을 보여주고 싶은 마음도 있었고, 새로운 환경에서 혈당 관리하는 방법을 익히게 하고 싶었기 때문이다.

보통 우리 가족이 여행을 갈 때는 국문·영문 진단서, 인슐린, 혈당 관리 소모품(혈당측정기, 혈당시험지, 채혈기, 채혈침, 주사기 또는 니들, 알코올 솜), 연속혈당측정기 센서, **트랜스미터**, 인슐린펌프용 주삿바늘, 주입세트, 인슐린펌프 배터리, 의료용 테이프, 방수 테이프, 저혈당

트랜스미터

트랜스미터(송신기)는 연속혈당측정기 센서가 측정한 데이터를 리시버(수신기)나 스마트폰, 웨어러블 기기에 전달한다. 제품에 따라 센서와 송신기가 결합된 제품도 있고 분리된 제품도 있다. 분리된 경우 트랜스미터를 충전해서 재사용할 수 있는 제품도 있고, 사용기간이 정해져서 사용 후 폐기해야 하는 제품도 있다.

대비 간식(주스, 글루코스 등)을 챙긴다.

진단서는 항상 가지고 다녀야 한다. 그래서 여권이나 지갑이 든 가방에 넣는 게 좋다. 이외의 준비물은 가방 한곳에 모두 담지 않고, 여행용 가방 2~3개에 나눠서 담는다. 혹시 가방을 잃어버렸을 때나 수화물로 부쳤을 때 소모품을 언제든지 사용할 수 있어야 해서다.

진단서에는 정확한 병명(예를 들어 합병증을 동반하지 않은 인슐린의존당뇨병, Insulin-dependent diabetes mellitus, without complications)이 적혀 있어야 한다. 그리고 필요에 따라 사용하는 인슐린 종류, 혈당 관련 기기(연속혈당측정기나 인슐린펌프는 몸에 부착하기 때문에 공항 검색대에서 문제가 될 수 있다)에 대한 설명도 들어가면 좋다.

다음은 영문진단서 샘플과 진단서에 들어가는 내용들이다.

> The patient has been diagnosed with the above conditions. Multiple daily insulin injections are required. Currently insulin injections are administered through the use of an insulin pump.
> Blood sugar is monitored via a CGM(Continuous Glucose Monitor).
> The patient also carries insulin(Novorapid and Fiasp). Hypoglycemia can occur sometimes, therefore the patient needs access to a sugary beverage at any time.
> This is to certify that the patient has been diagnosed with the conditions mentioned above.

- Patient name: 여권에 기재된 영문 이름과 철자가 모두 같아야 한다.
- Date of birth: 여권에 기재된 생년월일과 같아야 한다.
- Hospital ID
- Patient address
- Diagnosis: Insulin-dependent diabetes mellitus, without complications

검색대를 통과한 구역부터 기내까지에는 100ml 이상의 액체 반입이 불가하다. 그래서 '저혈당일 때 이를 회복시켜주는 음료를 소지해야 된다'는 내용을 진단서에 기입하면 좋다. 진단서에 내용이 포함되어 있으면 저혈당을 대비하는 음료를 소지하고 탑승할 수 있다.

그런데 가끔 중국의 일부 지역 공항에서는 영문진단서에 내용이 적혀 있어도 액체류 반입을 거절하기도 한다. 굳이 당뇨를 설명하고 싶지 않다면 100ml 이하의 물약 병에 주스 등을 나눠서 담거나 글루코스 등을 준비하는 것도 한 방법이다.

영문진단서를 소지하면 어느 나라에서든 사용할 수 있다. 그러니 미리 발급받아서 여행을 할 때 가지고 다니는 것이 좋다. 때로는 영문진단서가 필요 없는 경우도 있지만, 만일의 상황에 대비하는 일종의 보험이라 생각하고 발급받아 두자.

실제로 미국으로 여행갈 때였다. 여행사 패키지 상품이었는데, 비행기 티켓이 그룹티켓이었다. 그래서 원하는 좌석을 배정받을 수 없었고, 공항에 늦게 도착하는 바람에 우리 가족은 서로 떨어진 자리에 앉아야 했다. 비행기에서는 네트워크를 사용하기가 어려워서 아이의 혈당을 모니터링하기가 어렵다. 그래서 우리는 영문진단서를 보여주면서 아이의 혈당 관리를 위해 최대한 가까운 좌석으로 배정해달라고 요청했고, 담당자는 좌석을 재배정해주었다.

연속혈당측정기가 미치는 힘

우리 가족에게 여행의 질은 연속혈당측정기 사용 전후로 달라졌다. 2015년 3월, 사이판 여행 때였다. 이때는 연속혈당측정기를 사용하기 전이었다. 둘째가 돌쯤 되었을 때 갔던 첫 가족여행이었다. 둘째가 어려서 마냥 편한 여행은 아니었다. 여행 일정이 빡빡하지 않았고 리조트에 머무르는 시간도 많았지만, 둘째를 돌보면서 첫째의 혈당을 체크하고 인슐린 주사까지 놓아야 해서 정신이 없었다.

아이는 리조트 뷔페에서 매끼를 먹다 보니 혈당이 200~500mg/dl대로 높았다. 그래서 밤이면 2시간 간격으로 일어나 혈당 체크를 했고, 혈당을 내리는 인슐린 주사를 맞아야 했다. 그러니 낮에 아이들이 아빠와 놀 때면 나는 거의 잠을 자거나 쉬어야 했다.

2017년 12월에는 남편 없이 친정어머니, 아이 둘과 미국-캐나다 여행을 갔다. 여행 기간이 11일로 길었고, 비행 시간이 14시간이나 걸렸다. 게다가 당시 미국 동부와 캐나다는 체감 온도가 영하 20도나 될 만큼 혹한의 겨울이었다. 매일 새벽에 일어나서 버스를 타고 여기저기를 둘러보다가 밤늦게 호텔로 돌아오는 빡빡한 일정이었다. 음식은 달고 짜고 기름진 편이라 혈당 관리가 쉽지 않았다. 그런데 그 여행에서는 호텔로 돌아와서 숙면을 취할 수 있었다. 연속혈당측정기 덕분이었다.

여행지에 도착하고서 이틀간은 시차에 적응도 해야 하고 새로운 음식을 먹어야 해서 고혈당이 나타나기도 했다. 그런데 다행히도 연속혈당측정기가 있어서 혈당 흐름을 눈으로 보면서 관리할 수 있었다. 밤이면 APS 알고리즘이 혈당수치에 따라 인슐린 주입량을 결정했기 때문에 저혈당이나 고혈당이 거의 나타나지 않았다. 혈당이 올라가거나 내려가면 알람이 울렸고, 그때만 깨서 혈당을 확인하고 대처하면 됐다.

혈당 관리 기기들은 일상생활에서 없어서는 안 될 기기다. 특히 여행과 같이 새로운 환경에서 새로운 음식을 먹어야 할 때는 더욱 빛을 발한다. 미국 여행은 빡빡한 일정 때문에 몸은 조금 힘들었지만, 연속혈당측정기, 인슐린펌프, APS 등을 활용할 수 있어서 여행다운 여행이기도 했다. 연속혈당측정기가 없었던 사이판 여행과는 비교가 되지 않을 만큼, 그 당시의 여행은 만족스러웠다.

1형 당뇨, 1분 꿀팁

미국 여행을 하면서 드라마 〈도깨비〉 촬영지인 캐나다 퀘백도 방문했다. 퀘백은 온통 얼어 있었다. 마스크와 모자로 얼굴을 꽁꽁 감싸도 피부가 얼얼할 정도로 추웠다. 그런 상황에서도 혈당을 계속 모니터링해야 했다. 혈당이 높을 때는 손을 꺼내 인슐린펌프와 연동된 스마트폰을 눌러서 인슐린을 주입해야 했는데, 그것만으로도 손이 무척 시렸다. 혹독한 추위에 옷을 걷고 피하에 직접 인슐린 주사를 해야 했다면 어땠을까? 혈당이 높았을 때 추가 주사는 꿈도 못 꿨을 것이다.

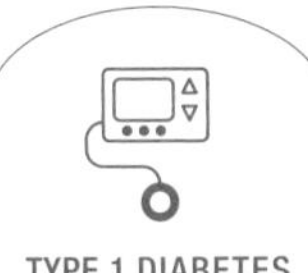

TYPE 1 DIABETES

소풍이나 현장학습은 어떻게 준비해야 할까요?

소풍이나 현장학습은 아이에게는 무척 신나는 일이다. 그런데 내게는 신나는 일이 아니었다. 학교와는 다른 환경인 데다 거리상으로도 멀어지니까 걱정이 될 수밖에 없었다.

챙겨야 할 준비물은 아이가 가지고 다녀야 하는 것이라서 최소한으로 준비해야 한다. 대부분의 현장학습은 학교 선생님들이 먼저 현장에 답사를 다녀온 다음에 일정이 정해진다. 그때 나는 일정표가 나오면 각 일정마다 어떻게 대처해야 할지 가이드라인을 만들고, 담임교사나 보건교사와 내용을 공유했다. 아이나 교사와 연락이 안 되는 경우도 있어서 미리 행선지의 연락처를 받아놓고 위치도 알아두었다.

원격으로 혈당을 모니터링할 수 있다면 실시간으로 확인한다. 이때 대처가 필요하면 아이에게 연락하고, 혈당 체크를 해야 한다면 일정표에 따라 어느 시점에 체크를 해야 할지 정해준다. 그러고는 혈당수치를 문자메시지 등으로 부모에게 전달할 수 있도록 준비한다.

언젠가 독립할 아이라면 상황에 직면하자

현장학습은 평소보다 체력 소모가 많고, 다양한 음식을 먹을 수 있기 때문에 혈당 관리가 어렵다. 이때 저혈당이 더 위험하기 때문에 평상시보다 혈당을 다소 높게 관리하는 게 좋다.

수학여행처럼 자고 와야 하는 경우, 아이의 혈당이 떨어졌을 때는 아이를 전화로 깨우거나 교사에게 연락을 취한다. 그만큼 **새벽 저혈당**이 오지 않도록 아이와 자기 전에 연락하고 대처하는 게 좋다. 숙박을 하는 경우에는 부모가 근처에 숙소를 잡고 대기하거나 여행지 근처에 사는 환우회원들에게 미리 부탁을 해서 위험한 상황에 대비할 수도 있다.

새벽 저혈당

새벽에 저혈당이 나타나면 자고 있는 시간이라서 저혈당임을 감지하지 못할 가능성이 크다. 그래서 심한 저혈당으로 응급실을 찾는 시간은 대부분 새벽이다. 새벽 저혈당은 평소보다 운동량이 많았거나, 인슐린을 많이 주사했거나, 식사를 적게 하고 잠자리에 들었을 때 등 다양한 상황으로 인해 발생할 수 있다.

부모로서 아이의 현장학습이 걱정되는 게 당연하다. 그런데 걱정된다고 해서 행사에 자주 빠지면 아이가 학교생활을 할 때 '다른 아이'로 인식될 수 있다. 그러니 되도록 참석하는 것이 좋다. 언젠가 혈당 관리에 대해서 독립할 아이이므로 '미리 연습한다'라고 생각하면 조금은 편할 것이다.

다음은 현장학습 일정에 맞춰 작성한 대처방법 도표다. 연속혈당측정기를 사용하지 않던 때라 대처방법이 현재와 다를 수 있다

시간	혈당 범위 및 대처 방법			일정
08:50~09:10	100mg/dl 이하 : 글루코스 3개 또는 과일주스 1개 100~120 mg/dl : 글루코스 2개 120~150 mg/dl : 글루코스 1개	목표 범위 150~200	250 mg/dl 이상은 초속 0.25 추가	아침식사 및 양치 **(어린이집에서 출발 전에 체크 부탁드려요.)**
09:10~09:20				견학지 소개 및 안전사항 이야기 나누기
09:20~09:30				차량탑승 및 안전점검
09:30~09:55	120 mg/dl이하 : 과일주스 1개 120~150 mg/dl : 글루코스 3개 150~180 mg/dl : 글루코스 2개	목표 범위 180~200	250 mg/dl 이상은 초속 0.25 추가	어린이집 출발 및 수원시환경성아토피센터 도착 **(환경성아토피센터 도착 직전에 버스에서 체크 부탁드려요.)**
09:55~10:00				화장실 다녀오기
10:00~11:00	100 이하mg/dl : 글루코스 2개 100~150 mg/dl : 글루코스 1개	목표 범위 150~200	250 이상은 초속 0.25 추가	환경성 질환 예방 인형극 관람 및 교육
11:00~12:00				숲 해설가와 함께 하는 숲체험
12:00~12:40	100 mg/dl 이하 : 글루코스 1개 먹고 점심식사 전 주사(초속 2.75) 100 mg/dl 이상 : 점심식사 전 주사(초속 2.75)			친환경 점심식사 **(간식을 한꺼번에 같이 먹을 수 있도록 부탁드려요.)**
12:40~12:50				화장실 다녀오기
12:50~13:20				수원시환경성아토피센터 출발 및 어린이집 도착 **(어린이집 도착해서 평소 혈당 대처표 시간 참고하셔서 측정 부탁드려요.)**

◆ 그 외의 상황에서 소명이가 간식을 먹고 싶어하거나 힘이 없다고 하면 혈당 체크 후 전화(**010-XXXX-XXXX**) 부탁 드려요.
혹시 식사 시간 외에 소명이가 간식을 먹고 싶어하면 전화 부탁 드려요. 감사합니다.

현장학습 일정에 따른 대처방법

아이가 1형당뇨를 진단받기 전만 해도 나는 어린이집 식단이나 먹거리를 크게 신경 쓰지 않았다. 지금 생각해보면 '참 무심한 엄마였구나' 싶다. 그런데 아이가 1형당뇨를 진단받고부터는 식단과 간식을 챙기는 것은 물론, 어린이집 일정도 매일 체크했다. 현장학습을 가는 경우에는 선생님의 답사 일정까지 챙겼다. 그러다 보니 아이가 다니는 어린이집에 더 관심을 가졌고, 아이와 이야기를 나누는 시간도 늘었다.

TYPE 1 DIABETES

1형당뇨 아이의 형제자매에게 어떻게 대해야 할까요?

보통 아이가 아프면 집안의 모든 중심이 아픈 아이 위주로 돌아간다. 특히 1형당뇨는 먹는 것, 생활하는 것과 깊은 관련이 있고, 혈당 관리 때문에 아이 곁에서 밀착 관리를 할 수밖에 없다. 그러다 보니 상대적으로 다른 자녀에게 관심이 덜 가고, 형제자매들이 종종 상처를 받기도 한다.

어느 날 첫째 아이가 아파서 산소호흡기를 부착하고 생활하는 다큐멘터리를 본 적 있다. 화면 속의 엄마는 형을 위해서 동생을 낳았다고 인터뷰했고, 동생은 다섯 살쯤으로 보였는데 엄마에게 놀아달라고 조르지도 않고 혼자 놀았다. 한창 부모님의 손길이 필요한 시기였는데, 아이는 떼쓰거나 울지도 않고 혼자서 잘 노는 의젓한 모습이었다.

그런데 이를 본 전문가들의 의견은 달랐다. 아픈 첫째를 돌보는 것도 중요하지만 둘째의 행동이나 감정을 들여다보는 일이 더 시급하다고 조언했다. 언뜻 보면 의젓해 보이지만 둘째는 심리적으로 안정적인 상태가 아니고, 자신의 존재 자체가 부정당하는 경험을 하는 중이라고 했다.

나는 그 아이의 이야기를 보면서 반성을 했다. 우리 둘째 아이는 아빠와 산책을 나가더라도 엄마를 위해 예쁜 들꽃을 가져온다거나 친구들과 먹던 간식을 엄마에게 주려고 따로 챙겨올 만큼 정이 많다.

그런 아이가 네다섯 살쯤 되었을 때, 나에게 자주 하는 말이 있었다. "엄마, '응' 하고 대답하지 말고 길게 대답해. 그리고 내 눈을 보고 대답해." 말하기를 좋아하는 둘째 아이는 어린이집에서 있었던 일이나 자신이 좋아하는 캐릭터에 대해 하나하나 설명하고 엄마의 생각을 듣고 싶었는데, 그때마다 나는 '응'이나 '알았어'로 짧게 대답했던 모양이다. 어린 아이지만 엄마가 자신의 말에 온전히 집중하지 않는다는 사실을 알고 있었던 모양이다. 나는 그때부터 아이의 말에 집중했고, 아이가 한 말을 요약해서 눈을 보며 이야기하고자 노력했다.

첫째 아이가 혈당이 높을 때면 우리 가족은 아이의 혈당이 떨어질 때까지 기다렸다가 식사를 한다. 그런데 그렇게 하기에는 둘째가 너무 어렸다. 먹고 싶은 음식을 눈앞에 두고 기다리기가 쉽지 않았다.

그럴 때는 둘째 아이에게 형의 혈당 상태를 설명하고 조금만 기다려달라고 설득하거나 첫째 아이에게 양해를 구하고 둘째 아이가 먼저 먹도록 했다. 고맙게도 둘째는 형이 먹어도 될 때까지 기다려준 적이 많았다. 그러다 보니 형이 저혈당을 대처하기 위해 음식을 먹을 때도 둘째 아이는 같이 먹어야 한다고 인식했다.

한 번은 첫째가 새벽에 저혈당이 와서 주스를 먹을 때였다. 그때 마침 둘째가 잠에서 깼고, "나도 주스 주세요"라고 이야기하는 바람에 둘째도 그 새벽에 주스를 먹었다. 첫째 아이를 기다려준 행동에 대한 일종의 보상이었기 때문에 주스를 안 줄 수 없었다.

1형당뇨 아이를 키우다 보면 형제자매와 관련된 어려움이 있다. 1형당뇨 아이만큼이나 다른 자녀도 스트레스가 많을 것이다. 1형당뇨 아이의 형제자매는 '누구'를 위해 존재하는 아이가 아니다. 아이 그 자체를 인정하고 아이의 감정에 귀 기울이려는 노력이 필요하다. 나 역시 간과했던 부분이라 둘째의 항의 아닌 항의를 받고서야 고칠 수 있었다.

나는 둘째에게 "형을 위해 기다려주는 일은 대단하고 멋진 일이야"라며 칭찬해주었다. 그리고 "형을 배려해주는 만큼, 형도 많은 부분을 참고 노력하고 있어. 그건 쉬운 일은 아니야"라며 설명했다. 가끔 둘째 아이와 산책을 하거나 책을 읽거나 종이접기를 하면서 아이와 온전히 시간을 보내고자 노력한다.

부모도 1형당뇨는 처음 겪는 일이다. 적응하느라 애쓰다 보니 미처 신경을 쓰지 못했을 뿐, 누구를 더 사랑하고 덜 사랑하는 것은 아니다. 이 사실을 아이도 크면 이해해줄 것이라 믿는다.

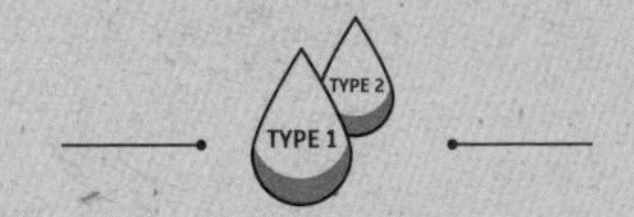

의료 분야는 보수적이다. 안정성과 유효성 검증에 시간이 오래 걸린다. 물론 약제는 부작용 등에 대해 충분한 검증이 필요하다. 그래서 이해가 된다. 다만 의료기술 분야는 곧바로 적용할 수 있는 부분도 많은데, 보수적인 의료에 발이 묶여 적용이 늦어진다. 그렇기 때문에 생겨난 것이 나이트스카우트(Nightscout) 프로젝트다. 나이트스카우트는 새로운 것을 만든 것이 아니다. 기존에 사용하던 인슐린과 의료기기를 사용자 중심으로 연결시켜서 사용자 편의의 하드웨어, 소프트웨어, 알고리즘으로 발전시킨 것뿐이다.

3장

1형당뇨 회복의 시작점

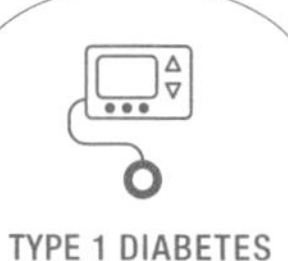

TYPE 1 DIABETES

나이트스카우트란 무엇인가요?

최근 사용자가 주도해서 문제를 해결하려는 시빅해킹(civic hacking)과 리빙랩(living lab) 연구가 활발하다. 시빅해킹은 정부가 공공의 문제를 해결할 때까지 기다리지 않고 시민들이 오픈소스를 통해 문제를 해결해가는 사회운동이다. 리빙랩은 최종 사용자를 혁신의 주체로 참여시켜 그들의 니즈를 반영하고 능력을 활용해, 다양한 이해관계자와 연대하고 협력하는 사회운동이다. 기술 또는 사회 혁신을 목표로 고안된 현장중심적인 문제해결을 지향한다.

일본 후쿠시마 원전에서 방사능이 유출되었을 때, 시민들은 직접 방사능을 센싱할 수 있는 센서를 자동차 등의 운송수단에 부착했고 그 수치를 실시간으로 공유했다. 정부가 공개하는 방사능 수치는 과거의 데이터라서 시민들에게 도움이 안 되었기 때문이다.

우리나라에서 코로나19로 마스크 대란이 일어났을 때도 이와 비슷한 일이 있었다. 시민들은 마스크 재고를 알려주는 앱을 자발적으로 만들고

서로 공유했다. 나이트스카우트 운동은 이러한 리빙랩과 시빅해킹에 뿌리를 둔 글로벌 1형당뇨 커뮤니티의 자발적인 사회운동이다.

나는 아이가 1형당뇨를 진단받고 2년쯤 뒤인 2014년에 해외 커뮤니티 활동을 시작했다. 거기서 연속혈당측정기가 있다는 사실을 우연히 알았다. 마침 1형당뇨인이 독일에 가서 연속혈당측정기를 구해왔다는 소식을 들었다. 그래서 나는 연속혈당측정기가 무엇인지 공부하고자 해외 커뮤니티 활동을 열심히 했다. 그러던 중 '나이트스카우트'라는 글로벌 1형당뇨 커뮤니티가 있다는 사실을 알았다.

나이트스카우트 프로젝트는 2013년 2월경에 1형당뇨를 진단받은 아이 이반(Evan)의 아빠 존 코스틱(John Costik)으로부터 시작되었다. 진단받을 당시에 네 살이던 이반은 어리기도 했고 어린이집을 다녀야 해서 엄마 로라(Laura)는 수시로 급변하는 아이의 혈당 때문에 걱정이 컸다.

때마침 미국에서는 '덱스콤(Dexcom) G4'라는 연속혈당측정기가 판매되기 시작했다. 그런데 당뇨인이 소지하고 있는 '리시버'라는 의료기기가 있어야 혈당을 수신하고 확인할 수 있었다. 즉 아이가 리시버를 가지고 어린이집에 가면 부모는 아이의 혈당을 확인할 방법이 없었다.

그래서 엔지니어 출신인 존 크스틱은 리시버의 연속혈당측정 데이터를 해킹해 스마트폰에 전달하고, 스마트폰의 네트워크 기능을 통해 클라우드에 혈당을 업로드하는 소프트웨어를 개발했다. 이를 통해 원격에서도 아이의 혈당을 실시간으로 모니터링할 수 있게 되었다.

삶의 질을 향상시키는 것이 모토다

몇몇의 개발자와 함께 부가적으로 개발해서 2014년에 나이트스카우트 프로젝트로 발전시켰다. 이를 통해 전 세계의 수많은 1형당뇨인이 나이트스카우트 애플리케이션으로 혈당 관리를 할 수 있었다.

나이트스카우트는 '오픈소스, 오픈데이터, 오픈하트, 오픈앱, 오픈디바이스'를 통해 1형당뇨인의 생명을 구하고, 당뇨가 삶을 지배하는 것이 아니라 당뇨는 그저 삶의 일부일 뿐이고 그 변화로 인해 삶의 질을 향상시키는 것을 모토로 한다. 나이트스카우트 재단도 설립해 1형당뇨인을 위한 오픈소스 프로젝트도 후원하고 있다.

초기에는 연속혈당측정기의 데이터를 수집하고 원격으로 공유하는 것이 목적이었는데, 이후 APS까지 확대해서 **환자 주도의 혈당 관리 시스템**을 구축해가고 있다. 나이트스카우트의 슬로건은 'We Are Not Waiting'이다. 정부, 의료진, 제약회사, 의료기기 회사 등이 1형당뇨인을 위해 무언가 해주기만을 기다리지 않고, 1형당뇨인이 직접 개발하고 구축해가겠다는 의지가 담겨 있다.

나이트스카우트의 부엉이 심볼은 '낮에는 일하고 밤에는 1형당뇨인을 위한 개발과 활동을 하는 멤버'를 상징한다.

환자 주도의 혈당 관리 시스템

1형당뇨는 환자와 보호자가 일상생활에서 혈당을 관리해야 하기에 환자 주도의 혈당 관리 시스템이 필요하다. 혈당 관리에 필요한 인슐린 주사, 영양교육 및 심리교육 지원이 필요하고, 이후에는 환자 자신의 경험과 데이터를 분석해 고유의 노하우를 쌓아가는 과정이 필요하다.

나이트스카우트의 심볼 및 슬로건

나이트스카우트는 환자 커뮤니티뿐만 아니라 의료기기 연동과 개발, 의료정책에 대한 환자 참여, 1형당뇨에 대한 인식 개선에도 앞장서고 있다. 1형당뇨는 당뇨인 본인은 물론이고 보호자의 역할도 무척 크다. 그러니 그들의 움직임은 어찌 보면 자연스러운 일이다.

한편 개발에 참여한 사람들이 소스를 오픈하고, 대가 없이 전 세계의 1형당뇨인들에게 지식을 아낌없이 나누는 것은 나이트스카우트만의 고유 가치다. 나는 나이트스카우트의 멤버라는 사실만으로도 자부심을 느낀다.

나는 나이트스카우트에서 개발했던 하드웨어와 펌웨어를 직접 적용해 보기도 했다. 141페이지 사진은 연속혈당측정기 트랜스미터에 블루투스 모듈이 포함되지 않았던 시절, RF방식으로 리시버에 데이터를 전달했을 때 스마트폰과 연동시키기 위해 만든 하드웨어다. RF신호를 수신할 수 있는 부품과 수신한 데이터를 스마트폰에 전달하기 위한 블루투스 부품이 포함되어 있다. 휴대성을 위해 배터리가 포함되어 있고 배터리를 충전할 수 있는 충전 포트도 있다.

이 기기를 통해 스마트폰이 혈당을 수신하면 스마트폰의 네트워크 기

스마트폰과 연동할 수 있는 블루투스 하드웨어

능을 통해서 원격의 보호자들에게 혈당을 공유할 수 있었다. 하드웨어와 스마트폰을 동시에 가지고 다녀야 해서 불편함은 있었지만, 연속혈당측정기에 원격 공유 기능이 없었던 시절에는 이 기기 덕분에 혈당을 원격으로 모니터링할 수 있었다.

142페이지 상단의 사진 속 기기는 하드웨어와 스마트폰을 항상 소지해야 하는 불편함을 개선하고자 만들어졌다. 와이파이 커버 지역 내에서 이전 기기나 스마트폰을 소지할 필요 없이 원격으로 혈당을 공유할 수 있게 한다.

와이파이 커버 지역 안에서 혈당이 공유될 수 있도록 하는 하드웨어

RF신호가 커버되는 범위 단위로 해당 하드웨어를 만들어서 집에 설치하면, 트랜스미터를 부착한 당뇨인이 이동할 때마다 트랜스미터에서 보내주는 RF신호를 통해 혈당을 수신한다. 데이터를 수신한 기기는 와이파이를 통해 원격으로 공유한다.

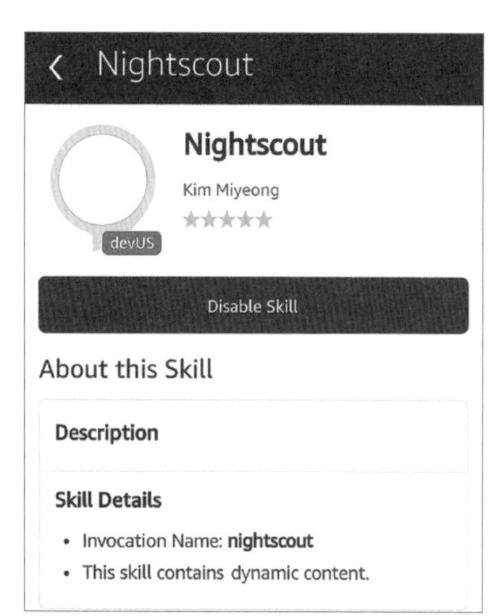

아마존 알렉사(Alexa) AI 스피커에 나이트스카우트 혈당 정보를 연동해 음성으로 안내해주는 소프트웨어를 만든 사례

아마존 알렉사(Alexa) AI 스피커에 '현재 혈당이 얼마인지' 등에 대한 나이트스카우트 정보를 물어보면 자동으로 응답해준다. 음식을 만들거나 손을 쓸 수 없는 경우에 음성으로 문의하면 응답을 받을 수 있다.

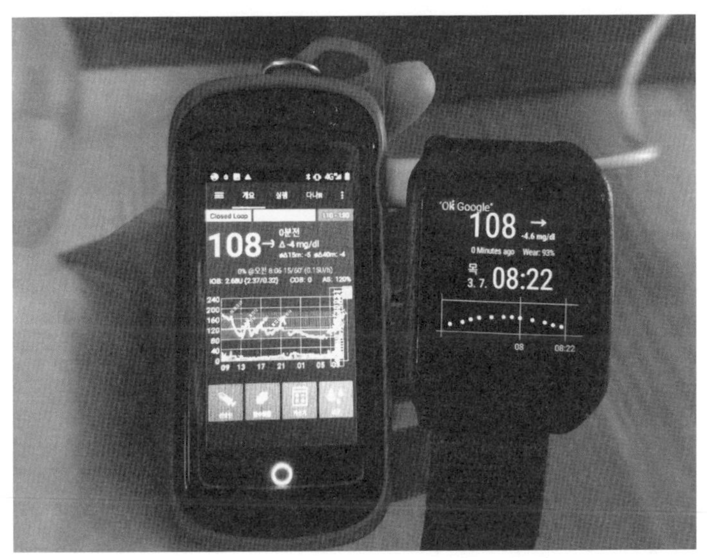

초소형 안드로이드폰과 안드로이드웨어를 연동해 휴대성을 높인 사례

워치만큼이나 작은 안드로이드폰인 젤리폰이 해외에서 판매되었을 때였다. 나는 직구로 구매해서 혈당 관리에 필요한 DIY 앱 등을 설치하고 워치와 연동했다. 당시에 우리 아이는 초등학생이라서 사이즈가 큰 스마트폰을 갖고 다니기가 무척 불편했다. 그래서 목에 걸거나 주머니에 쏘옥 들어갈 만한 크기의 초소형 안드로이드폰을 연동해 휴대하기 편하게 만들었다.

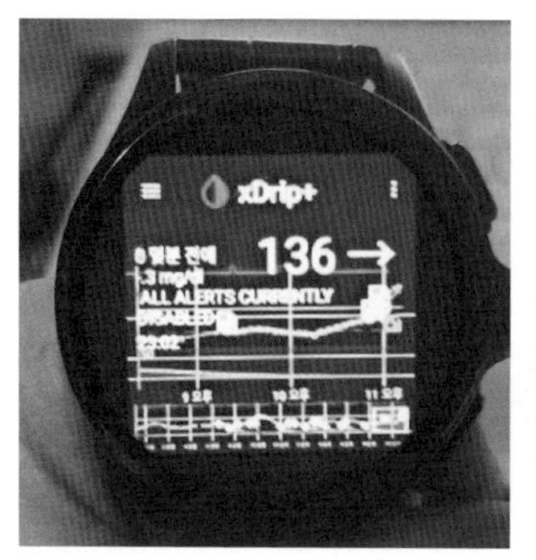

워치형 안드로이드폰에서 혈당을 수신하고, APS를 연동해 데이터를 공유할 수 있게 만든 사례

워치처럼 생겼지만 실제로는 워치형 안드로이드폰이다. 미니폰은 작아서 휴대하기에는 편하지만 혈당을 확인하려면 매번 꺼내야 했기에, 워치와 연동시켜서 스마트폰을 꺼내지 않고도 혈당을 볼 수 있게 했다. 그런데 기기를 2개 가지고 다녀야 하는 단점이 있었다. 그래서 워치형 안드로이드폰이 해외에서 판매되었을 때 직구로 구매해 스마트폰처럼 연동을 하고, 혈당 수신 및 인슐린펌프 동작을 위해서 다른 기기 없이 워치만 착용해도 되게끔 구성했다.

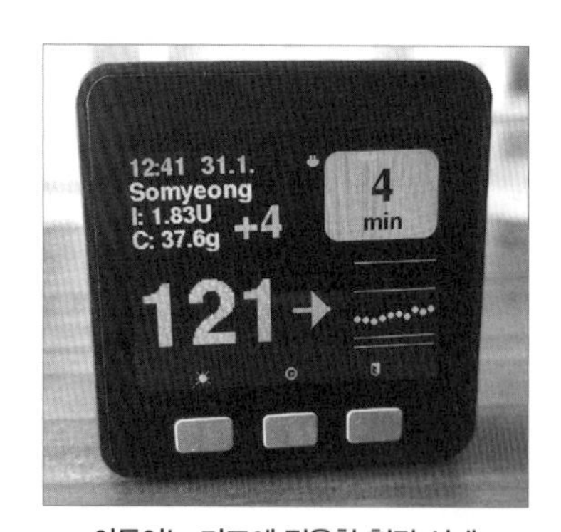

아두이노 키트에 적용한 혈당 시계

1형당뇨인은 혈당이 수시로 변한다. 때문에 혈당 변화를 놓치지 않고 모니터링할 수 있는 환경이 필요하다. 그래서 알람도 설정하고 워치도 활용하는데, 보통 집

에 있을 때는 혈당 시계를 활용한다. 그래서 집 내부 어디서든 혈당을 잘 볼 수 있도록 하기 위해 아두이노 키트에 혈당을 실시간으로 모니터링할 수 있는 시계를 만들었다.

기술적인 내용은 변화의 속도가 빨라서 읽는 시점에 따라 달라질 수 있다.

글림프(Glimp)

애보트랩스(abbott labs)에서 판매하는 연속혈당측정기, 리브레1(Libre1)과 호환되는 앱이다. 1형당뇨를 앓고 있으면서 개발자인 칼로가 20년 넘게 혈당 관리를 하면서 꼭 필요하다고 생각하는 기능을 추가해 개발했다. 이후 사용자들의 의견을 반영해 발전시키고 있다. 애보트랩스의 공식 앱(LibreLink)은 보정이 되지 않으나 글림프에서는 리브레1도 보정이 가능하다.

나는 2015년 12월경에 국내에서 최초로 나이트스카우트를 연동했다. 당시에 직장을 다녔기 때문에 퇴근하면 이탈리아에 사는 1형당뇨인이자 개발자인 칼로(Carlo)와 **글림프(Glimp)** 앱을 나이트스카우트에 연동시키고자 메신저와 메일로 정보를 공유했다. 시행착오를 겪다가 3일쯤 지난 새벽 5시, 글림프로 태깅한 혈당이 나이트스카우트에 나타났다. 그때의 감격은 말로 표현이 안 될 정도였다. 자고 있던 남편을 깨워서 보여주면서 감격의 눈물을 흘리기까지 했다. 당시에는 무료 클라우드 서비스가 7시간의 슬립(sleep) 타임이 있어서 24시간 중에 7시간은 나이트스카우트에 혈당이 공유되지 않기도 했다. 그러다가 이후에 많은 변화를 겪으면서 지금까지 발전했다.

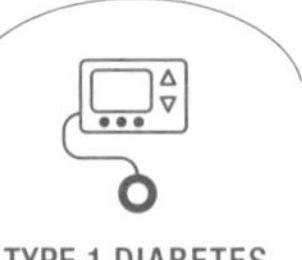

TYPE 1 DIABETES

연속혈당측정기란 무엇인가요?

과거에는 손끝에 피를 내서 혈당을 측정했다. 이 방식은 매번 채혈을 해야 해서 통증이 동반되고, 1시간에 한 번만 측정한다고 해도 1시간 동안 혈당 흐름이 어떻게 바뀌는지를 알 수 없었다. 그래서 혈당 기복이 심한 1형당뇨인들은 혈당 관리를 하는 데 어려움이 많았다. 이에 고안된 것이 바로 연속혈당측정기(CGM; continuous glucose monitor)다.

최초의 연속혈당측정기는 1999년에 FDA 승인을 받은 메드트로닉 사 제품이다. 2006년에는 덱스콤 사 연속혈당측정기가 승인을 받으면서 대중화되었다.

연속혈당측정기는 보통 **센서(sensor)**, **트랜스미터(transmitter)**, **리시버(receiver)** 이렇게 세 파트로 구성된다(트랜스미터와 센서가 결합된 제품도 있다. 리시버는 스마

센서(sensor)

센서는 유연한 바늘이 복부나 팔의 피하에 삽입되어 혈당을 측정하는 장치다. 센서의 바늘은 제품에 따라 0.5~1.6cm로, 이 바늘이 피하의 간질액을 통해 혈당을 측정한다. 혈액을 통해 측정하는 혈당값보다 5~15분 정도 지연이 있다.

트폰 앱으로 대체되는 추세다).

센서의 유연한 바늘을 피부에 삽입해 **간질액**을 통해 혈당을 측정한다. 혈액이 아니라 간질액의 포도당 농도를 측정하는 방식이므로, 혈액으로 측정하는 방식에 비해 5~15분의 혈당수치 지연이 있다. 그러나 최근에 고도화된 알고리즘을 통해 실제 혈당수치에 근접하고 있다.

센서가 자동으로 측정한 혈당수치는 제품에 따라 다르지만 1~5분마다 블루투스나 NFC 태깅을 통해 리시버나 리더, 스마트폰, 스마트워치 등의 앱으로 전달한다.

실시간으로 혈당수치와 흐름을 볼 수 있어서 저혈당과 고혈당에 미리 대처할 수 있다. 그 결과, 혈당의 기복을 줄일 수 있고 평균 혈당수치도 낮춰주므로 혈당 관리에 많은 도움을 준다.

최근에는 스마트폰 앱과 연동되면서 원격에 있는 보호자와도 혈당수치를 공유할 수 있다.

트랜스미터(transmitter)

트랜스미터(송신기)는 연속혈당측정기 센서가 측정한 데이터를 리시버(수신기)나 스마트폰, 웨어러블 기기에 전달하는 역할을 한다. 제품에 따라 센서와 송신기가 결합되어 있는 제품도 있고, 분리된 제품도 있다. 분리된 경우 트랜스미터를 충전해서 재사용할 수 있는 제품도 있고, 사용기간이 정해져서 사용 후 폐기해야 하는 제품도 있다.

리시버(receiver)

리시버는 센서가 측정한 혈당값을 트랜스미터를 통해 받아서 사용자에게 수치를 표시해준다. 최근에는 리시버 없이 스마트폰을 통해 혈당을 직접 수신할 수 있어서 리시버를 많이 사용하지 않는 추세다. 다만 시험을 치러야 할 때는 스마트폰과 같은 전자기기를 소지할 수 없으므로 리시버를 사용하기도 한다.

간질액

간질액은 세포 사이를 채우는 전해질, 호르몬, 영양분 등을 포함하는 맑은 액체다. 우리 몸의 세포에 영양분을 공급하고 노폐물을 제거하는 역할을 한다. 보통 간질액은 체내 수분량의 약 15%를 차지하는데, 간질액이 증가한 상태를 '부종'이라고 한다.

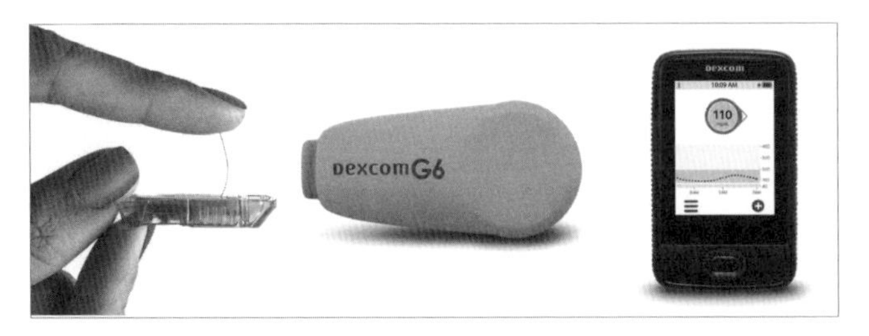

덱스콤 센서 · 트랜스미터 · 리시버*

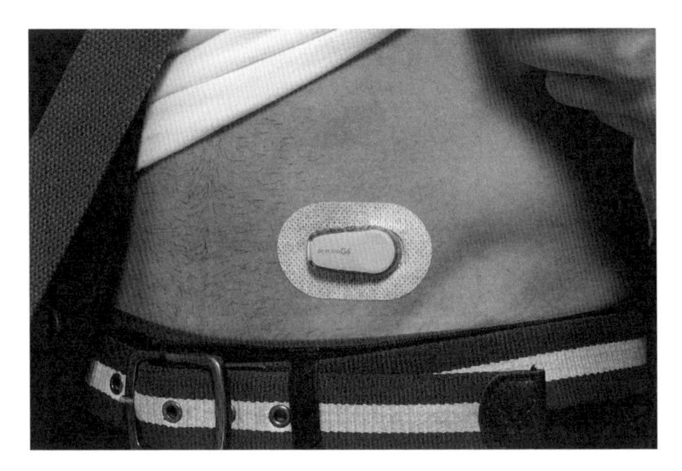

실제 착용한 모습

* 이 페이지의 이미지는 Dexcom CGM system의 구성품을 포함하고 있으며 © [2022년] Dexcom, Inc. 승인 후 사용. Dexcom은 미국 및/또는 기타 국가에서 Dexcom, Inc.의 등록 상표이며 승인받아 사용됩니다.

연속혈당측정기를 잘 사용하려면 다음의 상황을 알아두는 것이 좋다.

- **보정**(calibration)은 혈당 흐름이 완만한 공복이나 자기 전에 하는 게 좋다. 음식을 먹었거나 인슐린 주사를 놓았을 때처럼 혈당이 급격하게 변할 수 있을 때는 하지 않는 것이 좋다.
- 센서 부위가 눌리면 저혈당이 아닌 상태에서도 저혈당으로 표시될 수 있다. 그러니 갑자기 저혈당으로 표시되면 센서 부위가 눌렸는지 확인하고, 눌리지 않게 해준다.
- 센서는 밤보다는 낮에 부착하는 것이 좋다. 밤에는 실제보다 혈당이 낮게 측정될 수 있고, 거짓(false) 저혈당 알람 때문에 자는 동안 여러 번 깰 수 있다.
- 실제 피를 내서 잰 혈당 측정값에 비해 지연이 있을 수 있다. 따라서 혈당 흐름이 급격히 변하는 경우, 지연을 감안해서 대처해야 한다.

> **보정(calibration)**
>
> 연속혈당측정기는 혈액이 아닌 간질액으로 혈당을 측정하기 때문에, 혈액으로 측정한 혈당값에 비해 5~15분 정도 혈당이 늦게 반영된다. 이러한 단점을 보안하기 위해 혈액으로 측정한 혈당수치를 연속혈당측정기 소프트웨어에 반영해주는 것을 '보정'이라고 한다. 보정은 혈당 흐름이 완만할 때 해야 한다.

대표적인 앱,
xDrip+·Spike·Glimp

앞에서 언급한 나이트스카우트에서는 연속혈당측정기에서 측정한 데이터를 직접 수신할 수 있는 자체 앱을 만들기도 한다. 대표적인 앱이 xDrip+, Spike, Glimp 앱이다.

xDrip+나 Spike 앱은 연속혈당측정기의 혈당 데이터를 스마트폰과 스마트워치 등으로 데이터를 수집해 클라우드에 업로드하면 나이트스카우트웹 앱이나 APS 앱과 연동할 수 있다.

Glimp 앱의 경우, NFC 방식으로 혈당을 수집하는 연속혈당측정기의 데이터를 수집하거나 블루투스 기기(MiaoMiao, Bubble, BluCon)를 사용해 데이터를 업로드하고, 업로드 이후에는 xDrip+나 Spike와 동일하게 연동 가능하다.

살펴본 3개의 앱 외에도 나이트스카우트와 연동되는 앱이 지속적으로 개발되고 발전해가고 있다. 이러한 앱들은 첫 화면에서 혈당 관련한 정보, 센서 종류에 따라 워치로 직접 혈당을 수신할 수 있는 기능, 트랜스미터의 상태(사용기간, 배터리 잔량, 직전 혈당 전송 상태 등) 정보, 다양한 알람 기능, 통계 기능, 과거혈당 보기 기능, 혈당 말하기 기능, 마스터와 팔로워를 1개의 앱에서 지원, 혈당 관련 앱들과의 연동성, 스마트폰 기종과 상관없는 앱 호환성 등을 제공한다. 더 자세한 내용과 사용법은 나이트스카우트 사이트나 슈거트리 커뮤니티에서 확인할 수 있다.

이와 같이 나이트스카우트와 연동되는 앱들은 의료기기 업체에서 만든 앱보다 훨씬 더 많은 기능을 제공하고, 더 유연하게 기기를 사용할 수 있도록 한다. 또한 다양한 혈당 관리 앱들과 연동이 가능하므로 사용자가 의료기기를 변경하더라도 기존 사용자의 인터페이스나 데이터를 유지해서 사용할 수 있다.

Ⅲ 1형 당뇨, 1분 꿀팁 Ⅲ

연속혈당측정기는 특정 약물에 대해서 이상반응을 보이는 경우가 있다. 실제 혈당과 다른 혈당값으로 표시하는데, 이런 경우 혈당이 높다고 추가로 주사를 놓으면 저혈당이 급격히 올 수 있다. 실제로 환우 회원 중 한 분도 이런 경험을 했다. 그는 '뉴트리헥스 메가그린'에 진통소염제를 조금 섞어서 주사를 놓았는데, 혈당이 올라서 인슐린을 주사했다가 심각한 저혈당을 몸에서 인지해 주스를 마시고 겨우 회복했다고 한다. '메가그린주'는 아스코르브산(ascorbic acid)으로 비타민C에 해당하는데, 아세트아미노펜(APAP; acetaminophen, 타이레놀), 살리실산(salicylic acid, 아스피린), 히드록시우레아(hydroxyurea), 테트라사이클린계(tetracyclines, 항생제 계열 중 하나)와 함께 CGM 측정값에 영향을 주는 것으로 알려졌다.
일반적으로 아스코르브산 알약은 크게 문제되지 않을 수 있다. 다만 고용량의 수액은 문제가 될 수 있다. CGM마다 영향을 주는 약물은 제조사별로 따로 공지하고 있으니 자신이 사용하는 CGM이 어떤 약물에 영향을 받는지, 한 번 확인해보는 것이 좋다. 영양제를 맞을 때는 '의약품 사전'과 '의약품 검색'을 이용해 성분을 확인한다. 만약 영향을 주는 약물로 검색되지 않더라도 급격한 혈당 변화가 있을 때는 수시로 혈당 체크를 해서 비교해보는 것이 좋다. 가끔은 혈액으로 측정된 혈당값에도 영향을 미치는 약물이 있다고 하니, 이런 영양제를 맞을 때는 몸에서 느껴지는 저혈당을 인지하고 추가 주사는 신중하게 결정해야 한다.
연속혈당측정기의 경우, 제조사와 모델에 따라 나이트스카우트와 연동되는 범위가 달라진다.

- 덱스콤 G5: xDrip+ 앱을 통해 자체 알고리즘으로 스마트폰이나 워치로 혈당을 직접 수신할 수 있다.
- 덱스콤 G6: xDrip+ 앱을 통해 혈당을 수신하더라도 제조사 알고리즘을 사용해야 한다. 때문에 스마트폰으로 혈당이 수신되고 워치로는 혈당 수신이 안 된다. 패치된 덱스콤 공식 앱을 사용하고 xDrip+이나 AAPS 앱과 연동하는 것이 안정적이다.
- Libre1: NFC 태깅 방식으로 혈당을 읽어오는 **FGM** 방식이다. 때문에 블루투스 보조기기(miaoMiao, blucon, bubble 등)를 활용하면 CGM과 같이 사용할 수 있고, 워치로 직접 혈당 수신도 가능하다. xDrip+, Glimp, Tomato 등과 연동할 수 있다.
- 가디언커넥트, 덱스콤 G5, G6: 나이트스카우트를 통해 메드트로닉 또는 덱스콤 서버로부터 혈당을 받아온 뒤에 xDrip+와 연동할 수 있다.
- 미니메드 640G: Contour next Link 2.4 USB 혈당 측정기, OTG 케이블을 통해 스마트폰에 데이터를 읽어온다. 스마트폰은 나이트스카우트에 혈당을 직접 업로드하고, 이후 xDrip+와 연동할 수 있다.

FGM(flash glucose monitoring)

연속혈당측정기는 센서가 측정한 혈당을 RF나 블루투스를 통해 자동으로 스마트폰이나 리시버에 전달하는 반면, FGM은 센서가 측정한 혈당을 NFC를 통해 리더나 스마트폰으로 태깅을 해야 혈당을 읽어올 수 있는 방식이다.

TYPE 1 DIABETES

인슐린펌프와 디지털 인슐린 펜이란 무엇인가요?

사람의 췌장에서 분비되는 인슐린은 반감기가 짧고, 혈당이 올라가면 바로 분비된다. 하지만 외부에서 주입하는 인슐린을 사람의 췌장에서 분비되는 인슐린과 유사하게 만들면, 주사를 자주 해야 하는 번거로움이 있다. 그래서 인슐린 주사제는 보통 체내 작용시간이 길고 주사 횟수를 줄이기 위해 한꺼번에 많은 양을 주입한다. 그런데 처음 주입한 주사량이 많으면 저혈당이 오고, 주사량이 적으면 고혈당이 온다.

인슐린 주사제를 체내에 주입하는 방법은 크게 주사기, **인슐린 펜**을 통한 다회주사요법(MDI; multiple daily injections), 인슐린펌프로 나눌 수 있다. 다회주사요법은 주사 횟수를 줄이기 위

인슐린 펜

바이알(인슐린이 담긴 유리병)과 인슐린 주사기의 불편함을 개선시킨 것이 인슐린 펜이다. 인슐린 펜은 주사기가 아닌 펜니들을 꽂아서 인슐린을 주입하는 방법이다. 펜 형태라서 상대적으로 거부감이 적고 휴대하기도 좋다. 채워진 인슐린을 압력으로 밀어내는 방식으로 주입하는 것이라, 인슐린 펜의 버튼을 10초 정도 눌러야 인슐린이 새지 않는다.

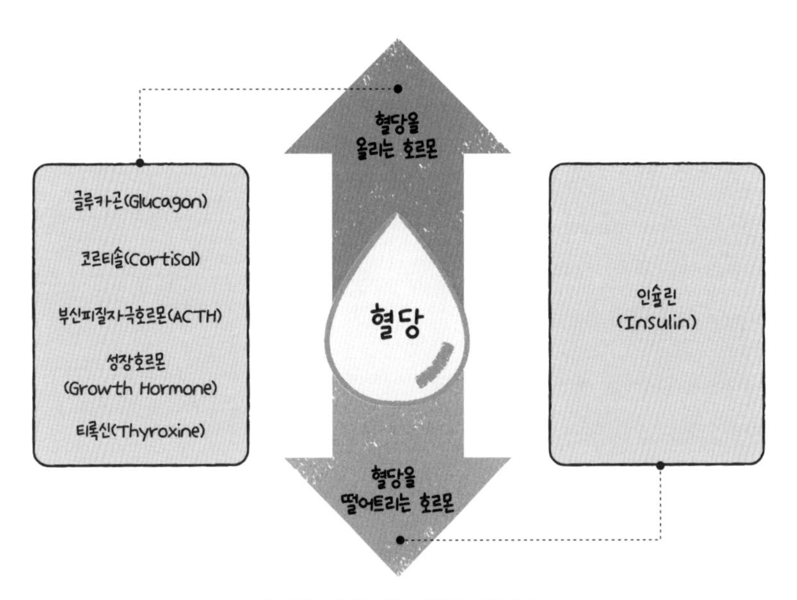

혈당을 떨어트리고 올리는 호르몬

해 일반적으로 기저 인슐린(란투스, 레버미어, 투제오, 트레시바, 베이사글라 등)과 **초속효성 인슐린**(노보래피드, 휴마로그, 애피드라, 피아스프, 룸제브, 애드멜로그 등)으로 관리한다(중간형 인슐린이나 혼합형 인슐린이 있지만 최근에는 사용하지 않는 추세이므로 따로 설명하지 않는다).

기저 인슐린은 음식을 섭취하지 않아도 체내에서 필요로 하는 인슐린을 위해 하루에 1번 또는 2번 주사하는 주사제다. 약한 피크 타임이 있긴 하지만 대

초속효성 인슐린

인슐린은 종류별로 발현시간, 지속시간, 최고 작용시간 등에 차이가 있다. 초속효성 인슐린은 발현이 제일 빠르고, 지속시간(5시간 이내)은 제일 짧다. 음식을 먹을 때 주로 사용해서 탄수화물이 소화되는 시간과 작용시간과 지속시간이 비슷하다. 인슐린펌프를 사용하면 초속효성 인슐린을 소량으로 나눠서 주입해 기저 인슐린을 대신한다.

체로 인슐린 약효가 고르고 지속시간이 길다.

그런데 우리 몸은 24시간 동일한 기저 인슐린을 필요로 하는 게 아니라, 그때그때 다른 인슐린 양을 필요로 한다. 보통 음식을 먹을 때 인슐린이 필요하다고 알고 있지만 음식을 먹지 않아도 인슐린은 필요하다. 췌장은 그때마다 인슐린을 분비한다. 우리 몸에서 혈당을 떨어트리는 호르몬은 인슐린밖에 없다.

반대로 혈당을 올리는 항인슐린 호르몬은 다양하다. 대표적인 항인슐린 호르몬으로는 췌장에서 분비되는 글루카곤, 스트레스 호르몬으로 알려진 코르티솔, 성장호르몬, 갑상선호르몬, 에피네프린(아드레날린), 스테로이드, 에스트로겐, 안드로겐 등이 있다.

이런 호르몬들은 여러 상황에 따라 정교하게 조절된다. 다만 아직까지는 언제, 얼마나 분비되는지를 파악할 수 있는 방법이 혈액검사 외에는 없다. 따라서 호르몬이 언제, 얼마나 분비되는지 알 수 없다.

항인슐린 호르몬으로 인해 인간은 음식을 먹지 않아도 혈당을 떨어트리기 위한 기본적인 인슐린이 필요하다. 1형당뇨인은 기저 인슐린이나 기초 인슐린(basal)을 통해 공복 상태의 혈당을 떨어트린다. 인간은 이 호르몬들이 언제, 얼마나 분비되는지 알 수 없지만 동일한 용량의 기저 인슐린을 주사하다 보면, 어떤 시간대에서는 초속 인슐린을 추가해야 하고 어떤 시간대에서는 저혈당이 발생해 당을 섭취해야 한다.

주사 요법의 단점을 극복하고자 고안된 기기가 바로 인슐린펌프다. 인슐린펌프는 본체와 인슐린 주사기(인슐린 저장소), 주입 바늘로 구성된다.

인슐린펌프란 이런 것이다

인슐린펌프는 한꺼번에 많은 양의 인슐린을 주입하지 않아도 되고, 지속시간이 긴 기저 인슐린도 사용하지 않는다. 미리 다르게 설정한 기초 인슐린을 자동으로 미세하게 나눠서 주입해주고, 음식을 먹을 때도 버튼만 누르면 식사 인슐린(bolus)이 주입된다. 때문에 주사 요법에 비해 저혈당, 고혈당 빈도가 적다.

펌프는 보통 줄이 있는 인슐린펌프와 줄이 없는 패치 형태인 인슐린펌프로 나뉜다. 최근에는 펌프 본체나 패치에 블루투스 모듈이 탑재되어서

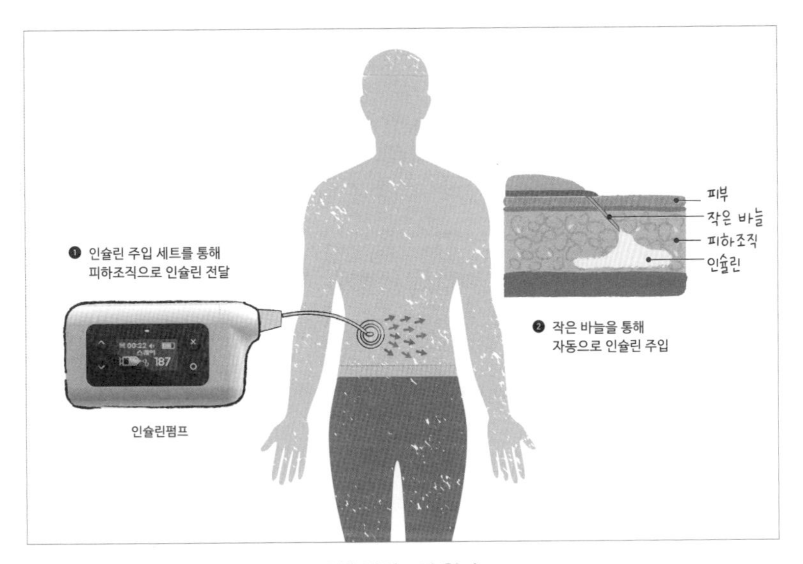

인슐린펌프의 원리

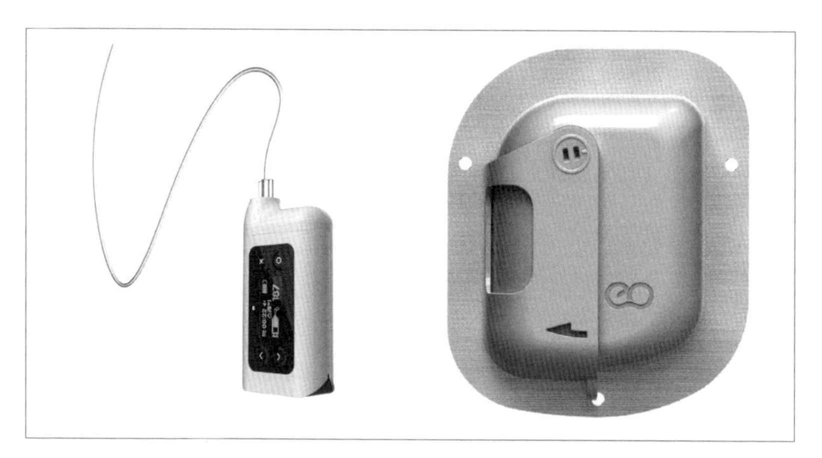

튜브형 인슐린펌프와 패치형 인슐린펌프

스마트폰과 연동되고, 앱으로 펌프의 설정뿐 아니라 인슐린 주입도 가능해졌다.

인슐린펌프는 기저 인슐린은 사용하지 않고 초(-초)속효성 인슐린을 기초 인슐린, 식사 인슐린이라는 2가지 방법으로 나눠서 주입한다.

- 기초 인슐린(basal): 초속효성 인슐린을 시간당 인슐린의 양(units/hour)을 정해놓고, 3~5분 단위로 나눠서 자동으로 주입되는 인슐린이다. 기초 양은 언제든지 수정할 수 있고, 임시로 기초 인슐린 주입을 중단하거나 줄일 수도 늘릴 수도 있다. 시간대에 따라 용량을 다르게 정하고, 프로파일을 여러 개 만들어서 변경해줄 수 있다.
- 식사 인슐린(bolus): 음식을 섭취하거나 혈당이 높을 때 주입하는 방식이다. 다회주사요법에서는 자주 주사할 수 없기 때문에 미리 많은 양의 초(-초)속효성 인슐린을 주사하게 된다. 이때 인슐린펌프를 사용하면 버튼만 눌러도 식사 인슐린이 주입되므로 혈

당 흐름을 보면서 조금씩 나눠서 여러 번 주입할 수 있다. 주입한 인슐린 양이 많아서 저혈당이 예상되면 기초 인슐린을 줄이거나 중단할 수 있다. 그래서 한꺼번에 많은 양을 주사해서 발생할 수 있는 저혈당을 예방할 수 있고, 고혈당이 나타났을 때도 적극적으로 추가 주사를 할 수 있다.

- DIA(duration of Insulin activity): 인슐린의 체내 지속시간(hour). 보통 DIY APS에서는 5시간 이상을 사용한다.
- IOB(Insulin on board): 인슐린 지속시간을 고려해 인슐린 주입 후 체내에 남아 있는 인슐린 양(unit)
- 프로파일(profile): 24시간 동안의 기초 인슐린 양(units/hour)을 정의해놓은 것으로, 상황에 따라(아플 때, 운동할 때, 시험 볼 때 등) 다른 프로파일을 정의할 수 있다.
- 임시 기초(temp basal): 프로파일에 정의된 기초 인슐린 양이 아닌, 혈당의 흐름에 따라 임시로 변경하는 기초 인슐린 양
- 인슐린-탄수화물비, ICR, I:C(insulin-to-carb ratio), 탄수화물 계수: 인슐린 1단위로 커버되는 탄수화물의 양(g/U)으로, 보통 '탄비'라고 한다.
- 인슐린 민감도(ISF; insulin sensitivity factor), 교정계수: 인슐린 1단위로 떨어지는 혈당수치(mg/dl/U)
- 무선 펌프(tubeless insulin pump): 줄(tube)이 없는 패치형 인슐린펌프
- 인슐린펌프 주사 바늘(cannula): 펌프 주입 바늘이다. 보통 바늘의 길이는 mm로 나타내고 바늘 두께는 G(gage)로 나타내는데, 숫자가 클수록 두께가 얇다는 것을 의미한다.
- 인슐린 저장소(reservoir): 펌프 내에 인슐린을 보관하는 저장소를 말한다. 보통 제품에 따라 150~300단위 보관이 가능하다.

인슐린펌프가 혈당 관리에는 도움이 되지만 3~4일간 바늘을 피하에 꽂은 채로 지녀야 해서 불편한 점도 많다. 특히 줄이 있는 펌프라면 운동할 때, 샤워할 때, 옷을 입고 벗을 때 여러모로 불편하다. 또한 인슐린 주입관이 막히는 경우, 기저 인슐린을 주사하지 않았기 때문에 바로 고혈당으로 이어질 수 있고 케톤산증까지 발생할 수 있다.

디지털 인슐린 펜은 기존의 인슐린 펜과 유사하다. 다만 주입된 인슐린 양과 시간을 블루투스 모듈을 통해 스마트폰 앱 등으로 전달해준다는 점이 다르다.

인슐린을 주입한 시간과 양은 혈당 흐름에 중요한 변수가 되므로 이후 주사량을 정할 때 참고해야 한다. 다만 일반 인슐린 펜으로 주사하면 매번 주사한 시간과 양을 기억해야 하거나 어딘가에 기록해야 하는 번거로움이 있다. 이러한 번거로움을 해소시킨 제품이 디지털 인슐린 펜이다. 인슐린펌프는 디지털 인슐린 펜의 기능도 포함하고 있다. 그래서 기존의 주사 방법보다 혈당 관리에 도움이 된다(국내에는 상용화된 디지털 인슐린 펜이 없지만 2022년 하반기에 판매될 예정이라고 한다).

1형 당뇨, 1분 꿀팁

현재는 일회용 인슐린 주사기와 펜니들이 보편화되었지만 과거에는 두꺼운 주삿바늘과 유리로 된 주사기를 끓는 물에 소독해서 사용했다. 위생이나 휴대 면에서 좋지 않았다. 인슐린펌프가 처음 개발되었을 당시에는 백팩 크기의 장비를 등에 메고 여러 개의 주삿바늘을 몸에 부착해야 했다. 지금 생각하면 '저걸 누가 쓰나' 하겠지만 초기의 제품들이 있었기에 위생적이고 휴대하기 편한 제품들이 나올 수 있었다.

TYPE 1 DIABETES

인공췌장시스템이란 무엇인가요?

인공췌장시스템(DIY APS)은 1형당뇨인인 다나 루이스(Dana Lewis)와 그녀의 남편 스콧 레리브랜드(Scott Leibrand)가 개발했고 2015년부터 사람들의 주목을 받았다.

처음에는 오픈APS(OpenAPS)로 개발되었고, 이후 아이폰을 기반으로 한 루프(loop)와 안드로이드폰을 기반으로 한 안드로이드APS(AndroidAPS)로 발전했다.

국내에서는 체코에 사는 1형당뇨 아이를 둔 아빠인 코작 밀로스(Kozak Milos)가 개발한 안드로이드APS를 주로 사용하고 있다. APS는 특정 제품에 한정하지 않고, 여러 연속혈당측정기와 인슐린펌프 등 다양한 디지털 의료기기와 연동한다. 의료기기를 통해 수집된 데이터를 분석해 알고리즘이 동작하고, 이 알고리즘은 몇 가지 종류가 있어서 선택할 수 있다.

기본 원리는 연속혈당측정기에서 읽어 들인 혈당 데이터와 인슐린펌프로 수동 입력한 인슐린 데이터(bolus), 사용자가 수동으로 입력한 탄

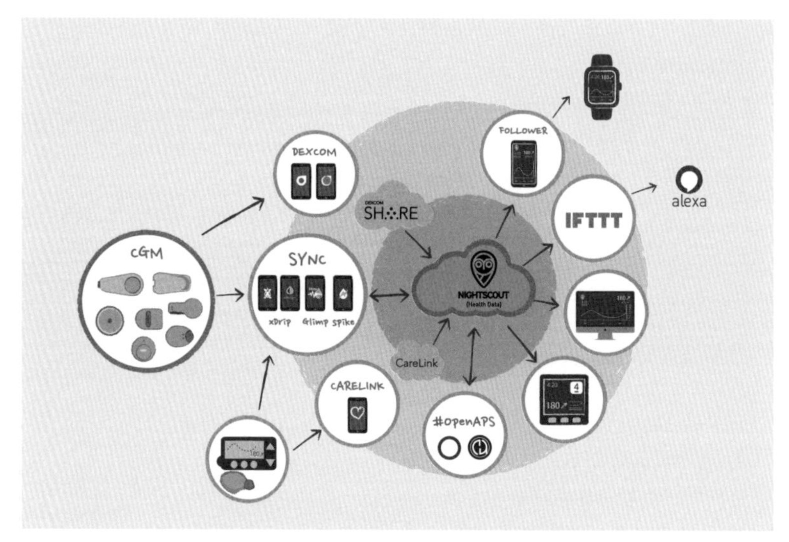

나이트스카우트 앱과 데이터들의 흐름도

수화물 정보나 그 외 입력 정보[DIA, **ISF(insulin sensitivity factor)**, ICR 등]를 참고해 알고리즘은 사용자가 미리 정의해놓은 기초 인슐린을 증가시킬지 감소시킬지 판단하고, 이를 인슐린펌프에 최종 전달한다.

> **ISF(insulin sensitivity factor)**
>
> 인슐린 민감도 또는 교정계수라고 한다. 인슐린 1단위로 떨어지는 혈당수치(mg/dl/U)를 나타낸다. 인슐린 민감도가 높다는 것은 1단위로 떨어지는 혈당수치가 크다는 것을 의미하므로, 적은 양의 인슐린으로 혈당이 관리된다는 뜻이다.

따라서 사용자가 혈당을 보고 인슐린을 수동으로 주입해주던 과거와 달리, 알고리즘의 판단에 의해 자동으로 인슐린펌프가 주입해주기 때문에 사용자가 혈당을 일일이 신경 쓰지 않아도 어느 정도 혈당을 조절할 수 있다. 물론 아직까지는 완전한 자동

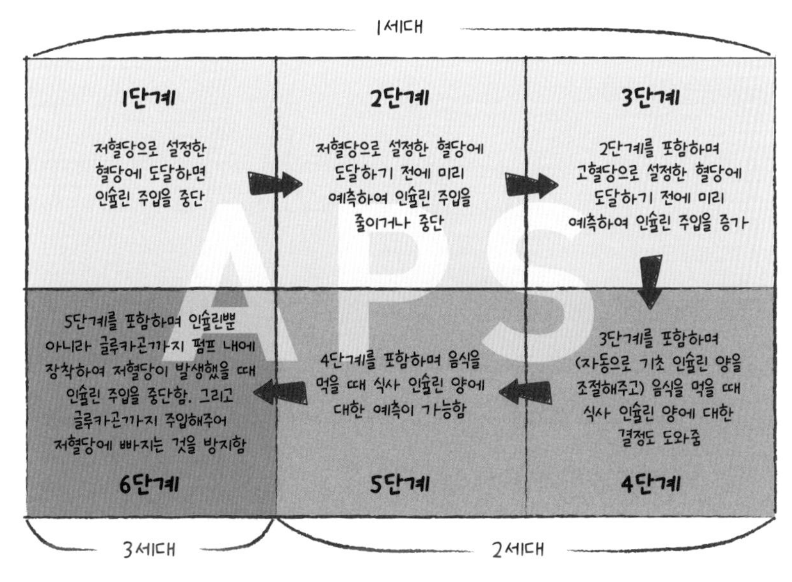

JDRF에서 구분한 APS 단계

화는 아니라서 디테일한 것은 사용자가 확인하고 조절해야 한다.

JDRF(juvenile diabetes research foundation, 1형당뇨병 연구에 자금을 지원하는 비영리단체)에서는 인슐린펌프의 제어 및 자동화 정도, 저혈당과 고혈당에 대한 예측, 혈당 조절의 범위 등에 따라 APS를 6단계로 나누었다. 현재 나이트스카우트에서 개발 진행되는 APS는 4단계와 5단계 사이이다.

최근에는 상용화된 APS도 출시되고 있으나 DIY APS만큼 많은 기능을 담지는 못한다. 또한 상용화된 APS는 DIY APS에서 먼저 개발한 기능을 참고해서 개발하고 있다.

DIY APS에서 제공하는 기능들

다음은 DIY APS에서 제공하는 유용한 기능들이다.

오브젝티브(objectives) 기능

DIY APS를 사용하기 위한 셀프 스터디 도구라고 보면 된다. 각각의 단계별로 목표가 제시되어 있고, 그 목표를 수행해야만 APS가 자동으로 동작하는 **클로즈드 루프(closed Loop)**를 사용할 수 있다.

목표의 단계는 APS버전업이 될 때 신규 기능이 있으면 추가되고, 실제 이해를 했는지에 대해 문제를 풀어야 하는 단계도 있다.

문제는 다중 선택으로 몇 개의 답이 있는지 알려주지 않을뿐더러, 한 번 문제를 틀리면 1시간 동안 로크(lock)가 걸려서 바로 문제를 풀 수 없다.

APS 위키(wiki) 페이지를 통해 공부하면서 목표의 단계를 완료해야 APS를 사용할 수 있도록 하는 나름의 안전장치다.

클로즈드 루프(closed loop)

APS 알고리즘이 분석한 결과를 인슐린펌프에 자동으로 반영해준다. 비행기에서 자동조종장치(auto-pilot)나 자동차의 자율주행시스템과 비슷하다고 이해하면 된다. 혈당 정보가 전달되지 않거나 펌프 연결이 끊기면 클로즈드 루프는 자동으로 중지된다.

시간당 기초 인슐린 양(basal rate)

인슐린을 하루 24시간의 시간당 인슐린 양(units/hour)으로 정의해놓은 수치를 말한다. 시간당 기초 인슐린 양은 시간당 주입될 인슐린 양을 말하지만, 실제로 이 수치는 1시간마다 주입되는 것은 아니고 정의해놓은 기초 인슐린 양, 제품별 기초 인슐린 주입 간격 등에 따라 3~5분 단위로 나눠서 더 적은 양의 인슐린이 주입된다.

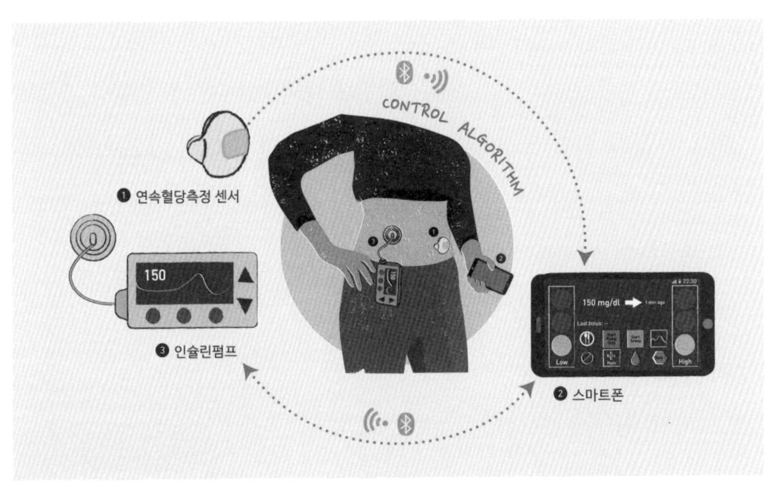

DIY APS

프로파일 비율 변경 기능

이는 사용자가 정의해놓은 프로파일의 비율을 늘리거나 줄일 수 있는 기능이다. '프로파일을 교체하면 되는데, 비율을 변경하는 기능이 왜 필요할까?'라고 생각할 수도 있지만, 이 기능은 단순히 **시간당 기초 인슐린의 양(basal rate)**을 바꾸는 것뿐 아니라 APS 알고리즘에 사용하는 다양한 변수(ISF, ICR 등)도 비율에 따라 함께 변경된다. 그리고 보호자의 APS 앱에서도 변경할 수 있다.

프로파일 자체를 변경할 경우에는 최소 6시간 동안은 오토센스(autosens) 기능을 사용할 수 없으므로 프로파일

> **프로파일**
>
> 인슐린펌프의 프로파일은 24시간 동안의 기초 인슐린 양을 시간당 인슐린 양(units/hour)으로 정의해놓은 것이다. 상황에 따라(아플 때, 운동할 때, 시험 볼 때 등) 다른 프로파일을 정의할 수 있다. APS에서 사용하는 프로파일에서는 시간대별 기초 인슐린 양뿐 아니라 DIA, IC, ISF, Target BG range도 정의해야 한다.

비율을 변경하는 것이 더 좋다. 오토센스 기능은 APS알고리즘이 인슐린 민감도를 자동으로 계산해 인슐린 용량을 증감하는 데 참고한다. 인슐린을 교체, 카눌라 위치 변경, 프로파일을 변경하면 오토센스가 초기화되기 때문에 프로파일 비율을 변경해주는 것이 좋다. 프로파일 비율을 수동으로 변경할 경우 30~250%까지 변경할 수 있다.

원격 주입 기능

보호자가 혈당을 모니터링하면서 인슐린을 원격에서 주입할 수 있는 기능이다. 문자메시지를 기반으로 하고, 1형당뇨인의 APS 앱(마스터)에는 원격 주입을 허가하는 스마트폰 번호가 입력되어 있다. 그래서 허가된 번호에서만 문자로 원격 주입이 가능하다.

문자메시지를 이용한 원격 주입의 예

문자로 원격 주입 명령어를 입력하면 마스터 앱과 연동한 OTP 앱을 통해 실시간으로 생성된 번호 문자열(6자리)과 미리 정해놓은 번호 문자열(3~4자리)을 조합해서 답장을 해야만 원격 주입이 된다. 따라서 허가받지 못한 사람은 원격 주입을 할 수 없다.

또한 원격 주입이 되고 나면 일정 시간은 다시 원격 주입을 할 수 없다. 중복으로 원격 주입이 되는 것을 막기 위함이다. 명령어는 식사 인슐린 주입뿐 아니라 정의된 기초 인슐린을 변경하거나 인슐린펌프나 APS 동작 상태를 확인하는 등 여러 가지가 있다.

자동화(automation) 기능

특정 조건(trigger)이 되면 자동으로 특정 동작(action)을 취하라고 미리 정의해놓는 기능이다. 예를 들어 자는 동안(밤 9시~아침 6시) 혈당이 160 이상이고 최근 15분간 혈당 차이의 평균이 10mg/dl 이상이면 혈당이 급격히 변화하고 있는 것이기 때문에, 이와 같은 조건에서는 APS가 늘려주는 기초 인슐린 양으로는 부족할 수 있다.

이러한 조건에서 기초 인슐린 비율을 변경(70~130%)하거나, 프로파일 자체를 변경하거나, 알림이 울리거나 하는 등의 동작을 취할 수 있다. 조건과 동작은 여러 가지가 있어서 앞서 살펴본 예시보다 훨씬 자세하게 설정할 수 있다. 자동화 기능을 사용하면 잠을 자거나 혈당을 신경 쓰지 못하는 시간에도 저혈당과 고혈당의 발생 빈도를 줄일 수 있다.

오토센스(autosens) 기능

오토센스(autosensitivity)는 8시간이나 24시간의 혈당 흐름을 통해 민감도를 결정해서 APS 알고리즘이 동작할 때 자동으로 참고하는 파라미터다. 1형당뇨인의 인슐린 민감도는 매번 달라지므로, 오토센스 기능같이 비교적 짧은 기간의 혈당 흐름을 참고해서 인슐린을 증감하는 것이 안전하다.

오토센스는 프로파일을 변경하거나 인슐린펌프 주입세트의 위치를 변경하면 초기화된다. 따라서 직전과 인슐린 민감도가 다르다고 판단하면 오토센스 기능을 초기화하는 것이 좋다.

오토튠(autotune) 기능

오토튠은 사용자가 설정한 기간에 수집된 나이트스카우트 데이터를 분석해서 CR이나 ISF, 시간당 기초 인슐린 양을 추천해주는 기능을 의미한다. 오토센스가 짧은 기간의 혈당 흐름을 분석하고 자동으로 알고리즘에 반영한다면, 오토튠은 상대적으로 긴 기간을 분석할 수 있다.

오토튠은 APS에 자동으로 반영되게 할 수도 있지만, 그렇게 하려면 소스코드를 추가해야 하므로 권장하지 않는 방법이다. 보통은 오토튠을 분석해주는 사이트에 설정값을 입력하고, 분석된 값을 적용할지 말지 판단해서 사용자가 수동으로 입력값을 프로파일에 반영한다.

오토튠 기능은 꼭 APS를 사용하지 않더라도 나이트스카우트에 혈당 데이터가 수집된다면 분석이 가능하다. 그러므로 인슐린펌프를 APS와 연동하지 않고 독립적으로 사용하는 경우에도 시간당 기초 인슐린 양을 참고해 인슐린펌프에 반영할 수 있다.

이처럼 나이트스카우트, DIY APS를 사용하면 혈당을 관리하기가 쉽고, 혈당의 흐름도 대폭 개선된다. 그런데 좋다고 무작정 덤벼들었다가는 스트레스만 받고 혈당 흐름이 엉망이 될 수도 있다. 따라서 공부를 많이 하고 시작해야 한다.

APS 가이드 문서는 안드로이드APS 위키(androidAPS wiki) 페이지에 잘 정리되어 있다. 국내 **슈거트리 커뮤니티**에도 정리되어 있으니 어떤 연속혈당측정기와 인슐린펌프를 사용할지 결정한 후, 그에 맞는 가이드를 찾아서 공부하면 된다.

또한 국내에서 가장 많이 사용하는 안드로이드APS는 개인이 안드로이드 스튜디오(android studio)를 통해 직접 빌드를 해서 앱을 만들어야 한다. 누군가가 생성한 앱을 전달받아서 사용하다가 문제가 생기면 법적인 문제가 생길 수도 있다. 반드시 스스로 공부한 다음, 각자의 책임하에 앱을 생성하고 사용해야 한다.

> **슈거트리 커뮤니티**
>
> 슈거트리는 한국1형당뇨병환우회의 커뮤니티 명칭이다. 홈페이지에 1형당뇨에 대한 기본적인 정보와 환우회 활동 등이 공유된다. 1형당뇨인 간의 소통이나 의료기기 연동 및 사용 방법, 혈당 관리 노하우, 새로운 정보 등이 주로 공유된다.

상용화된 APS는 DIY APS의 기능과 사용자의 반응을 참고해서 제품에 반영하기도 한다. 그러므로 상용화된 APS가 나오더라도 꾸준히 DIY APS의 개발이 이루어진다면, 사용자가 원하는 기능들을 상용화된 제품에 반영하는 기간도 줄어들 것이다.

텐덤(Tandem Diabetes)의 CEO인 존 셰리든(John Sheridan)은 미국 CNBC의 다큐 프로그램(How high-tech insulin pumps make managing diabetes easier) 인터뷰에서 DIY 커뮤니티에 대해 다음과 같이 언급했다.

"우리는 DIY 커뮤니티와 오랫동안 이야기해왔습니다. 커뮤니티에는 매우 멋진 아이디어가 있고, 우리가 Control-IQ(텐덤이 상용화한 APS)에 적용하고 싶은 많은 기능들이 있습니다. 커뮤니티는 우리에게 도움이 되고, 커뮤니티를 참고해서 우리의 계획을 세웁니다."

2020년 하반기부터는 DIY APS의 소스로 개발된 아이폰용 APS(loop)가 타이드풀(tidepool)이라는 미국의 비영리단체를 통해 FDA 승인절차를 진행하고 있다. 전 세계적으로 DIY APS의 표준화 등을 위한 의료진들의 컨소시엄도 구성되었고, 최근에는 진료에 활용할 수 있는 가이드도 만들어서 배포했다.

국내 의료진 중에도 오픈APS 컨소시엄이나 DIY APS에 관심을 두는 분들이 있다. 그런데 대부분의 의료진들은 관심이 덜하고, 오히려 해킹 문제가 있다는 이유로 부정적인 의견을 내비치기도 한다.

1형당뇨인을 위주로 연속혈당측정기를 처음 국내에 수입해서 사용했을 때도 "국내에 허가되지 않은 연속혈당측정기는 정확하지 않은 기기이니 사용하지 마세요"라고 주장한 의료진들도 있었다. 그래서 연속혈당측정기를 사용하면서도 외래 때 혈당수치를 수기로 작성해서 한꺼번에 제출한 1형당뇨인도 많았다. 그런데 지금은 어떤가? 연속혈당측정기의 부정확성과 위험성보다 효용성이 더 크다는 것을 환자들은 혈당 흐름과 삶의 질 향상으로 증명해왔다.

DIY APS는 2015년부터 시작되어 전 세계 많은 1형당뇨인들이 사용하고 있다. 우리나라에도 약 250여 명이 사용하고 있다. 다만 여러 가지 안전장치를 두고 많은 공부를 한 다음, 단계를 거쳐서 사용하고 있다. 지금까지는 DIY APS 알고리즘 때문에 1형당뇨인에게 문제가 되었던 적은 없다. 오히려 사용해본 사람들은 과거의 혈당 관리 방법으로 절대 돌아갈 수 없다고 할 만큼, 1형당뇨인들을 도와주고 삶의 질을 향상시켰다. 국내에서도 이러한 기술을 기반으로 상용화된 APS가 개발되어 더 많은 1형당뇨인들이 사용할 수 있기를 바란다.

상용화된 APS도 DIY APS 이후에 개발되었고, 오히려 DIY APS 기능들을 참고해 개발되고 있는 상황이다. 해킹 문제는 DIY APS뿐 아니라 모든 의료기기나 IT 기기에서 발생할 수 있는 문제다. 해킹 문제를 우려하는 사람들은 대부분 실제 DIY APS를 본 적이 없거나 사용 중인 1형당뇨인들의 혈당 흐름을 보지 못한 사람들일 거라 생각한다.

DIY APS가 비약적으로 발전할 수 있었던 것은 적극적이고 능동적으로 아이디어를 공유하고 개발했던 1형당뇨인과 가족들의 집단지성 덕분이다. 이렇게 환자 주도로 인공췌장시스템까지 개발하는 환자 커뮤니티가 바로 나이트스카우트다.

나이트스카우트가 고유의 가치를 훼손하지 않고 새로운 것들을 꾸준히 개발할 수 있도록, 1형당뇨인과 가족, 그리고 이해관계자들의 이해와 도움이 필요한 때다.

국내에서 허가를 받아 상용화된 APS는 메드트로닉(medtronic) 미니메드(miniMed) 640G와 770G이다. 640G는 스마트가드(smart guard)라 불리는 기능을 통해 APS의 2단계가 적용되어서 저혈당이 예상될 때 인슐린 주입을 중단한다. 770G는 클로즈드 루프(closed loop)까지 사용할 수 있다. 최근 다나 펌프와 덱스콤 G6를 연동한 CamAPS FX라는 APS도 식약처의 허가를 받았고, 이오패치와 덱스콤 G6를 연동한 EOPatch X(AID system)라는 APS는 임상 연구 중이다. 이외에도 해외에서는 t:slim 펌프와 덱스콤 CGM을 연동한 Basal-IQ, Control-IQ, 메드트로닉에서 개발한 Sugar-IQ 등 상용화된 APS가 있다.

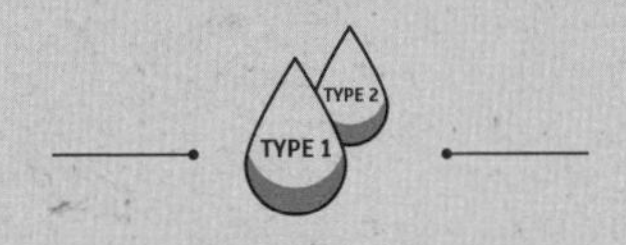

혈당을 완벽하게 관리하는 일이란 신의 영역이다. 인슐린이 분비되지 않는 1형당뇨인에게 비당뇨인과 동일한 혈당 흐름을 기대하기란 어려운 일이다. 인체에서 분비되는 인슐린과 비슷한 인슐린을 개발하고, 고도화된 인공췌장시스템을 개발한다고 해도 마찬가지다. 저혈당과 고혈당 발생을 완전히 막을 수 없을지도 모른다. 다만 현재로서는 인슐린, 음식, 운동 등의 특성을 파악하고 혁신적인 의료기기와 알고리즘을 사용하는 것이 최선의 혈당 관리 방법이다. 똑똑하게 혈당을 관리한다는 것은 이러한 기술 사용과 사용자의 노력으로 혈당의 기복을 줄이고 저혈당과 고혈당의 발생 비율을 낮추는 것이다.

4장

똑똑하게 혈당을 관리하는 법

TYPE 1 DIABETES

혈당 관리를 위해서는 APS가 필요하다

의료기기를 몸에 부착하고, 음식을 먹을 때마다 음식의 성분과 양, 인슐린 주사량을 확인해야 하는 불편을 원하는 사람은 아무도 없을 것이다. 그런데 왜 1형당뇨인들은 불편을 선택하고, 어렵게 공부해서 DIY APS까지 사용하는 것일까?

항상 변하고 있는 혈당

외부에서 인슐린을 주입해야 하는 1형당뇨인들의 혈당은 항상 변한다. 평탄한 혈당 흐름을 보일 때도 있고 그렇지 않은 경우도 있다. 과거에는 100mg/dl이라는 혈당수치가 나오면 안정적인 수치라고 생각해서 안심했다. 음식을 먹고 그사이에 어떤 혈당 흐름을 보여서 100mg/dl이 나왔

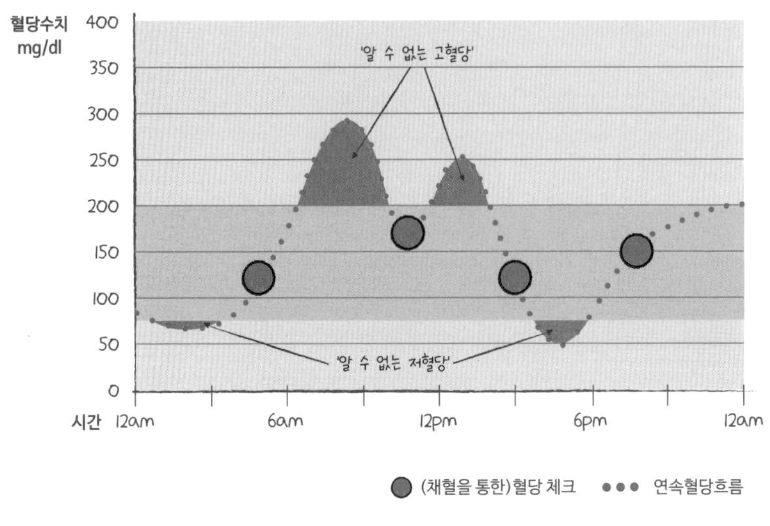

실제 혈당 흐름

는지 모르기 때문에, 샘플링했을 때 수치만 좋으면 오늘의 혈당은 잘 관리된 것이라고 판단하는 것이다. 섭취한 음식이나 종류 등으로 혈당을 예상할 수는 있지만, 실제 혈당은 예상과 다르게 나오는 경우가 많았다. 위 그래프를 보면, 혈당 체크 결과는 정상혈당 범위에 있지만 실제 혈당 흐름은 고혈당과 저혈당을 오갔음을 알 수 있다.

사람들은 연속혈당측정기를 사용하면서부터 혈당수치보다는 혈당 흐름을 더 신경 썼다. 혈당 흐름은 직전 혈당과의 차이를 175페이지 그래프처럼 화살표로 표시하는데, 평평한 화살표는 직전 혈당과 차이가 거의 없을 때 나오는 기호다. 1형당뇨인과 가족들에게 이 평평한 화살표(→)는 '마음의 평화를 주는' 대단한 기호가 되었다. 연속혈당측정기를 사용하지

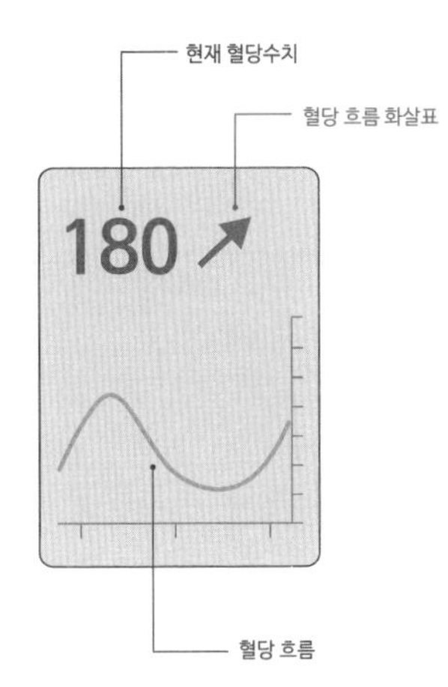

Libre	Dexcom	Medtronic	설명	10분당 혈당수치 변동
		↑↑↑	빠르게 증가	> 30mg/dL
↑		↑↑	증가	20-30mg/dL
↗		↑	천천히 증가	10-20mg/dL
→			안정적	변동 없음
↘		↓	천천히 감소	10-20mg/dL
↓		↓↓	감소	20-30mg/dL
		↓↓↓	빠르게 감소	> 30mg/dL

혈당 흐름을 나타내는 화살표

않는 사람들은 '무슨 말인가' 하겠지만, 사용해본 사람들이라면 다들 공감할 것이다.

혈당 관리를 잘하지 못하면 평평한 화살표보다 위아래 화살표를 더 많이 보게 된다. 이것이 현실이다. 혈당은 항상 변한다. 그만큼 혈당 기복이 심하지 않게 관리하는 것이 핵심이다.

인슐린과 음식의 특성을 이해해야 한다

혈당에 가장 많은 영향을 주는 변수는 단연 인슐린과 음식이다. 이 2가지는 일반적인 특성도 있지만 개인차도 크기 때문에 자신만의 데이터를

	초-초속효성	초속효성	속효성(RI)	중간형(NPH)	지속형	혼합형 (RI+NPH)
작용시간	5분 이내	15분 이내	30분~1시간	1~3시간	1~2시간	5분~15시간
지속시간	3~5시간	3~5시간	4~6시간	10~18시간	16~42시간	10~16시간
최고 작용시간	30분~3시간	1~3시간	2~3시간	5~8시간	거의 없음	1~2시간/ 4~8시간
종류	• 피아스프 • 룸제브 • 애드멜로그	• 노보래피드 • 휴마로그 • 에피드라	• 휴물린R • 노보린R	• 휴물린N • 노보린N	• 란투스 • 레버미어 • 트레시바 • 베이사글라 • 투제오	• 휴마로그 믹스 • 노보믹스

인슐린의 종류와 특성

가지고 있는 게 중요하다.

인슐린 1단위는 0.01ml이다. 보통 인슐린 바이알은 1,000단위(10ml), 인슐린 펜은 300단위(3ml)이다. 과거에는 인슐린 주사 횟수를 줄이기 위해 중간형이나 혼합형 인슐린을 많이 사용했다. 그런데 이러한 인슐린은 바로 작용하지 않고 지속시간이 길어서 혈당을 관리하기가 어렵다.

최근 **다회주사요법**의 경우 (초-)초속효성 인슐린과 지속형 인슐린을 조합해 사용하고, 인슐린펌프의 경우에는 (초-)초속효성 인슐린을 사용한다. (초-)초속효성 인슐린은 다른 인슐린에 비해 작용시간이 빠르고 지속시간이 길지 않아서 저혈당과 고혈당 관리에 효과적이기 때문이다.

다회주사요법

매일 여러 번 주사해서 혈당을 관리하는 방법이다. 하루에 1~2회 기저 인슐린을 주사하고, 매 식사 시간에 초속효성 인슐린을 주사해야 하므로 최소 4번의 주사를 한다. 하지만 실제로는 식사할 때만 인슐린 주사를 하는 것이 아니고 음식을 먹었을 때, 혈당이 높을 때도 추가 주사를 하므로 하루에 4번 이상 주사를 놓는다.

인슐린은 종류에 따라 작용시간, 지속시간, 최고 작용시간 등 개인차가 있고, 시기별로 달라지기도 하니 그때그때 인슐린 민감도를 알아가는 게 중요하다.

> **당지수(GI; glycemic index)**
>
> 음식을 섭취한 후 탄수화물이 얼마나 빨리 혈당을 올리느냐를 나타내는 지표로, 0부터 100까지의 수치로 나타낸 것이다. 그러므로 탄수화물 양이 같더라도 당지수에 따라 혈당 흐름이 달라진다.

음식도 사람마다 인슐린-탄수화물비가 다르고, 같은 탄수화물 양이라고 해도 **당지수(GI; glycemic index)**에 따라 혈당 흐름이 다르다. 또한 지방이나 단백질 함량에 따라 혈당을 얼마나 오랫동안 올릴지도 달라지기 때문에, 혈당 흐름을 확인하지 않고 감으로 혈당을 관리하다가는 혈당 관리에 실패할 확률이 높다. 그러므로 음식의 특성과 인슐린 특성을 이해하는 것이 혈당 관리의 시작이다.

선방 추가 주사란 무엇인가?

선방 추가 주사란 고혈당에 이르기 전에 정상혈당 범위에서 미리 추가 주사를 놓는 것을 말한다. 연속혈당측정기나 인슐린펌프를 사용하기 전에도 내가 가끔 사용하던 방법이다. 그런데 그때는 공격적인 선방(先防) 추가 주사를 할 수 없었다. 혈당이 오를 거라는 확신이 있을 때만 선방 추가 주사를 하고, 그 후에도 30분~1시간 간격으로 혈당 체크를 해야 했다. 그러다가 혈당 흐름을 눈으로 볼 수 있게 된 이후로는 혈당이 오르기 전에 미리 추가 주사를 하는 게 일상이 되었다.

과거 국내 1형당뇨 혈당관리 가이드에는 '추가 주사'라는 개념이 없었다. 혈당이 높을 때는 운동을 하거나 아무것도 먹지 않고 기저 인슐린에 의해 혈당이 떨어질 때까지 기다리라는 가이드가 일반적이었다. 이후에 250mg/dl 이상일 때 추가 주사를 하라는 가이드가 있긴 했으나 추가 주사를 늦게 하면 혈당이 300~500mg/dl까지 올랐다가 떨어지고 만다.

고혈당의 비율을 낮춰서 혈당 관리를 하려면 선방 추가 주사는 필수다. 이때 초보자들은 조심해야 한다. 다음과 같은 조건이 갖춰졌을 때 선방 추가 주사를 해야 저혈당을 막을 수 있다.

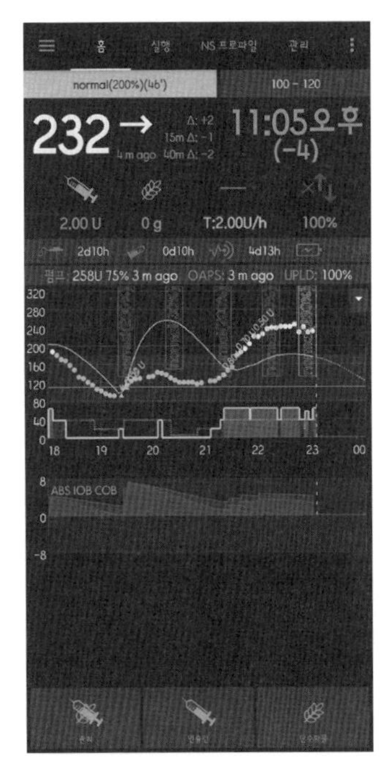

130mg/dl대 혈당에서 선방 추가 주사를 0.8단위, 0.7단위, 0.5단위를 추가했음에도 230mg/dl대까지 혈당이 상승하는 상황

- 섭취한 음식에 대한 이해와 음식의 양, 인슐린의 특성 등에 대한 데이터가 있어서 현재 혈당수치 이후에 혈당이 확실히 오를 거라는 확신이 있고, 연속혈당측정기의 추세 화살표가 상승을 나타낼 때
- 선방 추가 주사를 한 다음, 혈당 모니터링 또는 혈당 체크를 자주 할 수 있을 때
- 저혈당에 대한 자각 증상이 확실해서 선방 추가 주사 후 혈당이 떨어지는 상황이 발생하더라도 이를 인지할 수 있을 때

APS를 사용할 경우 APS가 자동으로 인슐린 양을 증가시키기 때문에 추가 주사가 필요없는 게 아니냐고 반문할 수 있지만, APS는 혈당이 높다고 해도 이미 사용자가 정의해놓은 파라미터들을 참고해 혈당을 늘려주기 때문에 무한정 인슐린 양을 늘려주지 않는다.

결국 각자의 과거 데이터들에 기초해 정상혈당 범위에서 수동으로 추가 주사(bolus) 하거나 기초 인슐린 양을 늘려주어야 고혈당에 가지 않고 혈당을 관리할 수 있다.

이미 고혈당 상태라면 혈당을 떨어트리기도 힘들고 인슐린 양도 더 많이 필요하다. 예를 들어 200mg/dl에서 100mg/dl의 혈당을 떨어트리기 위해 0.5단위의 인슐린이 필요하다면, 300mg/dl에서 200mg/dl의 혈당을 떨어트리기 위해서는 0.5단위보다 더 많은 인슐린 양이 요구된다. 똑같이 100mg/dl의 혈당을 떨어트리는 것인데도 고혈당에서 혈당을 떨어트릴 때 더 많은 인슐린 양이 요구되고, 자칫하면 급격한 저혈당을 유발할 수도 있다. 나는 보통 90mg/dl 이상에서 혈당 오름세에 확신이 있으면 적은 용량으로 여러 번 나눠서 추가 주사를 한다.

매번 달라지는 인슐린 민감도

인슐린 민감도는 불량 음식에 의해 달라지기도 하지만 보통은 어떤 이유인지도 모르는 경우가 많다. 여성이라면 배란기나 생리주기에 따라 달라지기도 하고 청소년기 아이라면 급성장기에 민감도가 달라지기도 한다. 통제 불가능한 변수로 인해 인슐린 민감도가 달라지므로 어느 정도 시행착오를 겪어야 감을 잡을 수 있다.

몸에서 혈당을 떨어트리는 호르몬은 인슐린밖에 없다. 반대로 혈당을 올리는 항인슐린 호르몬은 앞서 살펴본 바와 같이 다양하다. 여성의 배란기와 생리주기는 호르몬 변화에 의한 현상인 만큼, 그 주기에 따라 인슐린 민감도 차이도 크다.

예를 들어 평소와 같은 양의 음식을 먹어도 배란기 때는 혈당이 급격하게 증가하기도 한다. 성장호르몬이 왕성한 성장기 때도 마찬가지다. 우리 아이는 최근에 급성장기에 들어섰다. 그로 인해 성장호르몬이 왕성하게 분비되면서 3개월 만에 키가 3cm나 자랐다. 밤에 잠들기 시작하면 혈당이 무서울 만큼 올랐다. 처음 몇 번은 기존의 인슐린 양대로 추가 주사를 해주었는데, 혈당 오름세를 잡지 못해 고혈당이 되었다.

급성장기라 평소보다 많은 음식을 먹어서 고혈당이 발생하기도 했겠지만, 불과 몇 달 전과는 비교도 안 될 만큼 인슐린 요구량이 늘어났다. 이는 성장호르몬의 영향이라고 생각한다. 작년과 비교하면 인슐린 총량이 약 2~3배나 늘었으니 말이다.

작년 이맘때만 해도 밤잠을 잘 때는 0.2~0.3단위로도 혈당이 뚝 떨어졌었다. 그래서 추가 주사를 조심했는데, 최근에는 여러 번 나눠서 추가 주사한 인슐린 총량이 한 끼 식사를 위한 인슐린 양(5~7단위)에 육박할 정도다.

초기에는 소심하게 추가 주사를 하다가 고혈당 상태가 오래 유지되는 상황이 생기고 나면서 인슐린 양을 과감하게 늘렸다. 그러다 보니 연속혈당측정기를 사용한 후 6년간 당화혈색소가 5%대를 유지했다. 그런데 최근 병원 외래진료에서 당화혈색소가 6.2%로 나왔다. 당화혈색소가 높다는 것은 아이러니하게도 아이가 잘 성장하고 있다는 증거이니 오히려 인슐린 증가가 반갑기도 했다.

스트레스 호르몬인 코르티솔 호르몬도 혈당을 상승시킨다. 어느 정도 예측이 가능한 경우도 있지만 예측이 어려울 때도 있다. 시험을 치른다거나 부모에게 혼이 날 경우에는 혈당이 오르기도 하는데, 매번 오르는 것도 아니다.

반대로 특별한 이유 없이 혈당이 떨어지거나 적은 양의 인슐린에도 민감하게 반응하는 시기가 있다. 환우회 커뮤니티에서는 이런 시기를 우스갯소리로 '그분이 오셨다'라고 표현한다. '그분'이 무엇인지는 정확히 모르지만, 어쨌든 '그분' 때문에 인슐린 민감도가 높아져서 적은 양의 인슐린에도 저혈당이 온다.

우리 아이도 급성장기 이전에는 2~3달에 한 번씩 그분이 오셨다. 인슐린 주사를 맞지 않으면 고혈당이 되긴 했지만, 음식을 먹을 때 기존에 주입하던 인슐린의 절반 이하로도 혈당이 잡혔다. 혹은 아주 적은 양이라도

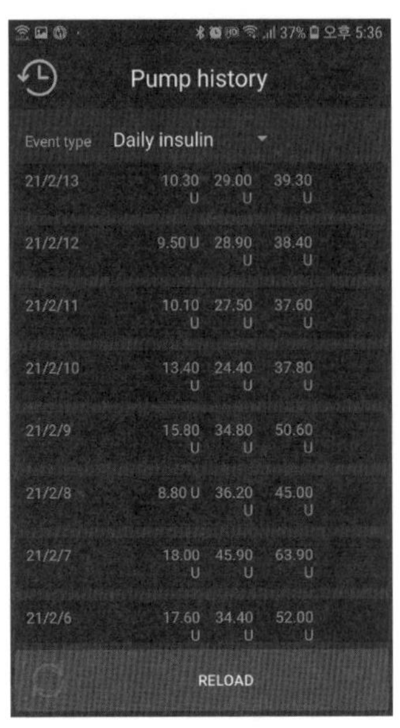

매일 달라지는 인슐린 양

더 주입되면 혈당이 급격히 떨어지곤 했다. 그렇다고 장염이나 컨디션이 안 좋은 상태도 아니었다. 따라서 이런 경우에는 혈당을 자주 모니터링하면서 인슐린을 줄이고 저혈당에 대처해야 한다.

기분 좋게 샤워하고 나왔는데 혈당이 떨어지기도 하고, 평소에 갖고 싶었던 선물을 받고서 인슐린 민감도가 한동안 좋아지는 경우도 있다. 이렇게 인슐린 민감도는 시기별로 달라지기도 하고 정확한 원인을 모르는 상황에서 달라지기도 한다. 그러니 자신에게 맞는 최적의 인슐린 양이나 지속시간 등은 큰 의미가 없고, 그때그때의 인슐린 민감도에 대처하는 것이 현명하다.

우리 몸의 신비함과 항상성

혈당의 흐름을 보고 있으면 우리의 몸이 참 신비롭다는 생각이 든다. 같은 음식을 먹고도 혈당 흐름이 매번 다르고, 분명히 혈당을 올리는 음식이라고 생각해서 선방 추가 주사를 해야겠다고 마음먹고 기다리면 어떤 날은 혈당 흐름이 너무나 평탄하다. 어떤 날은 '착한' 음식을 먹었는데도 고혈당이 생겨서 추가 주사를 해야 하는 경우도 있다.

여러 번 말했듯이 변수가 많기 때문에 불규칙한 혈당 흐름은 피하기가 어렵다. 그런데 우리 몸의 항상성이 이를 뒷받침하기도 한다. 오늘 불량한 음식을 먹어서 특정 시간대에 혈당이 떨어지지 않으면, 이후 2~3일은 비슷한 시간대에 이유 없이 고혈당이 발생하기도 한다.

그래서 혈당이 불량했던 날 이후 며칠은 신경이 곤두설 만큼 '이유 없는 고혈당'에 뒤통수를 맞기도 한다. 며칠간 혈당의 흐름이 평탄할 때는 불량한 음식을 먹어도 혈당이 잘 관리되기도 한다. 이를 설명해주는 것이 바로 항상성이다.

우리 몸은 이전의 상태를 기억하고 있다. 그래서 혈당 흐름이 좋으면 다소 불량한 음식을 먹어도 혈당이 잘 잡히고, 혈당 흐름이 나쁘면 혈당에 좋은 음식을 먹어도 고혈당이 나올 때가 있다.

결국 평소에 혈당 관리를 잘해야 이후의 혈당 관리가 쉬워진다. 그리고 정상혈당 범위를 몸이 기억하고 있기 때문에 이유 없는 저혈당이나 고혈당도 줄어든다.

기기의 오차와 오류,
몸 센서를 믿어라

혈당 관리를 위한 의료기기라 해도 완벽하지는 않다. 100% 정확할 수 없기 때문에 기기만 믿고 있다가는 위급한 상황에 처할 수 있다. 저혈당이나 고혈당 상태인데 정상혈당 범위라고 나올 때가 있고, 반대의 상황도 종종 생긴다. 특히 저혈당 상태인데 정상혈당으로 나와서 방치하면 위험한 상황까지 갈 수 있다. 오류 상황을 인지할 수 있는 능력이 무엇보다 중요하다.

그렇다면 오류 상황을 어떻게 인지할 수 있을까? 앞서 말한 바와 같이 평소에 정상혈당(목표혈당) 범위에 자주 머물러야 한다. 다시 말해 혈당 관리가 평소에 잘되어 있어야 한다. 그래야 몸이 정상혈당 범위를 정상으로 인지하고, 저혈당과 고혈당을 비정상으로 인지해서 이상 신호를 보낼 수 있다. 의료기기에 나타나는 혈당수치보다는 당뇨인의 '몸 센서'를 믿는 것도 좋은 방법이다.

가끔 아이가 정상혈당인데도 "힘이 없다"라고 말할 때가 있다. 그럴 때는 혈당을 올릴 수 있는 음료 등을 마시게 한 다음 혈당 체크를 한다. 만약 저혈당이면 혈당 체크를 하는 데 걸리는 시간조차 치명적일 수 있기 때문이다.

혈당 관리 기기에만 의존하지 말고 다양한 변수로 혈당을 예측할 수 있는 능력을 키워야 한다. 특히 인슐린과 음식은 중요한 변수이므로, 혈당이 이상하다 싶으면 바로 혈당 체크를 해보고 변수를 하나하나 생각해본다. 나는 환우회 어머니들께 "1형당뇨 아이를 둔 엄마는 '음식 감별사, 혈당 감별사'가 되어야 한다"고 이야기한다.

영양성분이 똑같은 탄수화물, 지방이라 하더라도 음식이 무엇이냐에 따라 혈당이 달라진다. 그러니 음식의 맛, 식감, 소화 상태로 혈당의 추이를 예측할 수 있어야 한다. 이 감별 능력은 당뇨인으로 살아가야 할 아이에게도 필요하다. 다행인 점은 당사자니까 몸으로 느낄 수 있어서 감별을 잘할 수 있다.

연속혈당측정기 · 인슐린펌프 · APS는 반드시 필요하다

앞서 언급한 방법은 연속혈당측정기, 인슐린펌프, APS가 없으면 불가능하다. 1형당뇨인이 혈당 관리를 함에 있어서 2가지의 역사적인 사건이 있었다. 첫 번째는 인슐린 주사제의 발견이었고, 두 번째는 연속혈당측정기와 인슐린펌프, APS의 개발이었다.

인슐린의 발견은 1형당뇨인을 '죽음'에서 '삶'으로 전환시킨 사건이다. 관련 기기와 알고리즘의 개발은 당뇨를 앓고 있어도 건강하게 살 수 있다는 희망을 실현시키고 삶의 질을 높였다. 아이가 연속혈당측정기 없이 혈당 관리를 했던 3년간은 6.2~6.9%라는 당화혈색소를 유지했었다. 그런데 혈당 관리 노트를 보면 혈당의 질은 처참한 수준이다. 하루 평균 10번 이상 혈당 체크를 했고, 1~2시간 사이에도 저혈당과 고혈당을 오르내렸다.

186페이지 사진은 손끝에 피를 내서 혈당 체크를 하고 주사기로 주사

2013 년 11 월 7 일 목요일

시간	예상 혈당	실제 혈당	인슐린	식사, 활동(운동), 기분, 신체감각, 약물
00:08		94		
02:20		131		
05:00		170	노보0.1	
05:40			란2.0	
06:20		93	노2.25	김밥 1줄. 복숭아맛 요거트. 키위. 바나나. 배. 사과. 포도
			식중추가	귤. 감. 방울토마토. 파인애플. 유기농 사탕 1개
9:00		86		우유 100ml
11:00		102		글루코스 2개
12:10		133	식전 1.75	잡곡밥. 순두부찌개. 한방돼지갈비찜. 오이선 양파 샐러드. 명엽채 조림
				김치. 키위. 바나나. 배. 사과. 포도. 귤. 감. 방울토마토. 파인애플
2:00		163		
3:10		172	식전 0.5	들깨수제비. 우유
5:00		153		[illegible] 오레오. 치킨. 탕수육.
6:35		85	노보0.5	볶음밥. 쿠키. 크로와상. 빵. 아이스크림 크런키바. 요플레.
10:00		230	노보0.25	
11:33		426	노보0.75	
00:56		513	노보0.25	
02:01		428	노보0.75	
오늘 발견한 것	1. 사과주스 1개 보내요. 2. 오늘 저녁 약속이 있어서 저녁 주사도 냉장 가방에 넣었어요. 냉장고에 보관 부탁 드려요.			

혈당 관리 노트

를 맞았던 시기의 혈당이다. 하루 동안 혈당은 80~543mg/dl로 최저와 최고의 혈당 차이가 무려 457mg/dl이다. 이런 혈당 관리 상태로 당화혈색소 6%대가 무슨 의미가 있을까? 하루 혈당 체크 횟수가 15번, 인슐린 주사 횟수가 10번인데, 어떻게 평범한 일상을 보낼 수 있을까?

2015년부터 연속혈당측정기를 사용하면서 아이는 6년간 5.2~6.2%의 당화혈색소를 유지하고 있다. 처음 5%의 당화혈색소가 나왔을 때 주치의께서는 '저혈당이 많은 게 아닌지' 걱정하셨다.

그런데 당화혈색소가 6%대에서 5%대로 내려갔는데도 저혈당의 빈도는 줄었고 표준편차도 낮아졌다. 이후에 인슐린펌프와 APS까지 연동하면서 먹고 싶은 음식을 양껏 먹을 수 있었다. 그럼에도 저혈당과 고혈당의 발생 빈도는 줄었고, 주사나 혈당 체크의 부담에서 벗어나니 삶의 질이 자연스레 좋아졌다.

188페이지의 통계 결과는 APS 사용 5년차 때, 명절 연휴의 아이 혈당 흐름이다. 명절에는 장시간 차를 타고 이동해야 한다. 그래서 움직임도 적고 고속도로 휴게소의 (혈당에) 불량한 음식과 명절 음식을 먹을 수밖에 없어서 혈당 관리를 하기가 무척 힘들다. 그러나 APS를 사용하면서 명절 연휴를 저혈당과 고혈당 없이 보낼 수 있었다. 이는 비단 우리 아이뿐만 아니라 많은 1형당뇨인과 보호자가 말하는 변화다.

189페이지의 도표는 2020년 12월경, 30대인 1형당뇨인이 환우회 커뮤니티에 올린 글에서 발췌했다(2020년 1월은 연속혈당측정기, 인슐린펌프의 모든 소모품이 급여화된 시기다). 열여섯 살에 1형당뇨를 진단받고 '딱 20년만 살아보자'라고 다짐했던 그는 1형당뇨 20년차를 맞이하며 건강하게 살고

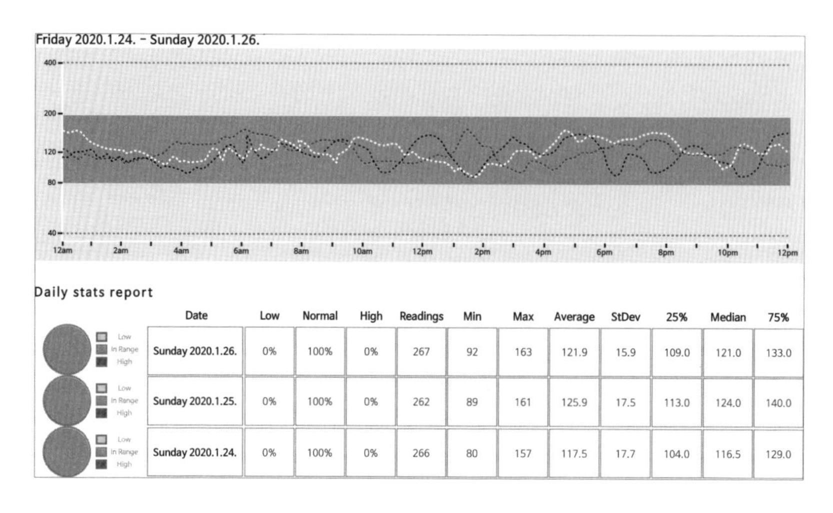

Daily stats report

Date	Low	Normal	High	Readings	Min	Max	Average	StDev	25%	Median	75%
Sunday 2020.1.26.	0%	100%	0%	267	92	163	121.9	15.9	109.0	121.0	133.0
Sunday 2020.1.25.	0%	100%	0%	262	89	161	125.9	17.5	113.0	124.0	140.0
Sunday 2020.1.24.	0%	100%	0%	266	80	157	117.5	17.7	104.0	116.5	129.0

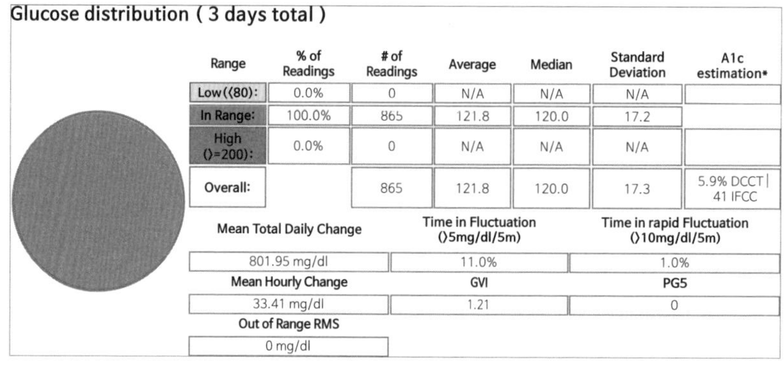

Glucose distribution (3 days total)

Range	% of Readings	# of Readings	Average	Median	Standard Deviation	A1c estimation*
Low(〈80):	0.0%	0	N/A	N/A	N/A	
In Range:	100.0%	865	121.8	120.0	17.2	
High (〉=200):	0.0%	0	N/A	N/A	N/A	
Overall:		865	121.8	120.0	17.3	5.9% DCCT | 41 IFCC

Mean Total Daily Change	Time in Fluctuation (〉5mg/dl/5m)	Time in rapid Fluctuation (〉10mg/dl/5m)
801.95 mg/dl	11.0%	1.0%
Mean Hourly Change	**GVI**	**PG5**
33.41 mg/dl	1.21	0
Out of Range RMS		
0 mg/dl		

명절 연휴 아이의 혈당

있다. 그는 "2020년은 나의 1형당뇨 인생에 대단한 변화를 가져다준 해" 라고 이야기했다.

국내에서 연속혈당측정기가 판매된 이후, 정부는 1형당뇨 관리 기기에 대해 요양비를 지원해주었다. 그는 요양비 지원 덕분에 2020년 초부터

연월	당화혈색소	당화혈색소 등락폭	TIR(목표혈당 범위 비율)	TIR 등락폭
2020.01	8.1%	+0.6	N/A	N/A
2020.03	6.1%	−1.9	72.8%	N/A
2020.06	6.1%	0	76.7%	+3.9
2020.09	5.9%	−0.2	80.2%	+3.5
2020.12	5.6%	−0.3	80.3%	+0.1

혈당 관리 수치

APS를 연동해 혈당 관리를 할 수 있었고, 그 덕분에 앞으로 건강하게 살 수 있을 거라는 확신까지 든다고 전했다.

나는 1년간의 변화를 보면서 뭉클했다. 정부의 급여 확대 정책도 큰 몫을 했지만 스스로가 얼마나 열심히 관리하고 공부했을지, 수치만 봐도 짐작이 되었기 때문이다.

그가 보여준 수치는 단순히 연속혈당측정기나 인슐린펌프 등의 기기들을 사용한다고 나올 수 있는 수치는 아니다. 기기 사용법, 음식과 인슐린의 특성을 정확히 알고 이를 자신에게 적용할 수 있어야 가능한 수치다. 게다가 APS 등에 대한 공부도 필요하다.

정부의 보장성 확대에도 불구하고 아직까지 이런 기기가 있는지조차 모르는 사람들도 있다. 알더라도 거의 절반이나 차지하는 본인부담금 때문에 사용하지 못하는 사람들도 있다. 혹은 사용하더라도 정확한 사용법을 몰라서 제대로 활용하지 못하는 사람들도 많다.

이제 기기의 필요성은 누구도 부인할 수 없을 것이다. 다만 이러한 변화를 많은 1형당뇨인들이 알고 누리려면 제도적인 뒷받침도 필요하다. 정부는 급여 비율을 확대하고 홍보해야 한다. 의료기관과 의료기기 업체는 1형당뇨인들을 대상으로 체계적인 교육을 뒷받침해야 하고, 1형당뇨인들은 본인만의 데이터를 만들기 위해 공부하고 노력해야 한다.

방법이 없었던 과거에 비하면 현재 상황은 감사하다. 그런데 기왕이면 더 많은 1형당뇨인들이 혈당 관리를 잘할 수 있는 환경을 만들기 위해 정부, 의료진, 기업, 당뇨인과 환우회가 함께 노력해야 할 때다.

몇 년 전에 토론회에 참석한 적이 있다. 나는 연속혈당측정기와 인슐린펌프, DIY APS의 중요성을 강조했다. 그때 패널로 참석했던 분 중에 한 분이 사석에서 이런 말씀을 하셨다.

"1형당뇨인들이 그전에도 살아 있었잖아요? 그런데 왜 갑자기 요즘 들어서 이슈가 되는 거죠? 이런 기기가 없어도 어쨌든 혈당 관리하며 살지 않았나요?"

그의 질문에 나는 이렇게 대답했다.

"이런 기기가 없어도 살기는 살았죠. 하지만 '잘' 살 수는 없었어요. 질병이 있다고 해서 누군가의 도움을 받고 힘겹게 살기에는 1형당뇨 유병 기간이 너무 길거든요. 하루를 살더라도 건강하게 사는 게 만성질환자들의 소망이죠. 당뇨가 있지만 비당뇨인처럼 일상생활도 해야 하고요. 말 그대로 '그냥 사는 것' 말고 '건강하게 잘 살기' 위해서 기기와 알고리즘이 필요한 겁니다."

혈당 관리가 잘 안 되서 합병증을 진단받으면 의료비는 국가도 개인도 감당하기 어려울 만큼 상승한다. 게다가 삶의 질이 떨어지는 건 당연하고, 국가적으로도 일할 수 있는 국민을 잃는 셈이다. 합병증이 생기기 전에 지원하고 노력하는 태도야말로 국가와 개인에게 더 좋은 일이다.

음식, 인슐린과 더불어 혈당에 영향을 많이 주는 요소가 호르몬이다. 급성장기를 경험한 1형당뇨인이라면 성장호르몬과 성호르몬의 위대함(?)을 경험했을 것이다. 상처가 났을 때 염증 반응 때문에 분비되는 스테로이드 호르몬도 혈당을 올린다. 실제로 스테로이드 성분이 있는 약을 사용하면 평소보다 인슐린의 몇 배를 주입해도 혈당이 잘 떨어지지 않는다. 이외에도 여러 호르몬으로 인해 평소보다 필요로 하는 인슐린 양이 급격히 늘어날 때가 있다. 그런데 우리는 호르몬이 언제, 얼마나 분비되는지를 모른다. 그래서 가끔 생각해본다. 호르몬의 분비량을 측정해주는 기기는 없을까? 호르몬의 분비량을 안다면 인슐린 양을 증감하는 데 도움이 되고, 인공췌장시스템의 알고리즘에도 활용해서 더 견고한 알고리즘을 만들 수 있을 텐데 말이다.

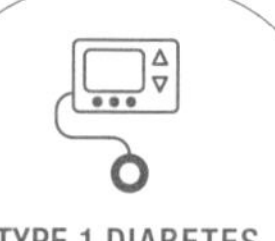

TYPE 1 DIABETES

안 먹는 음식은 있어도 못 먹는 음식은 없다

진단받은 초기에는 새로운 음식을 먹으면 30분~1시간 간격으로 혈당 체크를 했다. 혈당 흐름이 안 좋으면 그때 먹었던 음식을 '앞으로 먹어서는 안 되는 음식'으로 분류했다. 그러다 보니 지인들은 우리 가족을 만날 때마다 "이 음식, 소명이 먹어도 돼?"라고 자주 질문했다. 그때는 음식을 가려 먹으라고 병원 교육을 받기도 했고, 나 역시 그게 당연하다고 여겼다.

우리 가족은 혈당에 좋은 음식을 주로 먹었고, 과자나 빵도 되도록 집에서 만들어 먹었다. 그런데 아이는 파는 음식을 먹고 싶어 했다. 가끔 아이 친구들과 주말 모임을 하면 다른 아이들은 친구들과 노느라 먹을 것은 뒷전인데, 우리 아이는 한풀이라도 하듯이 음식을 앞에 두고 먹었다.

아이가 다섯 살 때 친구 생일파티에 초대받은 적이 있었다. 내가 아이 친구 엄마와 이야기하는 동안 아이는 생일 케이크 한 개를 혼자 다 먹었다. 집으로 돌아오는 길에 너무 속상하고 아이가 안타까워서 펑펑 울었다.

물론 그날 이후 며칠은 아이의 혈당이 고혈당이었다. 나는 아이의 모습을 보고는 정신이 번쩍 들었다. 혈당수치에만 집착하다 보면, 아이의 마음을 놓치겠구나 싶었다. 그래서 그날 이후부터는 혈당에 좋지 않은 음식이라도 아이가 먹고 싶어 하면 먹였고, 대신 대처방법을 고민했다.

나중에 안 사실이지만 아이는 케이크나 쿠키를 좋아하지 않는 편이다. 그런데 음식을 제한하니까 오히려 집착을 했던 것 같다. 최근에는 1형당뇨 아이들에게 식이제한을 하지 말고 골고루 잘 먹이라고 말하는 의료진도 많아졌다. 하지만 불과 몇 년 전까지만 해도 아이들에게 음식을 제한하라는 의료진들도 많았다.

5년 전, 외부 단체에서 주최하는 '1형당뇨 캠프'에 참석한 적이 있다. 그때 부모를 대상으로 교육하는 소아내분비과 선생님께서 이런 말씀을 하셨다. "1형당뇨 아이들을 캠프에 보내고, 가족 분들은 그동안 못 먹었던 음식을 마음껏 드세요." 그분은 1형당뇨인은 식이 제한을 하되, 남은 가족들은 음식을 자유롭게 먹으라고 조언했다.

한 번은 영양사 선생님과 부모와의 대화 시간이었다. 평소에 어떤 음식을 먹느냐는 질문에 한 아이 엄마가 "평소에는 '좋은' 음식을 먹고, 주말에는 치킨도 배달시켜서 먹어요"라고 대답했다. 그 말을 들은 영양사 선생님은 깜짝 놀라면서 "1형당뇨 아이에게 기름에 튀긴 치킨을 먹이다니…. 앞으로는 먹이지 마세요"라고 하셨다(그 영양사 선생님은 자기 아이에게도 치킨을 안 먹이는지 궁금하다).

두 분 모두 1형당뇨 아이와 가족을 생각해서 조언을 해준 것은 같다. 그런데 부모들은 조금 불편한 마음이 들었다. 1형당뇨인의 실제 생활을 이해하지 못한 조언이었기 때문이다. 1~2년간 식이를 제한하고 혈당 관리를 잘해서 완치가 될 수 있는 질환이라면 얼마든지 그렇게 할 수 있다. 그런데 평생 혈당 관리를 하며 살아야 한다면 이야기는 달라지지 않을까?

물론 좋은 음식이 혈당에 좋은 건 알고 있다. 1형당뇨인은 혈당이라는 수치로 확인할 수 있기 때문에 강제로 식이 제한을 하지 않더라도 자연스럽게 좋은 음식을 선호한다. 오히려 강제로 음식을 제한하면 역효과가 날 수 있다. 요즘도 가끔 지인들이 "소명이가 못 먹는 음식이 있어요?"라고 물을 때가 있다. 그러면 우리 가족은 이렇게 대답한다.

"안 먹는 음식은 있어도 못 먹는 음식은 없어요."

음식과 혈당의 관계

혈당에 가장 많은 영향을 주는 영양소는 단연 **탄수화물**이다. 탄수화물은 혈당을 많이 올리는 대신 대체로 초속효성 인슐린의 지속시간인 3~5시간 안에 소화가 된다. 그래서 순수하게 탄수화물로 구성된 음식이라면 인슐린 양을 결정하기가 어렵지 않다. 음식의 탄수화물 양을 확인해서 인슐린 양을 결

> **탄수화물**
>
> 탄수화물은 우리 몸에 필요한 3대 영양소 중 하나로, 혈당과 가장 밀접한 관계가 있다. 탄수화물을 섭취하면 소화기관을 통해 포도당으로 분해된다. 분해된 포도당은 혈액으로 보내져서 혈당이 상승하고, 인슐린을 통해 세포와 장기의 에너지원으로 사용된다.

정하면 된다. 그러나 같은 탄수화물 양이더라도 당지수에 따라 먹는 속도, 인슐린 주사 타이밍, 횟수 등을 달리 해야 좋은 혈당 흐름을 만들 수 있다.

보통 당지수가 70 이상이면 높다고 본다. 56~69면 중간 정도, 55 이하면 낮다고 분류한다. 숫자가 높을수록 소화가 빨리 되는 음식이라 혈당을 급격히 높인다. 같은 양의 탄수화물이라 하더라도 당지수에 따라 혈당 흐름이 달라진다.

같은 쌀로 밥을 짓더라도 갓 지은 밥의 당지수가 더 높다. 우리 아이는 갓 지은 찰진 밥을 먹으면 혈당이 급격히 올라갔다. 그래서 찰기가 적은 된밥을 주로 먹는다.

혈당은 탄수화물과 연관이 있다고 알려졌지만, 지방과 단백질이 많이 포함된 음식도 초속 인슐린 작용시간 이후에도 혈당을 올린다. 지방이나 단백질이 포함된 음식인데도 탄수화물 양을 기준으로 인슐린 용량를 결정하고 추가 주사를 놓지 않으면 고혈당 상태가 된다.

APS 사용자들은 지방이나 단백질 함량이 많은 음식의 경우, 혈당이 오르는 시점에 '페이크(fake) 탄수화물'을 입력하기도 한다. APS는 입력된 페이크 탄수화물 양을 보고 알고리즘에 따라 기초 인슐린이나 **SMB(super micro bolus)**를 늘려서 고혈당에 대처한다(SMB 기능은 알고리즘을 완전히 이해한 APS 고수 사용자가 아니라면 사용에 주의해야 한

> **SMB(super micro bolus)**
>
> 섭취한 탄수화물 양을 입력하면 이미 입력된 각종 파라미터(DIA, ICR, ISF, Max IOB 등)와 혈당 흐름을 참고해 APS가 미세하게 식사 인슐린을 자동으로 주입하는 기능이다. 설정에 따라 탄수화물 입력이 없어도 UAM(unAnnounced meals)을 활성화하면 SMB가 동작한다.

다). 단백질이나 지방 외에도 음식에 포함된 방부제, 첨가물, 조미료나 인공색소 등도 혈당을 비정상적으로 올리는 요소다.

순수하게 탄수화물만 들어 있는 음식은 별로 없다. 그러니 당지수 또는 당부하, 지방, 단백질, 그리고 첨가물이나 인공색소 등도 고려해야 한다. 무엇보다 개인차가 있으니 음식에 대한 자신만의 데이터를 마련해두는 것이 중요하다.

어떻게 조리해야 할까?

아이가 1형당뇨를 진단받기 전부터 나는 요리에 관심이 많았다. 자취를 할 때도 집에서 손수 아침밥을 해먹었고, 일찍 퇴근하는 날이면 제대로 된 한 끼 식사를 만들어 먹으며 행복을 느끼곤 했다. 결혼하고는 가족의 건강을 위해 더 좋은 식재료로 다양한 요리에 도전했다.

그런데 아이가 1형당뇨를 진단받고 나니 요리 자체가 무서웠다. 같은 식재료라도 내가 어떻게 요리하느냐에 따라 아이의 혈당이 달라졌기 때문이다. 집에서 만든 음식은 외부 음식에 비해 혈당이 좋게 나왔지만, 가끔 내가 요리한 음식을 먹고 혈당이 높은 날이면 죄책감마저 들었다.

특히 아이 혈당은 오일류(식용유, 올리브유, 참기름, 들기름 등), 양념류, 식품 첨가물 등에 민감한 편이었다. 김밥에 넣을 밥에 밑간을 하려고 참기름을 조금 넣었다가 고혈당이 지속되기도 했다. 처음에는 어떤 재료가 혈당을 올리는지 몰랐다. 몇 차례 시행착오를 겪고 나니 참기름이 주범이라는 사실을 알았다. 그날 이후 한동안은 참기름을 넣지 않고 김밥을 만들었다.

음식을 직접 만들다 보면 어떤 식재료가 혈당을 올리는지 감을 잡을 수 있다. 혈당을 올리는 식재료는 개인차가 있으므로 직접 경험해보지 않고는 찾아내기 힘들고 미리 대처할 수도 없다. 그러니 외부 음식은 어쩔 수 없다고 하더라도 내가 만든 음식만큼은 식재료와 요리법에 더 신경 쓸 수밖에 없었다. 아이의 혈당을 기준으로 나는 보통 이렇게 요리한다.

- 되도록 오일 사용을 줄이고, 오일을 사용하더라도 최소한으로 사용한다.
- 같은 재료라도 굽거나 삶거나 찐다.
- 가공식품은 웬만하면 먹이지 않으려고 노력한다. 다만 먹어야 할 상황이라면 삶거나 데쳐서 합성 첨가물을 최대한 빼내고 요리한다.
- 고기류는 양념이 된 것보다 생고기로 굽고, 기름이 적은 부위를 사용한다. 양념된 고기를 잘못 먹으면 고혈당이 오랫동안 유지되기 때문에 특히 고기를 요리할 때 신경을 많이 쓴다. 고기를 먹을 때는 샐러드나 겉절이, 무침 종류와 쌈채소 등을 준비한다.
- 음식의 간이나 양념도 세게 하면 혈당이 올라가는 편이라, 음식 재료 본연의 맛을 느낄 수 있도록 간이나 양념을 최대한 적게 한다. 그래서인지 아이는 엄마의 손맛에 길들여져서 외부 음식을 먹으면 "짜다"고 이야기하는 편이다.

읽어보면 일반건강식 요리법과 비슷하다. 요즘에는 건강에 관심을 가지면서 요리법에 신경 쓰는 사람들이 많다. 결국 혈당에 좋은 요리법은 건강에도 좋다. 때문에 당뇨인을 위해서 특별히 다르게 요리한다는 생각보다는 가족의 건강을 위해 조금 더 신경 쓴다는 마음으로 요리하면 부담이 줄어들 것이다.

음식을 다 만들어 먹어야 하는가?

아이가 1형당뇨 진단을 받고서 처음 영양교육을 받을 때였다. 영양사 선생님은 "대부분의 음식은 집에서 만들어 먹이는 게 좋다"고 하셨다. 그리고 교육을 받는 내내 '먹으면 안 되는 음식'들을 보여주셨다. 한 예로 콩으로 만든 음식 중에서 먹을 수 있는 건 두부밖에 없다고 했다. 요리를 좋아하긴 했지만 음식을 만들어 먹여야 한다는 말, 그리고 아이가 친구들과 지낼 때도 다른 음식을 먹여야 한다는 말을 들으니 숨이 막혔다.

절망적인 마음으로 커뮤니티에 글을 올렸다. 내가 올린 글을 본 1형당뇨 아이 엄마에게서 연락이 왔다. 우리 아이보다 1년 정도 먼저 진단을 받은 형의 엄마였다.

그 아이는 외부 음식도 다 먹고 잘 지낸다는 이야기였다. 그러고는 아이가 아이스크림을 먹고 있는 사진을 보내주었다. 그때 당시에는 아이가 어렸기 때문에 아이스크림은 잘 먹이지 않는 음식이었다. 그런데 '안 먹는 것'과 '못 먹는 것'은 천지 차이다. 나는 아이스크림을 먹는 사진을 보고 한줄기 빛을 본 기분이었다.

집밥은 식재료를 고르고 요리하는 전 과정을 요리하는 사람이 조절할 수 있다. 그래서 외부 음식보다 집밥을 먹었을 때 혈당이 좋게 나온다. 그래서 나는 더 열심히 요리했다. 식사는 물론이고 빵, 과자, 아이스크림 등 간식까지 집에서 만들었다. 아이가 어린이집에 다닐 때도 집에서 만든 반찬과 간식을 싸서 보냈다.

그렇게 1년 정도가 지났다. 나도 힘들었지만(사실 친정어머니의 도움이 없었다면 엄두도 못 낼 일이었다) 아이 역시 친구와 다른 음식을 먹어야 한다는 사실에 너무나 속상해했다. 그래서 어린이집에서 친구들이 먹는 음식과 똑같이 먹게 하고, 대신 주사량을 조절하는 방법으로 바꿨다.

외부 음식을 허용하면서 반조리 식품도 자주 활용했다. 반조리 식품은 요리하는 시간은 적게 들면서 조리 방식을 변경할 수도 있다. 게다가 양념도 적게 넣을 수 있어서 좋다. 아이가 라면을 먹을 때는 기름스프를 빼거나 대파, 청경채 등 채소를 추가했다. 그리고 국물은 되도록이면 먹지 않고 버렸다.

바쁜 현대인들은 집에서 밥을 먹는 시간이 적다. 그러다 보니 집에서 요리하는 시간도 줄고, 간편식으로 대체하거나 외식을 자주 한다. 그런데 당뇨인에게는 조금은 엄격한 잣대를 내미는 것 같다. 혈당을 관리하려면 모든 음식을 만들어 먹어야 한다고 조언하고, 만약 그렇게 못하면 게으르고 자기관리를 못하는 사람인 것마냥 취급한다. 나는 그렇게 말하는 사람들에게 이렇게 묻고 싶다.

"당신은 평생 그렇게 살 수 있나요? 설사 당신이 그렇게 살 수 있다고 하더라도, 다른 사람에게 그 신념을 강요해서는 안 됩니다."

혈당을 많이,
오랫동안 올리는 음식은 무엇인가?

"인슐린 주사 없이 먹을 수 있는 음식은 무엇인가요?" 아이에게 주사 놓는 것이 힘든 엄마들이 자주 하는 질문이다. 연속혈당측정기가 없었던 시절에 엄마들의 관심사는 '주사 없이 먹일 수 있는 음식'이었다. 주사를 놓지 않아도 아이의 혈당이 좋았던 음식들을 공유하면, 엄마들은 너도 나도 먹여본다.

그런데 아이마다 혈당 흐름은 조금씩 다르다. 사실 그 음식은 주사 없이 먹은 음식들이 아니다. 기저 인슐린을 주사했기 때문에 그 영향으로 혈당이 떨어질 타이밍에 음식을 먹고 혈당이 잡힌 것이다. 결국 사람마다 혈당이 다를 수밖에 없다.

인슐린 주사 없이 먹을 수 있는 음식은 '물'뿐이다. 물 이외에는 아주 조금이라도 혈당을 올린다. 때문에 저혈당 상태가 아니라면 인슐린 주사가 필요하다(극한 운동을 할 때는 인슐린 주사 없이 음식을 먹을 수 있기는 하다). 저혈당이어도 너무 많은 양을 섭취하면 고혈당 상태가 될 수 있다.

퇴원하고 처음으로 간 마트에서 아이는 시식코너 음식을 먹고 싶다고 했다. 주사할 장소가 마땅치 않아서 주사 없이 시식 음식을 먹었다. 그런데 집에 와서 혈당 체크를 해보니 이미 고혈당 상태였다. 결국 음식을 먹을 때마다 인슐린을 주입해야 하는 것인데, 문제는 초(-초)속효성 인슐린의 작용시간 이후에도 혈당을 올리는 음식들이다.

보통 1형당뇨인 사이에서 이런 음식을 '(혈당) 뒤끝이 있는 음식'이라

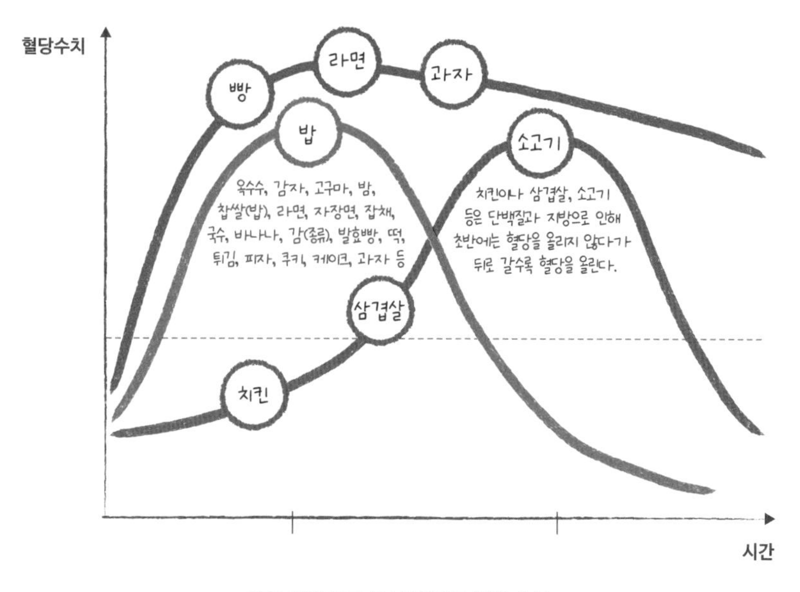

아이 기준으로 음식에 따른 혈당 흐름

고 부른다. '혈당 뒤끝'에도 개인차가 있다. 그러니 음식에 따른 인슐린 양과 작용시간에 따른 혈당수치를 알아두면 좋다.

혈당 뒤끝을 고려하면 우리가 흔히 먹는 음식들 중에 추가 주사가 필요 없는 음식을 찾기란 무척 어렵다. 탄수화물 없이 육류를 먹는데, 밥을 먹었을 때만큼 인슐린을 주입하면 초반에 저혈당이 와서 위험할 수도 있다. 그리고 저혈당을 회복하고 나면 고혈당이 오래 유지되기도 한다. 양념된 고기는 어떤 양념이냐에 따라 혈당이 오르는 시점이 다르고, 혈당을 올리는 시간이 달라지기도 한다.

수박, 멜론, 배, 사과처럼 수분이 많은 과일을 먹으면 추가 주사가 필요하지 않을 것이라 여기지만, 가끔은 혈당이 안 잡혀서 추가 주사를 해야 할 때도 있다. 전혀 예상치 못한 음식들이 혈당을 올리는 경우가 종종 있다. 같은 자장면이라도 언제, 어디서, 얼마나 먹었느냐에 따라 추가 주사가 4~5번이나 필요할 수 있다. 저혈당을 회복하기 위해 마신 음료가 뒤끝이 길어서 추가 주사를 2~3번 놓아야 하는 경우도 있다. 가끔 유기농 음식이라고 먹었다가 혈당이 안 잡히는 경우도 있다.

혈당을 '많이' 그리고 '오래' 올리는 음식은 주변에서 흔히 먹을 수 있는 음식들이다. 그렇다고 아예 안 먹을 수는 없다. 아이가 성인이 되면 어쩔 수 없이 먹어야 하는 상황이 생긴다. 그래서 나는 '좋아하는 음식에 적응해보자'라고 마음을 바꿨다.

아이는 떡볶이를 좋아해서 일주일에 2~3번은 먹는다(한때는 떡볶이집 사장이 되어서 삼시 세끼 떡볶이만 먹고 싶다고 했을 정도였다). 처음 떡볶이를 먹었을 때는 아무리 선대처나 후대처를 해도 고혈당을 피할 수가 없었다. 그런데 여러 번 먹으면서 혈당 흐름을 보고 대처방법을 터득했다. 그 이후에는 선대처를 잘하고, 같은 양의 음식을 먹어도 처음보다 더 적은 인슐린 양으로도 혈당이 잘 잡혔다.

떡볶이를 먹으면 밥을 먹을 때보다 인슐린을 2~3배 더 주입해야 한다. 떡볶이의 주재료인 떡과 달달한 고추장 양념 때문에 혈당이 초반에 많이 오르기 때문이다. 그래서 떡볶이를 먹기 10분 전에는 넣어야 할 인슐린 총량의 1/6 정도를 먼저 주사한다. 떡볶이를 먹기 직전에는 인슐린 총량의 3/6을 주사하고, 2시간이 지나서 혈당이 오를 때 1/6을 주사한다. 마지막 3시간 뒤에는 1/6을 더 주사한다. 매번 이렇게 주사하는 것은 아니다. 섭취 직전의 혈당이나 당시의 인슐린 민감도, 혈당이 오르는 추이에 따라 달라진다.

그러니 일단 먹어봐야 안다. 먹어보기 전에는 혈당의 흐름을 알 수 없다. 혈당의 흐름을 보고 그때그때 대처하면서 음식에 대한 자신만의 데이터를 쌓으면 된다.

음식을 먹는 상황에 따른 혈당 관리 방법

아침 식사에 대한 혈당 관리

같은 음식, 같은 양을 먹어도 아침에는 인슐린을 더 많이 주입해야 하고, 혈당을 잡기도 어렵다. 그 이유는 무엇일까? 아침에는 잠자는 동안 공복을 유지해서 혈당이 보통 낮은 상태다. 다만 공복 유지로 몸에서 작용하는 인슐린 양이 적다. 움직임도 적었기 때문에 인슐린을 주사하더라도 바로 발현되지 않는다.

또한 기상 직후 1~2시간 동안 대표적인 항인슐린 호르몬인 코르티솔 분비가 왕성하다. 그러니 공복혈당이 낮더라도 안심하면 안 된다. 나는 아이의 공복혈당이 낮은 상태를 별로 좋아하지 않는다. 100mg/dl 이하의 공복혈당보다는 100~120mg/dl 범위의 공복혈당을 선호한다.

아침에 일찍 일어나서 식사 시간 때까지 몸을 움직이고 음식을 천천히 꼭꼭 씹어서 먹으면 혈당이 급격히 오르는 현상은 줄어든다(아침 시간뿐 아니라 평소에도 천천히 꼭꼭 씹어서 식사하는 습관을 들이면 혈당이 급격히 오르는 것을 줄여주고 건강에도 좋다).

아이는 오전 6시 30분~50분 사이에 일어난다. 반려견의 아침 식사를 챙겨주고 배변판을 갈아주거나 아침 식사 준비를 도우면서 움직인다. 학습지를 풀면서 뇌를 깨운 다음, 7시 전후에 아침 식사를 한다. 기상과 식사 시간 사이에 최소 30분간 활동하면 일어나자마자 식사를 하는 것보다 혈당 흐름이 좋다.

식사 전에 공복혈당을 체크해서 연속혈당측정기로 혈당 흐름을 보고, 30분~1시간 전에 기초 인슐린의 비율을 1.5~2.5배 올려준다. 그리고 식사하기 10~20분 전에 식사 인슐린을 0.5~1단위 해준다. 식사할 때 4~6단위를 주사하고, 식사 도중에 혈당이 급격히 오르면 상황을 보고 추가 주사를 한다.

식전 혈당이 낮을 때

사람마다 다르지만, 우리 아이는 혈당이 낮을 때도 식사 전에 주사를 놓아야 한다. 식전 혈당이 낮다고 해서 밥을 먼저 먹고 인슐린 주사를 나중에 놓으면 고혈당을 막을 수 없어서다. 그래서 혈당이 낮을 때도 식전 주사를 놓지만 혈당을 올릴 만한 음식을 미리 먹인다.

주로 주스나 과일을 먹는다. 요리 중에 혈당을 올릴 수 있는 음식이 있으면 미리 맛을 보라고 한다. 급하면 밥을 한 숟가락 먼저 먹으라고도 한다. 먹고 나서 혈당이 회복되는 흐름이 보이면 인슐린을 주사하고 밥을 먹는다.

이 역시 개인차가 있다. 환우회 커뮤니티를 보면 식전 주사보다 식후 주사를 하고, 특히 식전 혈당이 낮을 때는 식사 도중에 인슐린을 주사하거나 다 먹고서 주사하는 사람도 있다. 그러니 혈당 흐름을 보고 자신에게 맞는 방법을 찾아야 한다.

식전 혈당이 높을 때

혈당이 높은데 음식을 먹겠다고 하는 경우가 종종 있다. 인슐린 주사를 한다고 해도 이미 혈당이 높아서 음식을 바로 먹으면 혈당은 더 올라간다. 보통 이럴 때는 높은 혈당을 떨어트릴 인슐린 양과 음식에 대한 인슐린 양을 더해서 먼저 주사한다.

그리고 혈당이 떨어지는 시점에 음식을 먹는데, 자칫하면 저혈당 후에 다시 고혈당이 될 수가 있다. 가장 좋은 방법은 소량의 인슐린으로 혈당을 떨어트린 후, 정상혈당 범위에 들어왔을 때 다시 음식에 대한 인슐린 양을 주사하고 음식을 먹는 것이다.

그런데 기다릴 수 없는 상황이라면, 초속효성 인슐린보다는 초-초속효성 인슐린을 주사한다. 초-초속효성 인슐린은 초속효성 인슐린보다 발현이 빠르다. 그래서 급하게 음식을 먹어야 할 때 유용하다.

아이는 초속효성 인슐린을 펌프에 사용하고 있지만, 혈당이 높을 때 음식을 먹어야 한다면 초-초속효성 인슐린을 주사하고 먹는다.

인슐린을 주사해도 혈당이 떨어지지 않을 때

가끔 주사를 놓아도 혈당이 떨어지지 않는 경우가 있다. 그럴 때는 다음을 점검한다.

• 혈당을 올릴 만한 음식을 먹었다면 우선 추가 주사를 하면서 혈당 흐름을 지켜본다.

• 특별히 혈당을 올릴 만한 음식을 먹지 않았는데도 계속 혈당이 오른다면 인슐린을 교체한다. 기존에 사용하던 인슐린이 아닌 새 인슐린을 개봉해서 주사해본다.

• 펌프 주입세트가 막히지 않았는지, 주입세트 바늘 쪽에 피가 역류하지 않았는지, 주입세트 쪽으로 인슐린이 새지 않았는지, 분리형 주입세트라면 튜브 이음새가 분리되지 않았는지 인슐린 냄새로 확인한다.

• 감기 등에 걸리지 않았는지, 감기 등으로 약을 먹었다면 약 성분으로 인한 혈당 상승인지를 확인한다.

• 연속혈당측정기의 수치가 잘못 되었을 수도 있으므로, 채혈을 해서 혈당 측정을 한 수치와 비교해본다.

||| 1형 당뇨, 1분 꿀팁 |||

집에서 만든 삼계탕은 혈당이 '착한' 음식이다. 삼계탕을 먹고 찹쌀로 닭죽을 끓여도 혈당이 좋은 음식이라, 한 번은 이미 조리된 삼계탕을 사서 데워 먹은 적이 있다. 찹쌀도 조금 들어 있고 닭도 작은 크기였다. 다음 날 찹쌀을 넣고 죽을 끓여 먹으려고 했다. 그런데 혈당이 엄청나게 오르고, 먹고 나서 약 10시간이나 추가 주사를 했는데도 혈당이 잘 떨어지지 않았다. 처음에는 삼계탕이 아니라 다른 원인인 줄 알았다. 그래서 인슐린도 바꿔보고 인슐린펌프 주입세트도 바꿔봤다. 그런데 원인은 다른 곳에 있었다. 포장된 삼계탕이 문제였다. 외부에서 사온 음식들은 가끔 예상치 못한 혈당 흐름을 보일 때가 있다. 엄청난 양의 인슐린을 요구하는 음식은 1형당뇨인뿐 아니라 가족들 건강에도 좋지 않다. 그러니 '멀리해야 할 음식'으로 분류한다.

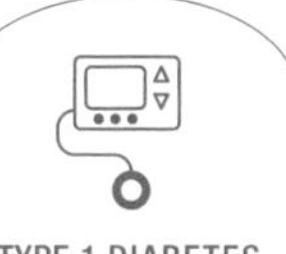

TYPE 1 DIABETES

안 하는 운동은 있어도 못 하는 운동은 없다

운동이 건강에 좋다는 것을 모르는 사람은 없을 것이다. 운동은 혈당 관리에는 물론이고 건강에 도움이 된다. 비당뇨인보다 신경 써야 할 부분이 많지만, 자신에게 맞는 운동을 찾아서 꾸준히 해보자. 혈당 관리를 위해서만이 아니라 운동 그 자체를 즐기면서 기쁨을 찾을 수 있다.

운동할 때 혈당을 관리하는 방법

1형당뇨인에게 운동은 체력을 증진시키고 건강에 도움을 준다. 인슐린의 감수성을 개선해 평소보다 적은 양의 인슐린으로도 혈당을 떨어지게 한다. 반면 예상치 못한 저혈당이나 고혈당이 발생할 수도 있으므로 운동 시에는 평소보다 혈당을 더 신경 써야 한다.

- 시간을 정해서 규칙적으로 운동한다. 운동 전후에는 혈당을 확인한다.
- 혈당이 다소 높다고 해도 운동하기 전에 인슐린 주사를 놓는 것은 신중해야 한다. 인슐린을 주사하더라도 평소보다 적은 양의 인슐린을 주입한다.
- 저혈당에 대비해서 혈당을 빨리 올릴 수 있는 주스나 글루코스 등을 준비해둔다.
- 운동 중에 혈당이 떨어지는 현상이 반복적으로 나타나면 운동 전에 탄수화물을 섭취하거나 단백질이 든 음식을 먹어서 혈당이 급격히 떨어지는 일에 대비한다.
- 운동 후에 혈당이 오르는 경우가 있다. 이 현상이 반복적으로 나타나면 운동 전에 혈당을 조절하거나 운동 후에 대처한다.

아이는 어릴 때부터 운동을 좋아했다. 어린이집에 다닐 때는 친구들과 축구교실이나 야구교실에 다니고 싶어 했지만 보낼 수 없었다. 내가 아이를 밀착해서 따라다닐 수도 없고 혈당을 원격에서 모니터링할 수도 없었기 때문이다. 저혈당이 걱정되어서 보내지 못했다.

그러다가 연속혈당측정기를 사용하고 나서 내가 원격 모니터링이 가능해지자 아이는 축구교실에 다닐 수 있었다. 이미 1년을 먼저 다니던 친구들보다 코치님 눈에 들 정도로 아이는 축구를 잘했다. 코치님이 유소년 축구대표팀 선발 테스트를 받아보라고 권유할 정도였다. 실내 축구장을 종횡무진으로 뛰어다니는 아이를 보며 미안한 마음이 들었다. 혈당을 걱정하느라 아이가 좋아하는 운동을 제대로 시키지 못한 게 미안했다.

이후에는 태권도를 배우면서 태권도 선수단으로 활동했고, 인라인스케이트, 야구, 수영도 배웠다. 최근에는 주 2~3회씩 친구들과 1시간 이상 자전거를 타거나 농구와 배드민턴을 즐긴다. 아이는 운동을 하면 그날은

마라톤과 등산이 취미인 환우회 1형당뇨 성인

물론이고 그다음 날까지 혈당이 좋았다.

무리한 운동이 아니어도 된다. 식사 후 가볍게 산책하는 것만으로도 식후 혈당이 좋아진다. 당뇨인은 운동을 하면 좋은 혈당 흐름을 보인다. 그래서 비당뇨인보다 더 열심히 운동하는 사람들이 많다. 아이도 운동을 꾸준히 하면서 운동이 혈당 흐름을 어떻게 개선시키는지 자연스레 알았다. 그래서 운동을 좋아하고 더 열심히 하는 것 같다.

1형당뇨인 중에는 축구 국가대표 선수도 있고, 메이저리그 야구선수, 수영선수, 배구선수 등 종목에 상관없이 운동선수로 활약하는 사람들이 많다. 환우회에도 초등학교 엘리트 배구선수로 선발되어서 배구선수로 활동하는 아이도 있고, 성인 1형당뇨인 중에도 마라톤, 태권도, 등산, 수상스키 등 다양한 스포츠를 즐기는 분들이 많다.

가끔 1형당뇨에 대해서 잘 모르는 학교 선생님들이 있다. 그래서 체육시간에 1형당뇨 아이의 활동을 제한하는 경우가 있다. 저혈당인 경우에는 저혈당이 회복될 때까지 기다려줘야 하지만, 그 외에는 모든 활동에 참여할 수 있다. 비당뇨인보다는 운동할 때 신경 써야 할 부분이 많은 건 사실이나, 그렇다고 못 하는 운동은 없다.

초등학교 엘리트 배구선수로 활약하는 환우회 1형당뇨 청소년

서핑이 취미인 환우회 1형당뇨 성인

물에서 하는 운동은 다른 운동보다 혈당 관리가 어렵다. 운동을 하면서 혈당 체크를 하기가 쉽지 않고, 인슐린펌프를 부착하기도 쉽지 않아서다. 또한 연속혈당측정기 센서를 부착했다고 하더라도 혈당이 잘 수신되지 않아서다.

인슐린펌프나 연속혈당측정기 등은 방수에 신경을 써야 해서 방수 테이프를 크기별로 여러 장 준비해야 한다. 방수테이프를 물속에 들어가기 직전에 붙이면 빨리 떨어진다. 그러니 보통 1시간 전에 부착하는 게 좋다.

방수 테이프 가장자리에 의료용 종이 테이프를 붙이면 방수 테이프에 물이 잘 안 들어간다. 종일 물놀이를 해야 해서 인슐린펌프를 뗀다면, 기저 인슐린을 주사하거나 초속 인슐린을 자주 주사해서 혈당이 올라가지 않도록 한다. 물놀이를 하면 체력 소모가 크다. 저혈당에 대비하는 차원에서 음료수를 준비하고 시간을 정해서 혈당 체크를 한다.

연속혈당측정기 수신기(스마트폰, 스마트워치, 리시버 등)는 방수팩에 담아 물이 들어가지 않게 한다. 물 밖으로 나오면 혈당을 수신할 수 있는 위치에 보관한다. 방수팩에 보관해도 가끔 물이 새서 수신기가 고장나기도 한다. 그러니 사전에 방수팩을 점검하고, 수신기를 주방용 랩으로 한 번 더 감싸는 것도 좋다.

수영 강습을 받을 경우에는 수업 내용에 따라 혈당이 달라지기도 한다. 아이는 수영을 주 2회 2년간 했다. 저녁 6~7시까지 수영을 했다. 수영을 하기 전에 인슐린 주사를 놓고 간식을 먹은 다음, 인슐린펌프를 떼고 수영을 했다.

수영이 힘든 운동이라는 말을 많이 들어서 처음에는 혈당을 다소 높게

연속혈당측정기 센서 위에 붙인 방수 테이프

잡았다. 수영을 하고 나서 저녁 식사를 하기 전까지 초속 주사를 하지 않았는데, 수영이 끝나고 집에 가서 인슐린 펌프를 부착하기 전까지 혈당이 가파르게 상승했다. 수영 중에도 혈당을 모니터링하기 위해 방수팩에 스마트워치와 스마트폰을 담아 수영장 근처에 두었다. 그런데 물속에 있을 때는 혈당이 거의 들어오지 않았다.

수영을 배우기 시작할 때만 해도 수영하기 전 혈당보다 수영 후의 혈당이 더 높았다. 그 상태로 집에 가는 동안 혈당은 계속 올라갔다. 그래서 그다음부터는 수영이 끝나면 혈당이 낮더라도 소량의 추가 주사를 해줬다. 그러고 나니 집에 가는 동안 혈당이 오르지 않았고, 집에 가서 저녁 식사를 하기에 적당한 혈당이 되었다.

수영 강습 초반에는 이론을 배우거나 단순 발차기만 하니까 운동량이 많지 않았다. 본격적으로 수영 수업에 들어가면서 수영 후의 혈당이 수영 전 혈당보다 낮게 떨어지긴 했지만, 이 상태도 역시 수영하고 나와서 초속 주사를 해주지 않으면 혈당이 계속 올랐다.

인슐린펌프를 한 경우에는 수영 전에 먹은 간식의 영향을 받기도 했다. 하지만 간식을 먹지 않았다 하더라도 인슐린펌프를 제거하면 인슐린이 1시간 이상 주입되지 않았기 때문에 정상혈당 범위에서도 운동이 끝난 다음의 혈당 오름세가 컸다.

기저 인슐린을 주사하는 경우에도 혈당 흐름이 또 달라질 것이고, 개인차도 있을 것이다. 환우회원 중에서 수영 아마추어 대회도 나갈 만큼 실력이 출중한 분이 계신다. 이분은 수영을 하는 중에는 인슐린 주사 없이 초코바 하나 정도는 먹을 수 있다고 했다.

그만큼 사람에 따라, 운동 강도에 따라 혈당 흐름은 달라진다. 운동을 하면 혈당 변동폭이 크고 변수도 많아진다. 그러므로 지속적으로 혈당을 관찰하고, 자신만의 데이터를 쌓아서 적용하는 것이 중요하다.

적당한 운동은 인슐린 감수성을 높이고 혈당 흐름을 좋게 한다. 그래서 아이가 어렸을 때는 의무적으로 식후 운동을 하게 했다. 그러다 보니 아이는 운동 자체를 즐기지 못했고 스트레스만 받았다. 그래서 한동안 식후 운동을 중지하고, 식후 혈당이 오르는 것은 인슐린으로 조절했다. 운동을 중단하니 인슐린 양은 늘었지만 혈당 흐름은 나쁘지 않았다. 아이가 좀 크니 친구들과 자전거를 타거나 배드민턴, 농구 등을 하며 자연스럽게 운동을 시작했다. 요즘에는 여름에도 친구들과 땀을 흘려가며 운동하는 것이 재미있다고 할 정도로 운동을 즐긴다. 음식도, 운동도 무조건 통제하기보다는 자신이 좋아하는 것을 찾을 수 있도록 하는 게 중요하다고 느꼈다.

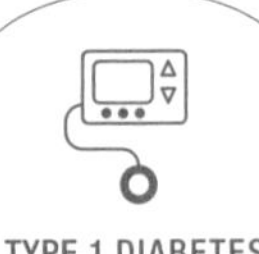

TYPE 1 DIABETES

아플 때는 혈당 관리를 어떻게 하나요?

대부분의 1형당뇨인들은 몸이 아프면 1형당뇨와 연관을 지어서 생각한다. 그런데 대부분이 1형당뇨와 상관없는 경우다. 1형당뇨인의 아픈 증상 때문에 혈당이 떨어지거나 오를 수는 있다. 또한 약이나 주사제에 의해 혈당이 오르기도 한다. 그러니 복용 후에는 주의 깊게 관찰하며 혈당 관리를 해야 한다.

장염은 말 그대로 '장에 염증을 일으키는 질환'이다. 그 원인은 다양하다. 급성 장염은 구토나 설사, 식욕 감퇴, 복부 통증 등을 유발한다. 장염에 걸리면 장운동의 속도가 증가해서 섭취한 음식을 소화시키지 못하고 구토나 설사 등으로 배출한다. 그래서 저혈당을 유발할 수 있다. 장염이 무조건 저혈당을 유발하는 것은 아니고, 장염으로 인해 혈당이 오르는 경우가 가끔 있다고 한다.

당뇨가 없는 조카가 네 살 때 장염으로 소아과에 간 적이 있다. 힘이 없고 늘어지는 기운이 있어서 혈당 체크를 해보니 혈당이 50대였다. 이처럼 장염일 때 비당뇨인에게도 저혈당이 나타날 수 있다. 그러니 1형당뇨인은 더더욱 장염일 때 저혈당을 조심해야 한다.

장염 증상이 있을 때 저혈당을 피하려면 기저 인슐린이나 기초 인슐린도 줄이고 초속 주사나 식사 인슐린도 줄여서 맞아야 한다. 장염이 심하면 아예 인슐린을 맞지 않아도 혈당이 오르지 않기 때문에, 혈당 흐름을 보고 인슐린 양을 줄여야 한다.

> **이온음료**
> 스포츠 음료라고도 한다. 운동 후에 땀으로 빠져나간 수분과 전해질을 보충해주는 기능성 음료다. 체액의 성분과 비슷하게 만들어서 흡수가 빠르다. 당 성분이 들어 있어서 탈수 증상이 있거나 혈당을 올려야 할 때 활용한다.

장염 증상이 있는데 저혈당이 발생하면 다른 음식물이 소화되지 않아서 저혈당이 회복되지 않을 수 있다. 이때는 일반 음료보다는 **이온음료**를 섭취해서 수분과 당을 보충해주는 게 좋다. 특히 탈수가 동반되는 경우가 많으므로 수분을 충분하게 섭취하고, 필요시에는 병원에서 수액을 맞아도 좋다.

장염 증상이 사라졌는데도 한동안 혈당이 잘 올라가지 않아서 인슐린을 줄여야 하는 경우도 있다. 그러니 장염이 나았다고 해서 인슐린을 바로 늘리지 말고 혈당 흐름을 보고 대처해야 한다.

감기에 걸렸다고 해서 혈당이 매번 오르는 건 아니지만, 대체로는 혈당이 오른다. 감기로 인한 혈당 상승은 생리적 스트레스로 인한 것이라고 한다. 감기 자체로도 혈당이 오르지만 감기약 때문에 혈당이 상승한다.

기관지와 관련 있는 약은 대부분 **교감신경**을 자극해서 기관지를 확장시킨다. 때문에 혈당을 올리는데, 이 또한 개인차가 있다. 우리 아이는 기관지가 약한 편이라서 관련 약들을 가끔 복용하는데, 이때 평소보다 더 많은 양의 인슐린을 넣을 때도 있다.

항히스타민·항알레르기, 진해거담제, 스테로이드 성분이 든 약들도 대체로 혈당을 올린다. 비슷한 계열의 약이라 해도 특정한 약이 유난히 혈당을 올리기도 하니, 약을 복용할 때는 세심하게 혈당을 관찰해야 한다.

교감신경

우리 몸의 자율신경계는 교감신경과 부교감신경으로 나뉜다. 교감신경은 신체가 위급한 상황일 때 재빠르게 대처할 수 있도록 도와주는 역할을 한다. 교감신경이 흥분되면 근육의 세동맥은 확장되고 심장박동수가 증가하며 혈압·혈당이 상승한다. 부교감신경은 위급한 상황에 대비해 에너지를 저장한다. 교감신경과 부교감신경은 반대 작용을 하면서 우리 몸의 환경을 일정하게 유지시킨다.

혈당이 오르면 기저 인슐린을 늘리거나 기초 인슐린을 늘리고, 혈당이 오르는 시점에 초속 추가 주사를 한다. 약 이름을 기억했다가 다음에 처방받을 때 해당 약을 빼고 다른 약으로 대체해달라고 요청할 수도 있다.

1형 당뇨, 1분 꿀팁

약 성분으로 인한 혈당 상승에는 개인차가 있다. 다른 질환으로 진료를 받을 때는 1형당뇨임을 알리고, 과거에 어떤 약이 혈당을 많이 올렸는지 말하는 것이 좋다. 그러면 다른 약으로 대체해서 처방해준다. 자주 가는 1차 의료기관의 의사 선생님과 해당 정보를 공유하면 약 성분으로 인한 혈당 변화에 미리 대처할 수 있다.

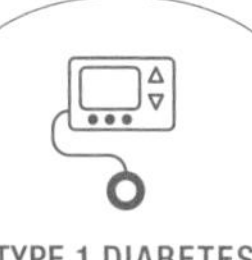

TYPE 1 DIABETES

아이가 주도적으로 혈당 관리를 하는 시기는 언제인가요?

몇 년 전, 당뇨 관련 워크숍에 참석한 적이 있다. 30대 초반의 1형당뇨인 청년을 만났다. 유병기간이 15년 정도 되는 청년이었다. 그는 인슐린 주사는 병원에서 정해준 용량으로 정해진 시간에만 맞고, 혈당 체크는 하루 1~2번 했다. 혈당이 높아도 추가 주사는 하지 않고, 혈당이 낮을 때만 대처했다고 한다. 한 번도 본인이 인슐린 용량을 변경해야 한다는 생각을 하지 못한 것이다. 게다가 추가 주사의 개념도 없었다. 안타깝게도 그는 30대 초반인데도 당뇨 합병증이 있었다.

환우회 커뮤니티를 보면 이런 분들이 종종 있다. 어렸을 때는 부모님이 잘 관리해주다가 사춘기가 되면서 관리를 안 한다거나 부모님의 통제가 심하니 몰래 숨어서 음식을 먹고 인슐린을 주사하지 않거나, 인슐린을 한꺼번에 많이 주사하고 이후 혈당을 확인하지 않는 것이다. 심지어는 살을 빼려고 인슐린을 맞지 않는 경우도 있다.

당뇨는 스스로가 관리해야 하는 질환이다. 그럼에도 부모가 더 애가 타서 관리하다 보면 아이는 간섭이라 느낄 수 있다. 반면에 부모나 주변 사람들이 관심을 갖지 않고 혼자 관리하게 내버려두면 아이는 어떻게 관리해야 하는지 모른다. 병원의 체계적인 교육도 부족하고, 교육을 받았다고 해도 이를 응용해서 스스로 혈당 관리할 능력이 있는 1형당뇨인도 많지 않다. 성인이 되어서 진단받은 경우에는 본인의 의지가 무엇보다 중요하다. 소아청소년기에 진단을 받은 아이라면 본인의 의지는 물론이고 부모의 역할도 중요하다.

1형당뇨인에게 혈당 관리란 '숨 쉬고 밥 먹고 잠을 자는 일상'과 같다. 그만큼 올바르게 이행하지 않으면 건강하게 생활할 수 없다. 누구를 위해서가 아닌, 내 자신을 위해 혈당 관리가 필요하다는 것을 깨닫길 바란다.

고기 잡는 방법을 알려주는 것이 중요하다

성인이 되었다고 해서 혈당 관리 방법을 자연스레 체득하는 것은 아니다. 종종 환우회 커뮤니티에서 '남편(또는 아내)이 당뇨를 전혀 관리하지 않아서 속상하다'라는 글을 볼 수 있다. 1형당뇨는 주변의 도움도 필요하다.

우리 아이도 혈당 관리를 완벽히 독립적으로 하고 있지는 않다. 그래도 부모와 떨어져 있을 때는 주도적으로 혈당 관리를 하고 있다. 아이들의 경우 혈당 관리 독립의 첫걸음은 자가 혈당 체크와 자가 주사다. 연속혈당측정기와 인슐린펌프로 혈당을 편하게 확인하고 인슐린을 주입할 수 있다. 다만 여러 가지 예외 상황이 발생할 수 있으므로, 혈당 체크와 주사는 스스로 할 수 있어야 한다.

아이가 자가 혈당 체크와 주사를 스스로 하면서 음식을 먹을 때나 혈당이 오를 때, 또는 혈당이 떨어질 때면 나는 아이와 자주 이야기를 나눴다. 특히 음식을 먹고 나서 혈당 흐름이나 밤 시간의 혈당에 대해서 다음 날 연속혈당측정기 그래프를 보고 추가 식사 인슐린을 주입하거나 기초 인슐린이 증감한 것을 보여주며 이야기를 나눴다(한편으로 엄마가 밤새 고생했다는 것을 생색내기도 했다. 그만큼 너의 건강이 소중하다는 사실을 깨닫게 하기 위해서였다).

대화를 하면서 아이의 **교정계수(ISF; insulin sensitivity factor)**가 어떤지, **탄수화물 계수(인슐린-탄수화물비)**는 얼마인지 등에 대해 의견을 나누었고, 외부에서 음식을 먹었을 때 영양정보 표시를 보고 탄수화물·지방·단백질 양 등을 확인하는 방법도 알려주었다.

영양정보 표시의 경우, 과자 1봉지일 때 더 작은 단위나 더 큰 단위로 표시하는 경우도 있다. 그러니 반드시 기준량이 어느 정도인지 확인하는 것이 중요하다고 알려주었다.

교정계수(ISF; insulin sensitivity factor)

인슐린 민감도라고도 한다. 인슐린 1단위로 떨어지는 혈당수치(mg/dl/U)를 나타낸다. 인슐린 민감도가 높다는 것은 1단위로 떨어지는 혈당수치가 크다는 것을 의미한다. 적은 양의 인슐린으로 혈당이 관리된다는 뜻이다.

탄수화물 계수(인슐린-탄수화물비)

인슐린 1단위로 커버되는 탄수화물 양(g/U)으로, '탄비' 또는 '탄수화물 계수'라고 한다. 탄비가 높다는 것은 1단위로 커버되는 탄수화물의 양이 많다는 뜻이다. 탄비를 활용하면 음식을 먹을 때 탄수화물의 양으로 인슐린 주사량(단위)을 결정할 수 있다.

영양정보		총 내용량 150g 100g당 210kcal
100g당		1일 영양성분 기준치에 대한 비율
나트륨	410mg	21%
탄수화물	0g	0%
당류	0g	
지방	15g	28%
트랜스지방	0g	
포화지방	1.3g	9%
콜레스테롤	45mg	15%
단백질	19g	35%

1일 영양성분 기준치에 대한 비율(%)은 2,000kcal 기준이므로 개인의 필요 열량에 따라 다를 수 있습니다.

영양정보

영양정보 사진을 보면 총 내용량은 150g이고, 영양정보에 대한 기준량은 100g이다. 만약 총 내용량을 다 먹었다면 영양정보의 각 항목에 1.5배를 해줘야 한다.

영양정보가 없는 과일이라면 평소에 1개 또는 1번에 먹는 양에 대한 탄수화물의 양으로 비교한다. 영양정보가 없는 음식을 먹을 때를 대비해서 집에서 음식을 먹을 때 '이 음식은 탄수화물이 얼마나 될지, 지방으로 혈당을 올릴지' 등을 예측해보고, 실제 혈당 흐름으로 확인해보는 것도 좋다.

최근에는 **APS의 SMB알고리즘**을 사용하기 때문에 탄수화물 양을 입력해야 APS가 견고하게 작동한다. 처음에는 내가 입력했지만 아이가 탄수화물 양에 감을 잡으면서 아이에게 입력하라고 한다. 그런 다음 나는 확인을 한다.

만약 아이가 잘못 입력하면 정정을 하라고 하는데, 처음 탄수화물을 입력하라고 했을 때는 탄수화물을 입력하는 일이 너무 귀찮고 왜 입력해야 되는지 이해가 안 된다고 했다. 나는 탄수화물을 입력해야만 제대로 동작하는 알고리즘

APS의 SMB알고리즘

섭취한 탄수화물 양을 입력하면 이미 입력된 각종 파라미터(DIA, ICR, ISF, Max IOB 등)와 혈당 흐름을 참고해 APS가 미세하게 식사 인슐린을 자동으로 주입해주는 기능이다. 설정에 따라 탄수화물 입력이 없어도 UAM(unAnnounced meals)을 활성화하면 SMB가 동작한다.

아이, 아빠, 엄마의 손목에서 항상 볼 수 있는 혈당

이라고 설명해주었고, 실제 탄수화물 입력 이후에 APS가 어떻게 동작하는지도 보여주었다. 이제 아이는 우리와 떨어져 있을 때 가끔 탄수화물 양을 잊고 입력을 안 하기도 하지만, 인슐린 주사만큼은 빠지지 않고 한다.

요즘은 아이가 운동 후에 군것질을 하면 혈당에 따라 인슐린을 미리 주입하거나, 하굣길에 집에 와서 간식을 바로 먹을 경우에는 오는 길에 미리 소량의 인슐린을 주입하기도 한다. 집에 와서 음식에 대한 인슐린을 주사하고 바로 간식을 먹기 위해서다. 또 먹으면서 혈당이 오르면 추가 주사도 스스로 한다.

내가 외부에 있을 때 인슐린이 주입된 양을 보고 무엇을 먹었는지 전화로 확인하는 경우도 있는데, 가끔 내가 생각하는 인슐린 양과 다르게 주입하는 경우가 있다. 부족하다거나 많다고 이야기해주면 아이는 자기가 생각한 인슐린 양이 맞는 것 같다고 할 때가 있다. 그런데 신기한 건 아이가 정한 인슐린 양이 맞을 때가 있다.

부모가 아무리 열심히 혈당을 관리한다고 해도 내 몸이 아니기 때문에 스스로 관리한 것보다 잘하기는 어렵다. 또한 아이가 커갈수록 부모와 함께하는 시간이 적어지므로 그때마다 부모와 연락할 수도 없다. 연락이 되었다고 하더라도 어떤 음식을 얼마나 먹었는지도 정확히 알 수 없다. 그러니 아이가 스스로 혈당을 관리할 수 있도록 자주 이야기하고 연습할 수 있게 도와줘야 한다.

아이가 혈당에 신경 쓸 수 있도록 스마트워치나 스마트폰 등 IT 기기를 활용해서 혈당수치를 확인하는 것도 좋다. 우리 집에서는 시간을 보는 시계처럼 아이의 혈당을 볼 수 있는 기기가 항상 켜져 있다. 그만큼 부모도 스마트폰이나 워치, 혈당 위젯 등을 활용해서 아이의 혈당을 항상 확인해야 한다.

우리 아이는 스스로 혈당을 관리하면서도 집에서 음식을 먹을 때는 인슐린 주사를 나한테 묻곤 한다. 가끔은 혈당 체크나 주사를 대신해달라고도 한다. 환우회 커뮤니티에서 가끔 '가족들이 1형당뇨에 너무 무관심하다'라는 글을 볼 수 있다. 매일 주사를 맞아야 하는 현실에 우울해하고, 먹고 싶은 음식을 마음껏 먹지 못할 때 가족들이 신경 쓰지 않고 먹으면 그 모습에 상처를 받고 외롭다고 한다. 그러니 부모와 떨어져 있을 때는 어쩔 수 없다 하더라도 같이 있을 때만큼은 아이에게 관심을 가져보자. 혈당 관리에 관심을 갖고 도움을 주면, 아이가 자신의 혈당에 더 신경 쓸 것이다.

아이의 혈당이 높은 상태라서 혈당이 떨어진 후에 음식을 먹어야 한다면 어떻게 할까? 다른 가족들이 함께 기다리거나 음식을 남겨 놓는 등 배려도 필요하다. 지나친 간섭이 아닌 관심으로 느낄 수 있도록 아이와 대화도 많이 해야 한다. 그리고 아이에게 칭찬도 해주고 적절한 보상도 해줘야 한다.

혈당 관리가 엄마와 아빠에게 혼나지 않으려고 하는 것이 아니라, 자신의 건강을 위해서 해야 하는 것임을 깨달을 수 있도록 가족 모두가 협조해야 한다. 부모나 보호자가 혈당을 평생 관리해줄 수는 없다. 아이에게 고기 잡는 방법을 알려주는 것이 중요하다.

혈당 관리는 '관심'이다. 관심이 많을수록 혈당 관리는 잘 된다. 그래서 우리 집에는 혈당수치를 볼 수 있는 시계가 항상 켜져 있다. 시계의 혈당수치를 보고 둘째 아이가 숫자를 익혔을 정도다. 형과 엄마가 혈당에 대해 이야기하는 것을 듣고, 네 살 때 '탄수화물'이라는 단어를 익숙하게 사용하기도 했다. 1형당뇨인뿐 아니라 온 가족이 이렇게 혈당에 관심을 가지고 함께 고민한다면, 자가 관리할 수 있는 시기가 앞당겨질 수 있다.

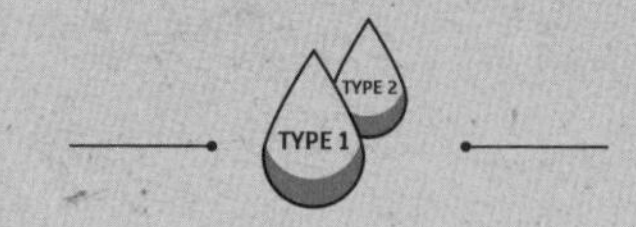

질병이나 장애는 본인의 의지나 노력과 상관없이 주어진다. 건강은 절대적인 것이 아니라 상대적인 것이다. 아이가 1형당뇨를 진단받았을 때 가장 힘들었던 것은 '완치가 불가능하다'는 것이었다. 다행히 잘 관리하면 건강하게 살 수 있다는 사실을 알고 나서야 1형당뇨를 조금씩 받아들였다. 1형당뇨를 잘 다스리고 더불어 살아가기 위한 방법을 모색해야 할 때다.

5장

1형당뇨와 더불어서 미래를 사는 법

TYPE 1 DIABETES

사람이 먼저이고, 질병은 한 부분이다

나는 살아오면서 크게 아픈 적이 없었다. 특별히 내세울 것 없는 사람이라 '건강이 재산'이라고 생각하며 살았다. 병, 환자, 의료정책을 고민할 필요도 없었다. 아프면 누군가의 도움을 받아야 하고 자기 일도 제대로 못한다고 생각했다. 게다가 가족에게 짐이 될 수도 있으니 '나는 절대 아프지 말아야겠다'라고 생각하며 살았을 뿐이다.

그런데 건강은 내가 다짐하고 노력한다고 해서 지킬 수 있는 것은 아니다. 질병은 누구에게나 갑작스럽게 찾아올 수 있다. 우리는 한 번쯤 아파본, 또는 아플 가능성이 있는 사람들이다.

흔히 "건강을 잃으면 모든 것을 잃는 것과 같다"는 말로 건강의 중요성을 강조한다. 그런데 생각을 바꿔보면 이 말은 '건강하지 않은 사람은 모든 것을 잃은 사람'이라고 여기게끔 만든다. 이러한 사회 인식 때문에 나 역시 아이가 1형당뇨라는 진단을 받았을 때 아이의 인생이 끝난 줄로만 알았다. 평생 내가 돌봐야 할 '아픈 손가락'이자 살아가면서 누군가에게 '짐'이 될 존재라고 생각했다.

하지만 1형당뇨 아이를 키우면서 그 생각이 얼마나 어리석었는지 뒤늦게 깨달았다. 우리는 혼자 살아갈 수 없다. 누군가의 도움을 받고, 도움을 주며 살고 있다. 도움과 배려를 받는 일이 짐이 되는 것도 아니다. 아프다고 누군가의 도움만 받는 존재도 아니다. 다른 누군가에게 도움을 줄 수 있고 배려해줄 수도 있다.

사람들은 진단을 받은 사실만으로도 힘든데 사회 인식 때문에 힘들 때도 많다. 특히 완치가 어려운 만성질환자들은 더욱 그렇다. 평생 해당 질환을 안고 살아가야 하는데, 사회 인식 때문에 병을 공개하지 못한다. 그러다 보니 관리하지도 못한다. 만약 완치가 되어도 '과거에 아팠던 사람'이라는 낙인 때문에 사회에 복귀하는 일도 쉽지 않다.

나는 진단 초기에 아이를 그대로 바라보지 못했다. 그저 '1형당뇨'라는 질환이 아이를 대신할 뿐이었다. 아이의 혈당에 따라 아이에게 허용해주는 범위도 달라졌다. 아이가 좋아하는 것, 아이가 원하는 것은 못 보고, 그저 혈당수치에 갇혀 살았다. 혈당 흐름이 안 좋은 날이면 한없이 가라앉았고 힘들었다. 그런데 아이는 나에게 끊임없이 알려주었다.

'나는 친구와 놀고 있을 때는 방해받고 싶지 않아.'

'나는 당뇨가 있지만 내가 좋아하는 운동은 얼마든지 할 수 있어.'

'당뇨는 나의 일부일 뿐, 전부가 아니야.'

아이는 당뇨가 있지만 결코 또래 아이들과 다르지 않았다. 아마도 아이가 1형당뇨를 진단받지 않았다면 나는 지금도 질병에 대해 잘못 인식하고 살아갔을 것이다. 그리고 질병을 바라보는 우리 사회 인식에 어떤 문제가 있는지도 몰랐을 것이다.

'질병이 있어도 건강하게 살 수 있고, 하던 일을 계속 할 수 있게끔 사회 환경을 만들어주는 것, 질병은 그 사람의 일부일 뿐 그 사람의 전체가 될 수 없다는 것, 사람이 먼저이고 질병은 일부라는 것'을 말이다.

나는 1형당뇨에 대한 사람들의 인식을 개선시키고자 커뮤니티나 SNS에 글을 써서 올린다. 아이의 일상을 공개하고 1형당뇨인으로서 힘들고 어려운 점은 무엇인지, 반대로 1형당뇨가 있지만 여느 또래 아이들과 비슷하게 생활하는 모습을 보여주며 주변 분들의 배려를 유도한다. 그들의 인식이 개선되었으면 하는 바람에서다.

평생 내가 돌봐야 할 것 같던 아이는 이제 제 앞가림은 물론, 엄마를 도와주는 든든한 아들로 성장해가고 있다. 아이가 성장하는 모습이 주변의 인식을 바꿔주고 있으니, 이 얼마나 감격스러운 일인가!

1형당뇨뿐만 아니다. 이제 우리는 질병과 환자에 대한 부정적인 인식을 바꿔야 한다. 우리는 '누구나 환자'이기 때문이다. 질병에 대한 인식 전환은 나 자신을 위한 일이기도 하다.

III 1형 당뇨, 1분 꿀팁 III

내가 아이에게 바라는 건 당뇨 합병증 없이 건강하게 자라는 것이었다. 그런데 혈당을 잘 관리하면서 아이에게 기대하는 것들이 하나둘 늘어갔다. 가끔 처음의 마음가짐을 잃은 것 같아서 '인간의 마음이 참 간사하다'라는 생각이 들기도 하지만, 한편으로는 감사한 마음이 든다. 1형당뇨를 잘 다스리고 건강하게 자라줘서, 엄마의 욕심을 꿈틀대게 만들어준 아이가 무척이나 고맙다.

TYPE 1 DIABETES

환자단체는 1형당뇨 회복의 필요충분조건이다

'환자단체'가 다소 생소한 사람들이 많을 것이다. 우리나라에서 최초의 표적 항암제인 '글리벡'이 나오면서 만성 골수성 백혈병 환자들이 모여 글리벡 연대를 만들었다. 이것이 환자단체의 시초가 되었다. 한국1형당뇨병환우회는 의료기기 수입 과정에서 문제가 발생해 이슈화되면서 결성된 단체다. 특별한 연유로 결성되었지만, '왜 진작 이런 환자단체를 만들 생각을 못 했을까?'라고 생각할 만큼 꼭 필요한 단체다.

커뮤니티에서 환자단체로 발전하기까지

1형당뇨를 관리하는 일은 어렵지만 그렇다고 해서 병원에서만 치료받을 수는 없다. 여러 번 말했듯이 퇴원하면 곧바로 환자 본인이나 보호자가 인슐린 주사를 놓고 혈당 체크를 해야 한다. 병원에서 여러 교육을 받았다고 해도 '현실'로 나오면 너무나 막막하다.

가장 힘든 점은 수시로 혈당 체크를 하고 주사를 놓아야 한다는 것이다. 진단 후로 우리 가족은 모든 것이 바뀌었다. 그런데 세상은 평소와 다름없이 '잘 돌아가고' 있는 것 같아서 조금은 서글프고 외로웠다.

나는 당시에 가장 위로가 되는 단어가 '동병상련'이었다. 우리 아이와 같은 질환인 사람들을 만나보고 싶었고, 우리 아이에게 처한 어려움을 털어놓고 도움도 받고 싶었다. 함께 공부하면서 노하우도 공유하고 싶었다. 더 나아가 1형당뇨인들이 처한 환경도 개선하고 싶었다. 그래서 나는 1형당뇨 인터넷 커뮤니티에 가입했다.

가입하고 나서 하루도 거르지 않고 커뮤니티에 접속했다. 궁금한 내용은 검색하거나 질문해서 배워갔다. 정보들이 쌓이면서 나도 다른 사람들에게 도움을 주기도 했다. 온라인상에서 대화도 하고 오프라인 모임도 만들어서 함께 피크닉을 가거나 캠핑도 했다. 아이들 운동회도 열어서 친목을 도모했다. 친목과 소통으로 부모는 조금이나마 숨통이 트였고 아이는 위안을 얻었다.

어느 날, 커뮤니티에 가입한 1형당뇨 아이가 어린이집 입소를 거부당하는 일이 생겼다. 이 사건을 계기로 **영유아보육법** 개정을 추진했다. 그런데 기존에 활동하던 커뮤니티 운영자와 뜻

> **영유아보육법**
>
> 영유아의 심신을 보호하고 건전하게 교육해서 건강한 사회 구성원으로 육성함과 아울러 보호자의 경제적·사회적 활동이 원활하게 이루어지도록 함으로써 영유아 및 가정의 복지를 증진하고자 제정되었다. 1형당뇨 영유아에 대한 우선 입학과 투약 보조에 관한 법률 개정은 영유아보육법에 해당되므로 어린이집에만 적용된다.

이 맞지 않았다. 그래서 뜻을 같이하는 사람들과 2015년 10월 27일에 새로운 커뮤니티를 만들었다. 그 커뮤니티가 바로 '슈거트리(sugartree)'다. 슈거트리 명칭은 공모해서 선정되었고, 2가지 의미를 지닌다.

- '당(sugar)을 치료(treatment)하고 완치시키겠다'는 의지를 나타낸다.
- 슈거트리(sugartree, 사탕단풍나무)는 일반적으로 메이플시럽이라는 '좋은' 당을 만들고, 캐나다 국기를 상징하는 단풍잎이다. 5개로 이루어진 단풍잎은 혈당 체크를 하는 1형당뇨인의 '손가락 5개'를 상징한다.

슈거트리 로고

그리고 슈거트리 로고도 만들었다. 위 로고는 환우회 이사인 1형당뇨 아이를 둔 아버지가 만든 로고다.

한국1형당뇨병환우회 로고

새로운 커뮤니티를 만들고 첫 성과를 이루었다. 바로 1형당뇨 아이들이 어린이집에 우선 입학할 수 있는 자격과 투약 보조에 관한 영유아보육법을 통과시킨 사례다. 이에 용기와 희망을 얻은 커뮤니티 멤버들은 더 활발하게 활동을 이어나갔다. 또한 해외에서 진행되는 연구나 의료기기 정보도 활발하게 공유했다. 더 나아가 해외 의료기기가 국내에 판매될 수 있도록 앞장섰고, 1형당뇨 인식 개선과 의료 관련법 및 정책을 바꾸는 일에도 앞장섰다.

다만 대외적으로 활동하기에는 커뮤니티로서 한계가 있었다. 슈거트리가 환자단체의 역할을 하고는 있었지만 외부에는 잘 알려지지 않아서 대외적으로 활동할 때 제약도 있었다. 그래서 2017년 7월 22일, 뜻을 같이하는 커뮤니티 회원들과 '한국1형당뇨병환우회'라는 환자단체를 설립했다.

환우회를 설립한 해인 2017년 초, 나에게 큰 사건이 있었다. 나는 아이의 혈당 관리를 위해 2015년부터 해외에서 연속혈당측정기를 들여왔고 이를 슈거트리 회원들에게 공유했다. 그랬더니 많은 분들이 연속혈당측정기를 사용하고 싶어 했다. 그래서 나는 회원들이 기기를 수입할 수 있도록 도와줬고, 의료기기와 IT 기기의 연동법 등을 공유했다.

그런데 이게 문제였다. 관세법 위반이라는 명목으로 관세청과 검찰 조사를 받아야 했다. 아이러니하게도 조사를 받는 과정에서 환자단체의 필요성을 더욱 절실히 느꼈다. 2017년 6월 말, 나는 '기소유예' 판결을 받고 그해 7월에 '한국1형당뇨병환우회'를 설립했다.

한국1형당뇨병환우회는 1형당뇨 환자와 가족, 그리고 이들을 후원하는 사람들이 함께하는 단체다. 혈당 관리를 위한 새로운 기술과 의학 정보, 기기 사용법, 혈당 관리 방법 등을 공유하고, 환우들의 올바른 당뇨 관리를 도모함으로써 건강을 증진하고 의료 소비자인 환자의 권리를 보호·신장하는 것을 목표로 한다.

환자단체의 역할은 무엇인가?

질환마다 환자단체의 존재 이유는 다를 수 있다. 그럼에도 공통점은 단 하나다. 환자들에게 환자단체는 반드시 필요하다는 점이다. 1형당뇨는 유병기간이 길어서 어느 한 시기도 관리를 소홀히 해서는 안 된다. 무엇보다 혈당 관리를 잘할 수 있는 의학적·기술적·사회적 환경 조성이 중요하다.

커뮤니티 활동을 10년간 이어오면서 수많은 1형당뇨인과 보호자들을 만났다. 처음에는 정말 열심히 활동하다가 어느 순간 자취를 감추는 분들도 많았다. 초반에 너무 열심히 하다 보면 지칠 수 있다. 때로는 주변 사람들에게 상처를 받기도 한다. 외부에 1형당뇨를 오픈하지 않고 혼자 생활하는 분들도 있다. 심지어는 직계가족 외에 친지들에게 알리지 않는 경우도 있다. 1형당뇨인이라는 게 알려질까봐 다른 1형당뇨 가족들을 만나는 것을 꺼리는 분들도 있다. 물론 혼자서도 혈당을 잘 관리하고 처한 문제들을 잘 헤쳐 나가는 분도 많다. 다만 혼자서 문제를 해결하다 보면 실수할 때도 있고, 똑같은 문제가 다시 발생할 수도 있다.

사실 우리 아이는 운이 좋아서 교육기관에서 거부를 당하거나 부당한 대우를 받은 적은 없다. 그런데 어디까지나 '운이 좋았을 뿐'이다. 언제든지 내 아이도 부당한 경험을 당할 수 있다. 때문에 나는 다른 1형당뇨인들이 겪은 부당한 일을 그냥 지나칠 수 없었다. 해당 문제를 공론화하고 추후에 다른 1형당뇨인들이 겪지 않도록 해주는 것이야말로, 우리의 역할이라고 생각했다. 설사 내가 겪지 않았다고 하더라도 1형당뇨로 인한 문제는 언제가 됐든 '나도 겪을 수 있다'고 생각해야 한다. 문제의식을 가지고 해결하고자 노력해야 한다.

1형당뇨인이 겪는 부당함은 비단 어린이집 입소 거부만이 아니다. 중학생이 된 1형당뇨 아이의 전학이 거부당하는 일도 있었고, 매년 대학수학능력시험 때마다 시험장에 의료기기를 반입하는 문제를 교육부와 논의해야 했다. 교육부와 논의가 끝났는데도 각 지역 교육청에서 의료기기 반입을 거부하는 일도 있었다. 취업 시장에서는 최종면접까지 합격하고도 1형당뇨가 알려지면서 합격이 취소되는 경우도 있었다. 언급한 사례들은 일부에 불과하다. 그들이 겪은 문제는 나도 겪을 수 있다. 그래서 우리는 더욱 힘을 모아서 어려움과 부당함을 해결해가야 한다. 더불어 1형당뇨를 바라보는 인식 개선에도 앞장서야 한다.

1형당뇨인들이 건강하게 생활하는 모습을 보여주는 것이야말로 비당뇨인의 인식을 개선시키는 확실한 방법이다. 그러기 위해서는 혈당 관리를 잘할 수 있는 환경이 마련되어야 한다. 신약이나 혁신적인 의료기기가 개발되어야 하고, 우리의 목소리가 제약 회사나 의료기기 회사에 반영되어서 더 좋은 제품이 만들어져야 한다.

또한 새로운 제품이 급여로 지원되어 경제적인 부담을 줄여야 한다. 그래야 많은 1형당뇨인들이 사용할 수 있다. 비용 지원뿐 아니라 교육도 필요하다. 교육을 통해 약의 복약 순응도를 높이고 의료기기와 서비스를 잘 활용할 수 있도록 해야 한다. 필요에 따라 법이나 제도도 바꾸어서 의료 정책에 있어서는 진정한 '환자 중심'이 될 수 있도록 환자들이 목소리를 내야 한다.

우리의 목소리를 전달하려면 단순히 '시위'를 해서는 안 된다. 환자들의 목소리를 잘 정리해서 전달할 수 있어야 하고, 연구를 바탕으로 근거를 마련해야 한다. 이는 결코 개인이 할 수 없고 단체여야 할 수 있는 일이다.

인터넷 커뮤니티는 대부분 회원 수에 따라 등급이 달라진다. 그래서 가끔 회원 수를 늘려주겠다는 브로커의 연락이 올 때가 있다. 회원 수를 많이 확보하면 상품을 공동 구매할 수 있고 상품 홍보도 가능하다. 이때 커뮤니티 운영자는 커미션을 받는다. '질환'과 관련된 커뮤니티도 예외는 아니다. 특히 우리 환우회는 당뇨 커뮤니티라서 당뇨에 좋다는 식품이나 의료기기를 판매하려는 목적으로 자주 연락이 온다.

그런데 식품이나 의료기기들은 1형당뇨인의 혈당 관리에 큰 도움을 주지 못하고 오히려 해가 되기도 한다. 1형당뇨 가족들의 절박한 마음을 이용해서 효과도 없는 제품을 파는 사람들이 주는 커미션으로 환우회가 운영된다면, 환자단체로서의 진정성을 잃은 셈이다. 환자 커뮤니티가 환자단체로 성장하지 못하고 커뮤니티로만 머물러 있는 것은 이런 행위를 하기 때문이다. 그래서 우리 커뮤니티는 회원 수를 늘리는 일이나 상품 홍보에는 관심이 없다.

가입 기준도 까다로운 편이다. 1형당뇨인과 가족, 당뇨와 관련 있는 이해관계자들만 가입할 수 있다. 2형당뇨인도 인슐린을 사용하지 않으면 가입할 수 없다. 인슐린의 사용 여부에 따라 당뇨를 관리하는 방법이 달라진다. 그래서 운동과 식이로도 당뇨가 관리되고 경구약을 복용하는 2형당뇨인은 가입이 제한된다. 커뮤니티에 가입할 때 인슐린 정보나 이해관계자의 정보를 제대로 적지 않으면 승인받을 수 없다.

당뇨 관련 업체 역시 가입 조건이 까다롭다. 업체당 2명만 가입할 수 있고, 근무하는 병원과 실명을 입력하지 않으면 의료진이라도 가입할 수 없다. 이해관계자가 볼 수 있는 글도 제한적이다. 제품 홍보 및 판매 행위도 철저히 금지된다. 사용하다가 남은 혈당 소모품을 회원 간에 판매하는 일도 금지된다.

이렇게 환우회 활동과 관련 있는 사항은 이사진, 운영위원(정회원)과 논의하고, 필요시에는 설문조사 등을 해서 환우회원의 의견을 반영한다. 환우들의 의견이 모아지면 의견서를 만든다. 정부 부처에 전달하거나 정부 부처 위원회, 협의체, 각종 토론회, 콘퍼런스에도 참여한다.

그러므로 우리 환우회는 누가 대표가 되더라도 환자단체의 역할을 충실히 이행할 것이다. 잘못된 정보로부터 회원들을 보호하고, 환우회의 진정성을 잃지 않기 위해 자정 노력을 이어가고 있다.

평범한 워킹맘이 환자단체의 대표가 되기까지

우리 아버지는 내가 중학교 3학년 때 돌아가셨다. 이후 어머니는 홀로 식당일을 하시며 우리 세 자매를 키우셨다. 그래서 나는 고등학교 때부터 대학원을 졸업할 때까지, 장학금을 받지 않으면 학교를 다닐 수 없을 만큼 경제적으로 어려웠다. 과외나 식당 아르바이트를 병행하면서 내 용돈까지 벌어야 했다. 그래서 대학교에 다닐 때도 흔한 미팅 한 번 못했고 MT도 거의 못 갔다. 열심히 아르바이트를 한 덕분에 대학원을 졸업할 시점에 500만 원가량의 돈도 모았다.

'어서 이 가난에서 벗어나고 싶다'라는 마음 때문인지 남들보다 열심히 살았다. 취직을 하고 나서는 더 악착같이 돈을 모았다. 남편은 결혼 직후에 박사과정을 시작해서 조금 늦은 나이에 취직을 했다. 그런데 남편이 취직을 하고 7개월 만에 아이가 1형당뇨를 진단받았다. 평범하게 맞벌이하면서 돈을 모으고, 중산층의 생활을 누릴 수 있을 거라는 나의 기대는 한순간에 무너졌다.

나는 더 열심히 돈을 모아야 한다고 생각했다. 아이에게 좋은 약이나 의료기기가 나왔을 때, 또는 완치 가능한 치료법이 나왔을 때 수술(시술)을 해주려면 돈이 필요하다고 생각했기 때문이다. 그랬기에 커뮤니티 활동도 열심히 하고 환자단체까지 설립하는 등 열정을 쏟아부었지만 환자단체 대표를 계속할 생각은 없었다.

관세청과 검찰 조사를 받기 직전에 나는 다니던 직장을 그만뒀다. 아이가 초등학교에 입학하고 많이 힘들어해서 내린 결정이었다. 직장 어린이집에서 선생님들의 관심과 사랑을 받으며 생활했던 아이는 초등학교에 입학하고는 학교에서 혈당 관리를 혼자 해야 했다.

아이는 직장 어린이집을 다녔던 터라 집 근처 초등학교에는 아는 친구도 없었다. 학교를 마치고 나면 시간도 많아서 나는 아이에게 전화로 이것저것을 요구하며 다그치기도 했다. 퇴근하면 아이를 먼저 보는 것이 아니라 하루 혈당이 어땠는지, 숙제는 했는지, 준비물은 챙겼는지 등을 확인할 뿐이었다. 아이는 점점 엄마를 무서워했다.

어느 날 친동생이 나와 아이가 대화하는 모습을 보았다. 그러더니 이렇게 말했다.

"언니, 소명이를 너무 큰 아이 취급하는 것 같아. 이대로 가다가는 소명이가 엄마를 싫어할 것 같아."

초등학교 1학년 담임 선생님께서도 "소명이가 엄마를 무서워하는 것 같아요"라는 말을 하셨다. 결국 나는 아이를 위해 휴직을 선택했다. 아이가 1학년 2학기일 때, 딱 6개월만 휴직할 생각이었다(사실 아이 둘을 낳고도 출산휴가 3개월만 쓰고 육아휴직은 쓰지도 않았다. 그랬던 내가 6개월이나 휴직하겠다는 선택은 대단한 결심이었다). 아이의 초등학교 생활이 어느 정도 자리를 잡으면 다시 복직할 생각이었다.

그러던 중에 의료기기를 통관 없이 국내에 들여온 혐의로 2017년 3월에 관세청과 검찰 조사를 받았다. 같은 해 12월에는 의료기기를 허가 없이 판매·제조했다는 혐의로 식약처와 검찰 조사를 받았다. 관세법 위반으로 조사를 받았을 때만 해도 '1형당뇨인을 도우려는 행위로써 이익을 취하려는 의도가 없다'라는 사실을 인정받아 불기소 처분을 받았었다.

그런데 의료기기법 위반으로 조사를 받았을 때는 이상한 소문이 돌았다. '1형당뇨인을 도와준 행위가 나중에 이와 관련된 사업을 하기 위해서'라는 소문이었다. 급기야 나와 관련된 기사에도 그런 내용이 댓글로 올라왔다. 엎친 데 덮친 격으로 식약처에서는 내가 장사 목적으로 이익을 취하려 했으니 강력하게 처발해달라는 탄원서를 받았다고 했다.

나는 관련 자료로 그 내용이 거짓임을 소명했다. 많은 환우회원과 의료진, 유관 기관의 장께서 탄원서를 써주신 덕분에 불기소 처분을 받을 수 있었다. 어린아이들은 고사리 손으로 탄원서를 썼고 환우회원 중에 한 분은 주변 사람들에게 나의 억울한 상황을 알리고 탄원서 80여 장을 받아주기도 하셨다. 매번 조사를 받을 때마다 몇백 장의 탄원서가 접수되었다. 관세청, 식약처, 검찰 등에서도 "탄원서만 책 한 권이다"라고 이야기할 만큼 많은 분들이 뜻을 모아주셨다.

1년 6개월이라는 시간 동안 관세청, 식약처, 검찰 조사를 7차례나 받았다. 조사를 받기 전에는 소명 자료를 준비하느라 밤늦게까지 못 잤고, 잠이 들면 악몽에 시달렸다. 몸도 마음도 많이 지쳐갔다. 그때 나는 '이제 평범하게 살고 싶다'라는 생각이 들었다. 그 사이에 이전에 다녔던 직장에서 재입사 논의도 이루어졌고, 몇몇 회사에서 스카우트 제의도 받았다.

힘겹게 조사를 받는 과정에서 긍정적인 변화들도 있었다. 관세법, 의료기기법 관련 조사를 받으면서 많은 기사들이 작성되었고, 이를 통해 일반 대중에게 1형당뇨인이 처한 어려움을 알릴 수 있었다.

한국의료기기안전정보원/한국희귀필수의약품센터

환자들이 필요로 하는 약은 한국희귀필수의약품센터를 통해서 공급되었다. 그런데 의료기기나 소모품은 국가 주도로 공급되지 않았다. 1형당뇨인들이 해외에서 수입한 의료기기 때문에 고발당하고, 이 사건이 이슈가 되면서 한국의료기기안전정보원을 통해 의료기기와 소모품도 국가 주도로 공급되기 시작했다.

또한 사건을 계기로 국내에 허가되지 않은 해외 의료기기를 개인이 수입해서 사용할 수 있는 절차가 마련되었다. 구하기 힘든 의료기기라면 국가 주도로 공급해주는 **한국의료기기안전정보원**도 만들어졌다. 국내에서 구할 수 없는 약은 **한국희귀필수의약품센터**에서 구해주기도 했지만 의료기기는 해당 기관이 없었다. 그런데 식약처 고발사건을 계기로 의료기기도 해당 절차가 마련되었다.

관세법 위반 혐의가 불기소 처분을 받고 나서 나는 해외 의료기기 업체에 메일을 보냈다. 내가 고발당한 내용을 상세히 전달하고, 한국의 1형당뇨인들을 위해 우리가 해외에서 수입해서 사용하던 의료기기를 한국에도 출시해달라고 요청했다.

사실 몇 년 전부터 '한국 판매를 고려해달라'고 메일을 보냈었지만 그때마다 답장은 없었다. 아니면 '다음 번 해외 시장 진출시에 고려해보겠다'라는 정도의 답장이었다. 그런데 내가 고발당한 이야기를 듣고는 '한국의 당뇨 시장을 평가할 수 있는 자료를 보내주면 고려해보겠다'라는 답장이 왔다. 처음으로 받은 긍정적인 답변이었다. 우리는 환우회에서 TF를 구성해 한국 당뇨 시장을 분석한 영문자료를 만들고 메일을 보냈다. 다음은 우리가 받은 메일 답장이다.

2018-11-07 (수) 06:39에 이 메일을 전달했습니다.

FW: Please, consider this email seriously and reply to me.(From Korea) 2017-08-02 (수) 08:24

보낸사람 VIP Paul Flynn<>

받는사람 Miyeong Kim<>

Dear Miyeong Kim,

My name is Paul Flynn, Vice President of International Development for Dexcom. I believe we had some e-mail communication about one year ago. (July 18th, 2016).
Thank you for sending the enclosed note regarding your son and also the events that happened to you and your family over the last few months.
We are currently assessing various markets and South Korea is part of our assessment. If you want to send me an e-mail in a few months I can hopefully give you an update as to the progress of our assessment.
Thank you once again for reaching out.
Sincerely,
Paul Flynn

의료기기 업체 부사장이 보낸 회신

김미영에게
저는 덱스콤(Dexcom)의 국제개발 부서의 부사장인 폴 플린(Paul Flynn)입니다. 저는 우리가 약 1년 전에 이메일로 연락을 했었다고 기억합니다(2016년 7월 18일). 지난 몇 달간 당신의 아들, 당신과 그 가족들에게 일어난 사건을 잘 정리해 보내주셔서 감사합니다.
저희는 현재 다양한 시장을 평가하고 있고 한국도 평가 대상입니다. 당신이 저희의 평가 진행 상황을 알고 싶다면 몇 개월에 한 번씩 제게 이메일을 보내주시길 바랍니다. 가능한 한 당신에게 관련 내용을 알려드리겠습니다.
문의해주셔서 다시 한 번 감사합니다.

폴 플린

긍정적인 회신을 받고 한 달 뒤였다. 실제로 해외 의료기기 업체의 부사장은 한국을 방문했고, 나는 환우회원들과 준비한 자료를 발표했다.

> **요양비(현금 급여)**
>
> 국민건강보험의 가입자 및 피부양자(배우자 및 직계존·비속 등)가 긴급하거나 그 밖의 부득이한 사유로 요양기관과 비슷한 기능을 하는 기관에서 질병·부상·출산 등에 대해 요양을 받거나 요양기관이 아닌 장소에서 질병을 관리하는 경우, 그 요양급여에 상당하는 금액을 국민건강보험공단으로부터 요양비로 지급받을 수 있다.

이후 100통이 넘는 이메일을 주고받으며 연속혈당측정기가 한국에 출시될 수 있도록 도왔다. 그사이에 다른 해외 연속혈당측정기가 한국에 출시될 수 있도록 도왔다. 마침내 2019년 1월 1일자로 해외에서 수입해서 사용했던 연속혈당측정기 전극(센서)이 **요양비(현금 급여)**로 지원되었다. 1년 뒤에는 트랜스미터와 인슐린펌프가 급여로 지원되었다.

변화의 과정에는 환우회 회원들의 노력이 빛을 발했다. 회원들의 의견을 모아서 자료를 만들고, 해외 사례나 동향을 정리해서 국민건강보험공단에 제출했다. 게다가 정부 부처 간담회에도 참석했다. 나는 이 갑작스러운 변화들에 대처하는 데 정신이 없었다. '이번 일만 잘 마무리되면 대표직을 그만둬야겠다'라는 생각이 들었다.

실제 환우회를 통해 대외 활동을 하면서 변화가 일어났다. 이 변화들이 환우회 대표직을 그만두지 못하게 했다. 무엇보다 환우회 대표직을 맡을 사람들이 없었고, 환우회원들도 더 맡아주기를 바랐다. 커뮤니티가 만들어지고 3년간은 사비로 환우회 활동을 이어갔다. 이후에는 환우회원들의 회비로 활동비가 지원되었지만, 내가 직장을 다니면서 얻는 수입에 비하면 적은 돈이었다.

남편은 밤낮으로 환우회 일을 하는 나를 못마땅하게 여겼다. 환우회 일을 하면서 아이들과 가정을 돌보지 못하는 상황도 있었지만, 환우회의 필요성을 누구보다도 잘 알고 있었기에 쉽게 그만둘 수 없었다.

다행히도 아이뿐 아니라 환우회원들의 혈당 관리가 개선되고 삶의 질이 향상되었다. '예전보다 더 건강하게 자라는 1형당뇨 아이들' '사회 곳곳에서 제 역할을 잘 해내는 1형당뇨 성인들'이라는 긍정적인 변화가 일어났다.

나는 1형당뇨인들의 가정이 회복되는 모습을 보면서 환우회가 하는 활동은 돈으로 환산할 수 없는 가치 있는 일이라고 생각했다. 그리고 환우회원 분들이 자발적으로 역할 분담도 해주었다.

한 분은 교회 기도제목을 써낼 때 나(필자)를 위한 기도를 빠트리지 않으셨다. 심지어는 가족을 위한 기도보다 나(필자)를 위한 기도가 먼저라고 했다. 그래서 그 교회에서 "도대체 '김미영'이 누굽니까?"라고 물어볼 정도였다고 한다.

평범한 40대 아줌마. 내가 환우회 대표가 아니었다면 어떻게 이런 가치 있는 일을 할 수 있었을까? 게다가 어디서 이렇게 귀한 대접을 받을 수 있었을까? 이렇게 나를 아껴주고 세워주며 함께해주는 환우회원들 덕분에 힘들어도 환우회 대표직을 감당할 수 있었다.

나의 바람은 환우회의 대표를 1형당뇨 당사자가 맡아서 활동해주는 것이다. '언제'가 될지는 모른다. 새로운 대표가 나타난다면 그때도 나는 묵묵히 지원하고 도울 것이다.

의료기기 사용 관련 고발 및 급여화 과정

2017년 3월: 관세법 위반 고발(관세청)

2017년 7월: 한국1형당뇨병환우회 설립

2017년 8월: 연속혈당측정기 업체 본사(미국)와 한국 판매에 대한 질의와 답변을 주고받기 시작함

2017년 11월: 청와대 국무조정실 당뇨 어린이 보호대책 발표

2017년 12월: 의료기기법 위반 고발(식약처)

2018년 2월: 메드트로닉(medtronic) 가디언커넥트(guardian connect) 연속혈당측정기 국내 판매

2018년 3월: 식약처 앞 기자회견. 의료기기법으로 강도 높은 수사를 벌인 식약처 규탄

2018년 4월: 보건복지부·국민건강보험공단 간담회. 기존 당뇨 소모성 재료 지원품목 범위 확대(인슐린펌프 소모품)

2018년 4월: 식약처 의료기기법 개정. 국내에 대체치료 수단이 없는 의료기기에 한해 요건 면제 수입 확인서를 발급받아 해외 구매 가능, 긴급·희소 의료기기에 대해 국가가 직접 공급

2018년 5월: 국민건강보험공단 간담회. 1형당뇨인 대상 연속혈당측정기 전국 급여 적용 논의

2018년 5월: 국무조정실·정부 부처·환자단체 당뇨 어린이 보호대책 점검 회의

2018년 6월: 관세법 위반 혐의는 인정되나 수익을 목적으로 한 수입·사용 활동이 아니었다는 내용으로 기소유예

2018년 7월: 의료기기 규제 혁신 현장에 대통령 초대로 참석

2018년 7월: 덱스콤 G5 연속혈당측정기 국내 허가

2018년 8월: 자동주입기용(인슐린펌프) 주사기, 주삿바늘이 기존 당뇨병 소모성 재료 요양비 항목에 추가되어 시행

2018년 8월: 국민건강보험공단 간담회. 연속혈당측정기 전국 기준금액, 급여 비율, 시행일 등 논의

2018년 11월: 덱스콤 G5 연속혈당측정기 국내 판매

2019년 1월: 연속혈당측정기 전국 건강보험 적용

2019년 2월: 한국환자단체연합회 정회원 환자단체로 승인

2019년 6월: 국민건강보험공단 간담회. 인슐린펌프 기기, 연속혈당측정기 트랜스미터 급여 적용 및 혈당측정정보DB 구축 논의

2019년 6월: 국무조정실&환우회 간담회(당뇨 어린이 보호대책 점검 회의)

2019년 9월: 국무조정실&환우회 간담회(당뇨 어린이 보호대책 점검 회의)

2020년 1월: 인슐린펌프 기기, 연속혈당측정기 트랜스미터 건강보험 적용

2020년 4월: 덱스콤 G6, Libre1 급여화를 위한 설문조사 실시 후 의견서를 정리해 국민건강보험공단, 보건복지부에 전달

2020년 11월: 덱스콤 G6, Libre1 전국 건강보험 적용(요양비)

2021년 6월: 인슐린펌프 경고음에 대한 환우회 의견을 식약처에서 반영

2021년 8월: 당뇨 관련 의료기기와 소모품에 대한 요양비 지원 비율확대를 요청하는 의견서를 보건복지부에 전달

2021년 12월: 1형당뇨 의료기기 사용에 대한 교육을 지원하는 행위수

가 신설 요청

2022년 1월: 1형당뇨 의료기기, 의료비 지원 확대를 위해 국민건강보험공단에 중증난치질환 등록 및 산정특례 검토 요청

환자단체 대표로서 필요한 것들

한국1형당뇨병환우회는 환자단체연합회 소속 환자단체다. 우리나라 환자 중심의 보건의료 환경을 조성하기 위해 질병, 이념, 국경을 넘어선 환자복지, 권리운동을 전개하고 있다.

환자단체연합회와의 연대를 통해 1형당뇨뿐 아니라 우리나라 보건의료 환경도 함께 고민하며 바꿔가고 있다. 그곳에서 만난 다른 질환의 환우회 대표들은 특정한 보수 없이 일하거나 보수를 받더라도 그 이상을 뛰어넘는 많은 일들을 감당한다.

환자단체 대표들은 누구보다 보건의료 환경의 흐름에 민감하게 대응하고 공부하는 사람들이다. 오히려 한 분야만 보는 전문가들보다 폭넓은 지식과 시야를 가졌다고 장담할 수 있다. 무엇보다 환자단체 대표는 환자들이 현장에서 전하는 목소리를 대신 전달해주는 고유의 역할을 한다. 결코 평범하지도 쉽지도 않은 삶이지만 '누군가는 해야 할 일'이라는 사명감으로 열심히 일한다. 환자를 생각하는 긍휼한 마음, 진정성, 추진력과 지구력을 갖춘 보건의료 전문가다.

질환마다 조금씩 다르지만 나는 환자단체 대표로서 다음의 일들을 수행한다.

- 환우회 커뮤니티에서 환우들이 질문하는 각종 문의사항을 확인하고 답변한다. 나는 환우회 커뮤니티가 처음 만들어진 5년 전부터 지금까지, 2,051개의 글과 2만 408개의 댓글을 썼다.
- 국내 의료 관련 정책이나 보도자료를 확인하고 기사를 검색해서 관련 내용을 정리한다. 정리한 내용을 환우회원들에게 공유하고 이사진과 논의해 환우회의 입장을 정리한다.
- 1형당뇨와 관련된 의료 정책에 대해 환우회원들을 대상으로 설문조사를 진행하고 통계화한다. 환우회 의견서, 공문서 등을 정부 부처나 이해관계자들에게 전달한다.
- 해외에서 진행되고 있는 연구, 신약, 의료기기 개발 등을 확인하고 정리해서 환우회원들에게 공유한다.
- DIY 프로젝트의 새로운 기능을 먼저 공부하고 환우회원들에게 공유한다. 필요에 따라 해외 나이트스카우트 멤버들과 논의한다. 새로운 의료기기나 IT 기기들을 먼저 구매해서 사용한 다음, 연동 방법 등을 공유하고 주의할 점도 공지한다. 환우회원들과 함께 관련 서비스를 한글로 번역하는 작업을 한다. 앱이 버전업 될 때마다 환우회원들이 어려워하는 부분을 온·오프라인에서 돕는다.
- 정부 부처의 협의체, 위원회, 의료 관련 단체와 학회, 토론회, 언론사 인터뷰 등에 참여해 환자들의 목소리를 대변한다. 주제에 따라 환자단체연합회에서 논의하기도 한다.
- 환우회원 대상 심층면접(FGI; focus group interview) 또는 외부 설문조사나 연구 등에

참여할 수 있도록 주최 단체를 지원하고 환우들에게 참여를 독려한다.

- 환우회에서 진행되는 캠페인이나 여러 행사를 기획하고 의사결정에 참여한다. 최근에는 환우회원 대상으로 온라인 간담회나 세미나도 진행 중이다.
- 1형당뇨, 환자 주도의 질병 관리, 디지털 헬스케어, 의료 데이터, **리빙랩** 등과 관련해서 외부 강의를 한다.

리빙랩

최종 사용자를 혁신의 주체로 참여시켜 그들의 니즈를 반영하고 능력을 활용해 다양한 이해관계자와 연대하고 협력하는 사회운동이다. 기술 또는 사회의 혁신을 목표로 고안된 현장 중심적 문제해결방법론이다. 지역사회나 공공 서비스 또는 디지털 기술로의 혁신 등 다양한 성과를 내고 있다.

- 해외 1형당뇨 관련 단체와 교류하고 정보를 공유해 국제적인 협력을 추진한다.

||| 1형 당뇨, 1분 꿀팁 |||

한국1형당뇨병환우회는 현재 비영리 임의단체다. 2020년 초부터 비영리 법인으로 인가받기 위해 준비하고 있다. 아쉽게도 코로나19로 오프라인 창립총회를 열지 못해서 1년간 진행하지 못했다. 2021년 상반기에 온라인으로 창립총회를 열고 서류상 준비도 마쳤으나 보건복지부에서 신규 법인 인가를 고려하지 않는다고 반려한 상태다. 그간은 환우회의 내실을 다졌다면, 앞으로는 비영리 법인을 통해 체계적인 환자단체의 면모를 갖추고 1형당뇨인들을 위한 여러 가지 공익활동을 해나갈 수 있기를 기대한다.

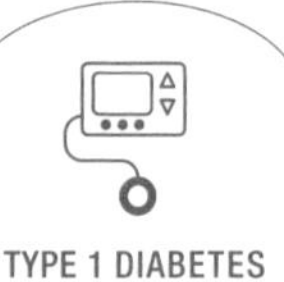

TYPE 1 DIABETES

환자가 중심이 되어야 한다

최근 몇 년간 1형당뇨인들의 혈당 관리 환경을 보면 무척이나 많이 변했다. 불과 4~5년 전만 해도 외국의 혈당 관리 환경을 부러워했는데, 이제 우리나라의 사례가 해외에서 혁신사례로 소개되고 있다. 이렇게 변화한 이유는 무엇일까?

먼저 국가가 1형당뇨인들의 목소리를 외면하지 않았다. 관세청, 식약처에 고발당해 조사를 받았지만 잘 해결되었고, 대통령은 의료기기 규제 혁신의 현장에 나와 아이를 초대했다. 그러고는 앞으로 억울한 일을 겪지 않도록 제도를 마련하고 규제를 혁신하라고 지시했다. 이후 국가는 법과 제도를 개선했다.

의료진과 학회에서도 1형당뇨인이 사용하는 의료기기에 대해서 정부 부처에 긍정적인 의견을 주었다. 또한 1형당뇨 학생들이 학교생활을 잘할 수 있도록 가이드라인을 제작해서 배포했다. 1형당뇨인들의 **나이트스카우트 프로젝트**에도 관심을 갖는 의료진들이 늘어났고 연구도 진행되었다.

의료기기 업체는 환자들이 처한 어려움을 외면하지 않았다. 한국 판매를 결정했고 환자들의 의견을 듣고자 노력했다. 무엇보다 가장 큰 변화는 '우리들의 변화'였다.

> **나이트스카우트 프로젝트**
>
> 무료 오픈소스 프로젝트이자 사회운동이다. 연속혈당측정기 데이터를 클라우드에 저장하고 사용자와 보호자가 실시간으로 혈당을 볼 수 있게 하려고 시작되었다. 이후 스마트폰, 스마트워치, PC 등의 하드웨어와 다양한 의료기기를 통해 1형당뇨인들의 건강 데이터를 수집·활용해서 다양한 앱과 소스코드를 개발하고 있다.

어렵게 혈당을 관리하던 시절, 우리는 소극적이었다. 아이의 혈당에 매여 있으니 하루하루가 너무 힘들었고 세상과 소통할 기회도 없었다. 병을 밝히면 불이익을 당할까봐 전전긍긍했고, 외부에 도움을 요청해도 외면당했다. 그래서 숨죽여 지냈다.

다행히 지금은 혈당 관리가 쉬워지면서 세상과 소통하는 상황으로 변모했다. 물론 '고발'이라는 극단적인 상황이 세상과 소통하는 결정적인 계기였던 것도 사실이다. 우리를 알리면서 우리가 필요로 하는 것들이 하나씩 생겼고, 정책을 결정할 때도 적극적으로 참여해서 목소리를 냈다.

'동병상련'이라는 강력한 끈은 자신의 지식이나 경험을 아낌없이 공유하는 문화도 만들었다. 1형당뇨를 잘못 이해한 기사를 발견하면 환우회원들은 기사에 댓글을 달거나 기자에게 수정을 요청했다. 실제로 대부분의 기사가 수정되었다. 혁신적인 의료기기를 사용해서 혈당 관리 노하우가 쌓이면, 자발적으로 다른 1형당뇨인과 공유했다. 이렇게 돕고자 하는 선한 마음들이 모여서 지금의 환우회에 이르렀다.

나는 새로 진단받은 1형당뇨인과 그 가족들이 과거의 우리 과정을 아는 것이 중요하다고 생각한다. 가끔 새로 진단받은 분들 중에 현재의 상황을 불평하는 분도 있다. 그들이 변화의 과정을 안다면 현재의 상황을 불평만 하지 않고 감사하게 느끼지 않을까? 환우회 구성원이 되어서 이러한 변화에 함께할 의지가 생길 것이라 생각하기 때문이다.

의료계의 최근 트렌드는 '환자 중심'이다

환자 중심 의료란 무엇일까? 개별 환자의 선호도, 요구 사항 및 가치를 존중하고 이에 맞는 치료를 제공하며, 모든 임상적 의사결정에 환자의 가치가 보장되도록 하는 것을 말한다. 즉 환자의 요구와 경험 등이 의사결정과 결과 측정 방법을 주도하는 것이다.

환자 중심 의료의 정의를 보면, 우리나라에서 환자 중심 의료는 아직까지 멀게만 느껴진다. 그 원인을 3가지로 요약할 수 있다.

첫째, 의료진은 환자가 의사결정에 참여하는 것에 익숙하지 않다. 혈당을 관리하는 1형당뇨인들은 인슐린이나 의료기기를 다루면서 여러 경험을 한다. 그런데 이 경험들은 외래 진료 때나 사용하는 인슐린, 의료기기 등을 변경하고자 할 때 무시되는 경우가 있다.

최근에는 조금 나아졌지만 과거에는 인슐린을 변경해달라는 환자의 요구에 '의사의 권위에 도전한다'며 화를 내는 의료진도 있었다. 외래진료 시간도 짧고, 환자의 처지를 파악하기 힘든 의료체계의 문제 때문이기도 하겠지만 근본적인 원인은 '환자는 치료를 받는 수동적인 존재이고

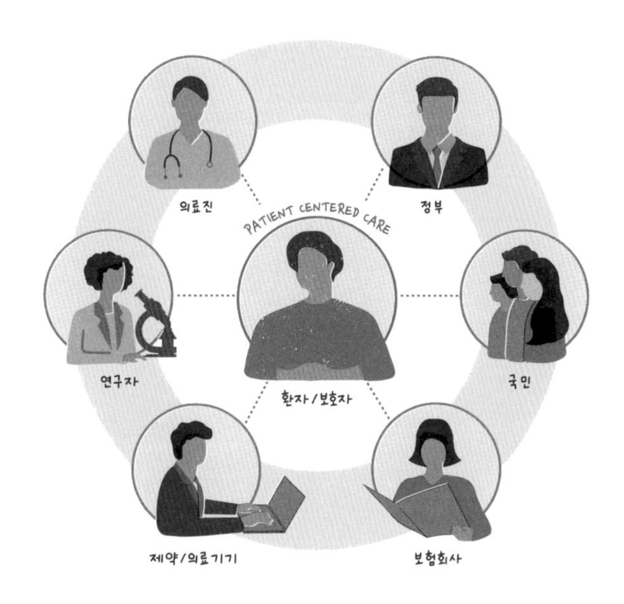

환자 중심 의료

비전문가'라는 인식 때문이라 생각한다.

둘째, 의료 정책을 만들 때도 환자의 의견보다는 의료진과 보건의료 전문가의 의견이 더 반영된다. 이 또한 과거보다는 많이 나아졌다. 하지만 '환자 중심'이라는 키워드를 앞에 두고도 환자의 경험과 의견은 뒷전일 때가 많다.

환우회는 2020년 초에 '환자 중심 의료기술 최적화 연구사업'에 1형당뇨인의 데이터를 활용한 연구주제 제안서를 제출했다. 우여곡절 끝에 연구과제로 선정되기는 했는데 선정 과정에서 문제가 있었다. 사업단은 환우회가 제안한 연구주제도 정확히 이해하지 못했고, 환우회가 수집한 혈당 관련 데이터셋에 대해서도 문의하지 않았다. 결국 외부에 공유된 연구

제안요청서(RFP; request for proposal)는 환우회가 최초 제출했던 연구주제 제안서와 달랐다.

또한 사업단은 선정된 연구팀에 "환자 주도로 모아진 데이터는 허가받지 않은 알고리즘을 통해 수집된 데이터이기 때문에 활용할 수 없다"는 가이드라인을 전달해, 연구팀이 연구방향을 잡지 못하는 해프닝까지 있었다. 이에 대해 환우회는 보도자료와 기사로 항의했지만 사업단 담당자는 문제를 이슈화한 것에 대해서 오히려 항의했다. 그 이후 사업단은 어떤 해명도 하지 않고 무대응으로 일관했다.

우리와 비슷한 1형당뇨 데이터 플랫폼은 해외에서 연구가 활발하고, 미국에서는 FDA 사전인증프로그램(pre-cert pilot program)에 선정되어 FDA 승인을 받기 위한 절차를 진행 중이다.

의료 분야가 보수적으로 접근해야 하는 분야라는 사실은 이해한다. 그러나 최소한 '환자 중심'의 의료를 실현하고자 한다면 환자들의 트렌드나 사용성을 충분히 고려해서 연구 방향을 결정하고 규제와 정책을 마련해야 하지 않을까?

셋째, 제약 회사나 의료기기 회사에서도 환자 중심을 외치고 있지만 실제는 환자 중심과 거리가 멀다. 오히려 환자를 비하하거나 무시하는 경우도 있다. 국내 의료기기 회사의 한 오너는 1형당뇨인들과 보호자를 폄하하는 발언을 해서 기사화되기도 했다. 그는 "1형 당뇨병 환자는 세월호에 타고도 남을 만큼 유병인구가 적고, 그냥 세월호를 폭파시키면 문제가 없어진다" "1형당뇨 아이들의 부모들은 아들딸들이 당뇨여서 정신이 없고 정신병자들이다"라는 입에 담기도 힘든 발언을 했다.

환우회는 해당 업체 회장에게 공개사과를 요구했다. 그는 언론을 통해 "환우회원들과 직접 만나서 사과하겠다"라고 했지만 3년이 지난 지금까지 사과는 없었다. 수십 년간 해당 의료기기를 독점하고도 환자들의 의견이나 고객 서비스는 뒷전이다. 이에 환우회는 비난 성명을 냈지만 업체는 소통은커녕 적반하장 격으로 나를 고소했다.

또한 비교적 최근에 출시된 인슐린 중에서 1형당뇨인들이 일상에서 사용했을 때는 약효가 고르지 않다는 문제도 있다. 제약 회사에서는 상온 보관이 가능하다고 했지만, 실제 상온 보관할 경우에는 혈당이 떨어지지 않는 경험을 한 1형당뇨인들이 많다.

물론 고른 약효를 보이는 1형당뇨인들도 있다. 그렇지만 이미 허가를 받아서 1형당뇨인들이 사용하고 있다 해도 약효가 불규칙하다고 보고된다면 실제 환경에서 다시 연구해서 제품을 개선해야 한다.

의료기기 회사도 다르지 않다. 의료기기의 안정성을 보장한다는 명목으로 많은 부분을 의료기기 회사에서 제어한다. 예를 들어 배터리 용량이 충분히 남아 있는 연속혈당측정기의 트랜스미터를 소프트웨어로 기간을 체크해서 더 사용할 수 없게 한다. 이는 환자의 비용 부담을 늘리고 자원을 낭비하는 일이다.

의료기기 회사에서 만든 소프트웨어도 환자 중심이 아닌 회사 중심이다. 의료기기와 연동되는 스마트폰 기종이 제한적이라, 이미 스마트폰을 보유하고 있더라도 연동되는 스마트폰이 아니라면 스마트폰을 바꿔야 한다. 그리고 제공하는 기능들도 환자들이 직접 만들어서 사용하는 앱의 기능에 비하면 매우 단순하다.

국내 의료기기 회사들과도 **FGI(focus group interview, 집단심층면접)** 등을 진행하다 보면 비환자 중심의 개발을 하는 경우가 많다. 사용자의 의료기기 사용 패턴과 사용 빈도 등이 고려되지 않아서 자주 사용하는 기능에 접근하려면 여러 단계를 거쳐 진입해야 하거나, 환자들이 어떤 기능을 필요로 하는지 사전조사도 안 된 경우가 있다.

> **FGI(focus group interview, 집단심층면접)**
>
> 사회자의 진행에 따라 응답자들은 정해진 주제에 대해 이야기를 나누고, 주최자는 이 과정에서 정보나 아이디어를 수집한다. 응답자들 간의 상호작용을 통해 정보와 아이디어가 도출된다. 따라서 면접자는 응답자들이 자유로운 분위기에서 의견을 말할 수 있도록 해야 한다.

한 번은 의료기기 업체 담당자가 이렇게 물었다. "업체에서 만든 소프트웨어 그래픽 화면이 DIY 프로젝트에서 만든 그래픽 화면보다 세련되었네요. 그런데 왜 DIY 프로젝트에서 만든 앱은 바탕화면이 검은색인가요?"

의료기기 회사에서는 높은 사양의 스마트폰만 연동하니까 그래픽을 화려하게 해도 문제가 없다. 그런데 환자들이 만든 DIY 프로젝트는 낮은 사양의 스마트폰(낮은 사양의 스마트폰을 선호하는 태도는 비용 문제 때문만은 아니다. 아이들은 높은 사양이나 화면이 큰 스마트폰보다는 낮은 사양이나 화면이 작은 스마트폰을 선호하기 때문이다)까지 연동 가능하게 하려면 배터리 소모를 적게 하기 위한 고민을 한다. 그런 고민의 결과, 검은색 바탕화면으로 만든 것이다(흰색 바탕화면보다 검은색 바탕화면이 배터리를 더 적게 사용한다).

1,600mAh의 배터리 사이즈를 가진 워치형 안드로이드폰에서도 혈당 수신 앱을 구동시키기 위해서는 배터리 소모를 적게 설계하는 것이 중요하다. 그래서 검은색 바탕화면의 앱들이 만들어졌다.

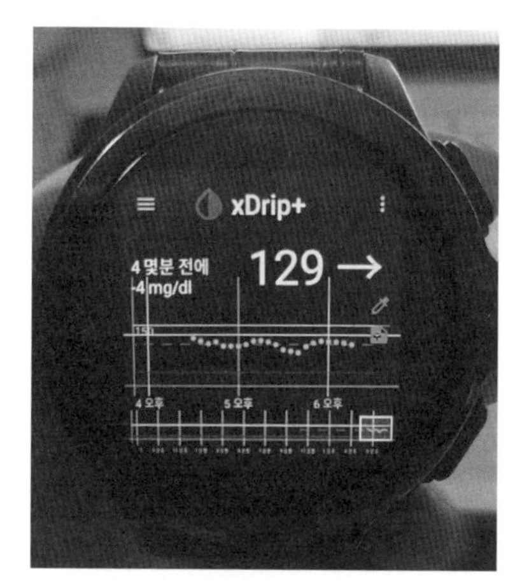

워치형 안드로이드폰

연속혈당측정기 중에 보정이 아예 안 되거나 보정이 필요 없는 제품들이 있다. 그런데 이런 제품들은 사용했을 때 보정이 필요한 경우가 있다. 보정이 안 되는 제품의 경우, 실제 혈당과 센서 혈당의 차이가 크면 부착하는 내내 혈당 체크를 더 해야 하거나 비싼 센서를 떼야 한다. 또 다른 제품은 보정은 가능하지만 센서 혈당과 실제 혈당 체크 결과와 차이가 큰 경우 보정을 하면 일정 시간은 혈당이 보이지 않고 재보정도 못 한다.

보정을 하지 않아도 정확하다는 장점을 내세우고 있지만 1형당뇨인들은 번거롭게 보정을 하더라도 실제 혈당에 근접한 연속혈당수치를 알고 싶어서 연속혈당측정기를 사용한다. 정확도는 둘째치더라도 사용자가 보정을 할 수 있는 기능은 열어줘야 한다고 생각한다.

매일 약제를 투약하고 의료기기와 **웨어러블**을 사용하는 환자들의 경험이야말로 제약 회사나 의료기기 회사의 제품개발에 반영되어야 한다고 생각한다. 그럼에도 지금까지는 업체의 편의대로 기기와 소프트웨어를 만들었고,

웨어러블

'착용할 수 있는' IT 기기나 의료기기, 옷 등을 의미한다. 1형당뇨인들이 사용하는 웨어러블은 의료기기만이 아니라 의료기기와 연동되는 스마트워치 등도 해당한다.

환자가 그에 맞춰서 사용했다.

환자 자신이 의료의 중심이라고 인식해야 한다. '나는 치료를 받는 수동적인 존재이고, 내 질병을 치료하고 관리하려면 전문가에게 의존해야 한다'라고 생각하는가? 그렇다면 환자 주도로 관리해야 하는 만성질환자의 경우, 관리에 실패할 수밖에 없다.

1형당뇨 질환에 대해 환자와 보호자가 주치의가 될 정도로 많이 공부해야 하고 자신만의 데이터도 만들어야 한다. 만약 혈당 관리가 안 되어서 인슐린을 교체해야 한다면 '왜 그래야 하는지'를 자신의 혈당 흐름이나 건강 상태 등을 의료진에게 말해서 설득할 수 있어야 한다.

현재와 같은 보건의료 체계에서는 절대 환자 중심의 진료나 교육이 이루어질 수 없다. 때문에 이를 위한 수가체계나 제도를 마련해달라고 정부에 요청해야 한다. 환자를 위한 서비스, 규제, 정책 등이 환자를 위한 것이 아니라면 의견을 내고 바꿀 수 있도록 목소리를 내야 한다. 이것이 진정한 환자 중심의 의료를 실현할 수 있는 길이다.

||| 1형 당뇨, 1분 꿀팁 |||

인슐린펌프는 주입 막힘, 배터리 부족, 약물 부족, 시스템 에러가 일어나면 무조건 40dB의 경고음이 울린다. 위급한 상황이라서 소리로 알려주는 것인데, 이 경고음은 공포 그 자체였다. 인슐린펌프는 일상에서 사용하는 의료기기인데 시험을 보거나 중요한 회의에 참석했을 때 경고음이 울리면 어떨까? 자신이 1형당뇨 환자라는 사실을 오픈하거나 이 의료기기가 무엇인지를 설명해야 한다. 그래서 인슐린펌프 사용을 중단한 사람들도 있다. 이에 환우회는 2021년 4월경, 설문조사를 실시해서 의견서를 식약처에 전달했다. 식약처는 1형당뇨인의 의견을 받아들여 소리가 아닌 다른 방법으로도 환자가 상황을 인지할 수 있게끔 의료기기 업체에 협조를 요청했다.

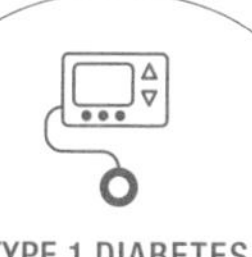

TYPE 1 DIABETES

미래 의료 환경에 대한 준비가 필요하다

전 세계적으로 4차산업혁명으로 인한 소득 및 교육 수준 향상, IT와 의료기술의 발달, 그리고 의료서비스의 질적 확대 등을 통해 보건의료서비스 패러다임이 변화하고 있다. 즉 공급자 위주의 치료 중심에서 수요자 중심의 예방·예측 중심으로 변화하고 있다.

한편 평균 수명도 길어졌다. 건강수명(몸과 정신에 아무런 문제가 없는 건강한 상태. 질병이나 부상 때문에 몸이 아팠던 기간을 제외한 기간)이 늘어나지 않으면 국가의료비 증가는 당연한 순서다. 게다가 만성질환자가 증가하면서 의료비도 동반 상승하고 있다. 그만큼 만성질환자들의 건강수명을 늘려야 하는데, 무엇보다도 국가의 정책적 지원이 강조되고 있다.

우리나라는 공급자에 의한 의료서비스 질이 세계 최고 수준이다. 중증질환의 완치율은 OECD 회원국 중에서 높은 편이다. 그런데 만성질환의 관리율은 OECD 회원국 중에서 하위권이다. 즉 병원에 있을 때는 최고의 의료서비스를 받지만 퇴원하면 방치된다는 뜻이다. 소비자의 의료서비스 인식은 낮고, 만성질환자들은 질환을 어떻게 관리해야 하는지 모른다. 만성질환에 대한 체계적인 교육이 이뤄지지 않아서다.

국가 의료비 증가를 막고 국민들의 건강수명을 늘리려면 어떻게 해야 할까? 의료 데이터를 활용해서 의료 소비자가 자신의 건강을 잘 관리할 수 있는 환경을 만들어주어야 한다. 그러나 국민들은 자신의 금융 데이터에는 관심이 많아도 자신의 의료 데이터에는 관심이 없다.

만약 금융 데이터를 금융 기관에 보관만 하고 내가 찾아서 활용할 수 없게 한다면, 이를 받아들일 국민은 없을 것이다. 그런데 자신의 의료데이터에 대해서는 내가 찾아서 활용할 수 있다는 생각을 하지 못하는 국민들이 대부분이다. 이에 보건복지부는 2021년 2월 24일, 마이헬스웨이(my healthway) 도입 방안을 발표했다. 정부 부처나 의료기관, 의료기기 업체, 헬스케어 서비스 업체에 흩어져 있는 개인 의료 데이터를 개인 주도로 원하는 대상에게 전달하거나 활용할 수 있도록 준비했다. 예방·예측·관리 중심인 미래 의료를 위해서는 정부는 물론이고 국민들도 마이헬스웨이에 관심을 두고 적극 활용할 수 있어야 한다.

환자 중심 연구 플랫폼을 구축하다

우리 환우회는 1형당뇨인의 자가관리 능력을 높이기 위한 환자 중심 연구 플랫폼(PPRN; patient-powered research network)을 구축하고 있다. 나이트스카우트와 연동하면 블루투스, **NFC 혈당 측정기**나 디지털 인슐린 펜, 연속혈당측정기와 인슐린펌프, 스마트폰, 그리고 웨어러블 등의 기기를 통해 정보(혈당·인슐린 주입·음식·운동)를 수집할 수 있다. 그리고 개인 계정의 클라우드에 데이터를 저장할 수 있다.

> **NFC 혈당 측정기**
>
> NFC(near field communication)는 가까운 거리에서 무선 데이터를 주고받는 통신 기술이다. 대부분의 스마트폰에는 NFC 기능이 있다. NFC 기능으로 신용카드, 교통카드, 쿠폰 등의 서비스를 이용할 수 있다. NFC 혈당 측정기는 태그하면 데이터를 스마트폰 등으로 쉽게 전송할 수 있다.

환자가 수집할 수 있는 데이터(PGHD; patient generated health data)가 가장 많은 질환은 아마도 1형당뇨일 것이다. 과거에 1형당뇨인들이 사용하던 클라우드 DB(데이터베이스) 업체는 해외 업체인 데다 사용할 수 있는 DB 사이즈(500MB)가 제한적이다. 업체의 정책에 따라 DB를 이동해야 하는 이슈도 있었다.

또한 개인적으로 데이터를 관리하기 때문에 데이터가 파편적으로 있어서 진료나 연구에 제대로 활용할 수가 없었다. 그래서 해외에서는 나이트스카우트의 데이터를 유료로 관리해주는 서비스(T1pal)도 등장했다.

환우회는 "당케 DB('당뇨를 케어한다'라는 의미)"라는 환자 중심 연구 플랫폼을 만들었다. 그래서 환우회원들의 데이터를 한곳에서 모으기 시작했다. 2021년 12월 기준으로 약 450여 명의 1형당뇨인들의 데이터가 모였다. 수집한 데이터를 진료·교육·연구에 활용한다면 1형당뇨인의 자가관리 능력은 향상될 것이다.

각종 의료기기들과 연동해서 어떤 의료기기를 사용하든, 또는 사용자가 의료기기를 변경하더라도 개인의 데이터를 연속적으로 수집할 수 있다. 이렇게 수집된 데이터는 사용자의 동의를 얻어 연구 및 임상에도 활용 가능한 연구 플랫폼으로도 활용할 수 있다(이는 이미 FDA 허가를 진행하고 있는 미국의 타이드풀을 벤치마킹한 모델이다).

기존의 임상시험은 '정해진 조건'에서 '정해진 환자군'을 선정해서 진행했다. 그래서 임상시험 결과가 실제 환경에서는 다른 결과인 경우가 많았다. 실제 1형당뇨인들이 사용하는 인슐린 순응도나 의료기기의 사용성이 제조사에서 가이드한 것과 차이가 나기도 한다. 환자 데이터 중심의 연구 플랫폼은 RWD(real world data)를 얻을 수 있고, 이를 분석하면 더 좋은 제품을 만들 수 있게 한다.

의료기기 제조사에서도 데이터를 수집하고 있다. 다만 서버가 해외에 있고, 국내에 있다 하더라도 1형당뇨인의 통합적인 데이터가 아니라 각각의 의료기기에서 수집된 데이터만 저장하고 있다. 또한 환자가 의료기기를 변경할 경우 기존의 데이터를 백업해서 연속성 있게 데이터를 저장할 수도 없다. 그러므로 환자 주도로 수집되는 의료 데이터를 통합해 관리·활용할 수 있는 데이터 플랫폼이 필요했다.

환자 중심 의료 데이터 플랫폼이 만들어지면 마이헬스웨이를 통해 각 병원의 **EMR 시스템**의 의료 데이터나 타 기관에 흩어져 있는 의료 데이터도 수집할 수 있다. 또한 자신의 의료 데이터를

> **EMR 시스템**
>
> EMR(electronic medical record)은 전자의무기록이다. 기존에는 환자의 진료기록을 종이 차트에 기록했는데 이를 디지털화했다. 기존의 기록 방식보다 데이터 보관, 검색, 공유 면에서 편리하지만 병원마다 EMR 시스템이 달라서 호환이 안 되는 경우도 많다.

타 기관에 전달하거나 연구에도 활용하는 등의 자기 결정권을 행사할 수 있다.

만성질환자들의 자가관리 상태를 보호자나 의료진이 모니터링할 수 있고, 이 데이터를 분석해 교육자료를 만드는 데도 활용할 수 있다. 신약이나 새로운 의료기기를 시험할 수 있는 **테스트 베드**로도 활용할 수 있다.

테스트 베드

새로운 기술, 제품, 서비스 등의 성능 및 효과를 시험할 수 있는 환경 또는 시스템, 설비를 말한다. 시뮬레이션을 위한 인프라로, 실제 환경에서 일어날 수 있는 다양한 문제점 등을 미리 파악하고 대비할 수 있어서 비용과 시간을 절감할 수 있다.

미래 의료의 핵심은 데이터가 될 것이다. 질 좋은 데이터를 '얼마나 많이' 수집하느냐에 따라 데이터의 가치가 결정될 것이다. 만성질환은 환자가 수집하는 데이터가 많다. 그만큼 이를 제대로 수집하고 활용할 수 있는 환자 중심 데이터 플랫폼이 필요하다.

||| 1형 당뇨, 1분 꿀팁 |||

PPRN은 '환자, 환자단체, 간병인, 임상의나 연구원을 포함한 기타 이해관계자가 운영하고 개발하는 온라인 플랫폼'이다. 특정 질병 또는 여러 질병 영역에 중점을 둔 건강 및 임상 데이터를 수집하고 구성하는 데 사용된다. 이렇게 모인 데이터는 상대적 효과 연구(다른 제품과의 비교를 위해)에 사용될 수 있다. PPRN은 'Real World Data'를 수집하고, 연구에 환자의 관심과 참여를 유도하며, 환자들이 네트워크의 연구 활동에 기여하거나 감독할 수 있게 한다. 대표적인 PPRN에는 미국의 PCORI(patient-centered outcomes research institute)에서 설립한 PCORnet과 PatientsLikeMe, Accelerated Cure Project(다발성 경화증에 대한 연구를 위해 만들어진 PPRN) 등이 있다.

1형당뇨인과 가족들에게 당부하고 싶은 것들

아이가 1형당뇨를 진단받았을 때, 나에게 신앙이 없었다면 '나쁜 마음'을 먹었을지도 모른다. 그런데 아이는 내 걱정과는 달리, 삶에 대한 열정과 의지가 강했다. 아이가 다섯 살쯤에 있었던 일이다. 내가 감기 몸살로 앓아누웠었는데 아이는 엄마가 아프니까 불안해했다. 아이는 엄마가 빨리 나아서 자기를 돌봐줘야 한다며 신신당부했다.

최근에 아파트 화재 경보 시스템이 오작동했었다. '불이 났다'는 안내 방송이 나오자마자 아이는 반려견과 동생을 챙기고, 자고 있는 나를 깨웠다. 우리 부부는 우왕좌왕하는데 아이는 일사불란하게 가족들을 챙기고는 아래층으로 내려갔다. 다행히 해프닝으로 끝났지만, 반려견과 가족까지 챙기는 아이의 모습이 기특해 보였다.

이뿐만 아니다. 아이는 감염이나 위생에도 신경을 쓰고 평소에도 건강을 잘 챙긴다. 자신을 아끼고 사랑할 줄 아는 사람만이 주변도 사랑하고 아낄 수 있다고 믿는다. 그런 면에서 나는 아이에 대한 믿음이 있다. 아이에게 사춘기가 오고 우리 부부와 의견이 안 맞는 시기도 분명히 올 것이다. 다만 나에게는 아이가 어떠한 상황에서도 자신의 건강을 지키고, 자신을 사랑할 거라는 믿음이 있다.

1형당뇨 아이를 10년간 키우면서 나는 수많은 시행착오를 겪었다. 혈당에 갇혀 살았던 때도 있었고, 아이와 사이가 안 좋았던 적도 있었다. 그러나 1형당뇨로 인해 아이와 많은 대화를 나눌 수 있었다. 아이 주변에서 일어나는 사소한 일까지 이야기하다 보니, 아이는 어느새 나에게 친구 같은 존재가 되었다.

아이가 1형당뇨가 아니었다면 나는 아이와 친구처럼 지낼 수 있었을까? 직장생활을 계속했다면 아이의 마음을 들여다볼 수 있었을까? 오히려 아이에게 '해야만 하는 것들'을 강요하는 엄마가 되지 않았을까 싶다.

나는 환우회를 통해 다양한 연령층의 1형당뇨인들과 소통하며 그분들의 이야기를 듣는다. 그 과정에서 많이 깨닫는다. 그 깨달음 덕분에 나는 '더 나은 엄마, 더 나은 환우회 대표'가 되고자 노력했다.

진단 초기에 비하면 많은 것들이 변했다. 앞으로의 변화도 기대된다. 물론 고도화된 **인공췌장시스템**이 개발된다고 해도 1형당뇨인들에게는 불편하고 번거로운 일이 많을 것이다. 따라서 끊임없이 신체의 여러 현상을 분석하고 음식을 신경 써야 하며, 운동을 병행하고 병원에 다니면서 건강을 체크할 수밖에

인공췌장시스템

APS(artificial pancreas system) 또는 AID(automated insulin delivery)로도 부른다. 연속혈당측정기로 읽어 들인 혈당 흐름과 이전에 설정한 각종 파라미터들을 참고해 혈당 흐름을 예측한다. 그리고 이에 맞는 인슐린 양을 조절해서 인슐린펌프에 전달한다.

없다. 그런데 아이러니하게도 이 과정을 통해 1형당뇨인들은 더 건강한 삶을 영위할 수 있다. 그리고 이들과 함께하는 가족들도 자연스레 건강해진다.

환자 중심·데이터 중심이 미래 의료의 핵심이다. 앞으로 1형당뇨인들의 역할이 더 중요해지고 커지리라 믿는다. 1형당뇨를 '숨길 필요 없는' 질환으로 인식되도록 환우회는 앞으로도 혈당 관리 환경과 인식 개선에 앞장설 것이다. 1형당뇨인들도 마라톤 여정에 지치지 않길 바란다. 1형당뇨인에게 가장 중요한 것은 한순간의 열정이 아니라 지치지 않는 부단함이다. 그 부단함으로 '1형당뇨가 있는 건강한 사람'으로 살아가길 바란다. 1형당뇨 가족이라면 이 책을 읽고 "저들도 평범하게 잘 살고 있으니 우리 가족도 회복할 수 있겠다"라는 희망을 가질 수 있다면 좋겠다.

꾸준하게 노력하면 혈당은 배신하지 않는다. 그 노력이 본인만을 위한 노력으로 국한하지 않고, 다른 사람들을 위한 노력으로도 이어지기를 바란다. 다른 이들을 돕다 보면 비로소 내가 성장하는 경험도 하기 때문이다.

미국의 체조선수 샬롯 드루리(Charlotte Drury)는 2021년 올림픽 국가대표 선수 선발 평가전을 한 달 앞두고 1형당뇨 진단을 받았다. 그렇지만 도쿄로 향했다. '운동선수가 1형당뇨라는 사실은 엄청난 핸디캡일 텐데…'라는 나의 걱정이 무색할 정도로 그녀는 1형당뇨를 당당하게 오픈했다. 이제 막 1형당뇨에 입문한 그녀에게 힘든 순간은 분명히 있을 것이다. 다만 1형당뇨만 있을 뿐, 훌륭한 체조선수로서 그녀만의 타이틀을 놓치지 않길 바란다.

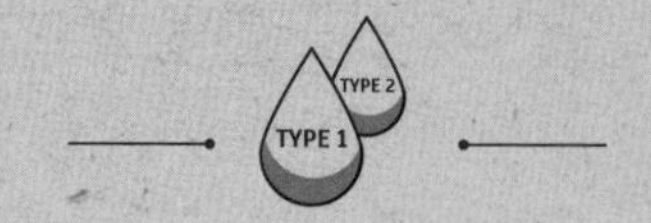

건강하게 태어났던 아이가 어느 날 갑자기 1형당뇨라고 한다. 퇴원하고 집에 왔지만 아이의 1형당뇨를 어떻게 관리해야 할지 몰랐고, 혈당에 따라 내 마음은 오락가락했다. 그런데 아이는 나와 달랐다. 1형당뇨와 상관없이 '어떻게 하면 더 잘 놀 수 있을까'를 생각하는 평범한 아이였다. 그런 아이를 보면서 나는 어떻게든 1형당뇨를 받아들여야 했고, 아이의 평범한 삶을 위해 노력해야 했다. 1형당뇨는 분명 우리 가족에게 고통이었다. 하지만 그 고통을 피하지 않고 받아들이다 보니, 어느새 우리는 회복되고 있었다. 6장은 1형당뇨 환우와 가족들의 실제 이야기를 담았다. 그들이 경험하고 느낀 바를 직접 서술했다. 그들에게 감사와 존경의 마음을 보낸다.

6장

1형당뇨, 우리는 그렇게 회복되었다

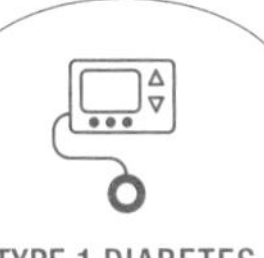

TYPE 1 DIABETES

1형당뇨는 우리에게 고통이자 선물이었습니다

- 김미영, 한국1형당뇨병환우회 대표

나는 조금 늦은 나이에 결혼해서 1년간 몸 관리를 했다. 다행히 계획했던 달에 첫째가 찾아왔다. 나는 고지식하고 걱정도 많은 성격이라 임신 기간 내내 음식을 가려먹고 운동도 규칙적으로 했다. 심지어 수입 과일은 농약이 걱정되어서 입에 대지도 않았다.

그렇게 태어난 아이는 신생아 선별 검사에서 '정상'이라는 결과를 받았다. 밖에 데리고 나가면 '잘생겼다' '똘똘하다'라는 말을 많이 들었다. 기고, 걷고, 말하는 것도 모두 빨랐다. 대부분 그 시기 아이의 부모가 그렇듯이 '우리 아이가 천재인가?' 하는 착각이 들 만큼 나에게는 자부심인 아들이었다. 생후 30개월쯤에는 기저귀를 떼고 대소변을 가렸는데, 생후 35개월쯤에는 밤에 간간히 소변 실수를 했다. 그러더니 낮에도 소변 실수를 하는 횟수가 잦았다.

입이 짧은 편이었는데 자꾸 먹을 것을 찾았다. 특히 물을 많이 마셔서 흔히 어른들이 말하는 '크는 시기인가 보다' 하고 넘겼다. 그런데 이상하게도 아이는 살이 빠졌고 "힘이 없다"는 말을 자주 했다. 나는 아이와 동네 소아과와 한의원을 전전했다. 그런데 차도는 없었고 증상은 더 심해졌다. 결국 대학병원 응급실까지 갔다. 응급실에서는 증상을 듣고는 곧바로 혈당부터 체크했다. 의사는 결과를 보고는 아이의 손에 든 두유와 바나나를 압수하면서 "먹으면 안 된다"고 했다.

아이의 병명은 '1형당뇨병'이었다. 그때가 2012년 1월 20일, 아이가 생후 36개월쯤 되던 시기였다. 내가 아는 당뇨병은 성인병의 일종이고 소변에서 '당'이 많이 나오는 병이라는 사실뿐이었다. 우리 부부는 물론이고 친지 중에서도 당뇨병인 사람이 없었다. 무엇보다 태어난 지 36개월밖에 안 된 아이가 당뇨병이라니…. 나는 청천벽력 같은 진단도 놀라웠지만 더 절망적인 것은 '평생 매일 인슐린 주사를 맞아야 한다'는 사실이었다.

나는 아이가 응급실에서 일반 병실로 옮겨진 뒤 하루에 최소 4번 이상의 인슐린 주사와 혈당 체크를 해야 했다. 이제 겨우 대소변을 가리고 의사소통이 가능한 어린아이인데, 매일 주사를 놓고 혈당 체크를 해야 하는 현실은 너무나도 고통스러웠다.

"선생님! 주사를 안 맞는 방법은 없나요? 인터넷을 찾아보니 식단 조절하고 운동하고 약 먹으면 되는 당뇨도 있던데, 왜 우리 아이는 주사를 맞고 혈당 체크를 해야 하나요?"라고 물었다. 내 물음에 돌아오는 대답은 "그런 당뇨와는 다른 당뇨입니다. 아이는 인슐린 주사를 맞아야 살 수 있습니다"였다.

나는 눈물만 나왔고 정신을 차릴 수가 없었다. 아이는 주사 공포로 간호사 선생님만 봐도 경기를 일으킬 정도였다. 무엇보다 부모로서 아이에게 해줄 수 있는 게 없어서 너무 힘들었다. 한 번은 인슐린 주사를 놓으러 오신 간호사 선생님을 거부하다가 선생님의 뺨을 반사적으로 때리기도 했다. 정작 선생님은 괜찮다고 하셨는데, 나와 아이는 병실에서 목 놓아 울었다. 아이와 한바탕 서럽게 울고는 빵을 사들고 간호사 선생님을 찾아갔다. 그러고는 죄송하다는 말씀을 드렸다. 아이는 누가 시키지도 않았는데, 그 자리에서 간호사 선생님께 "앞으로 주사 잘 맞을게요"라고 약속했다. 신기하게도 그다음부터 아이는 주사를 잘 맞기 시작했다.

아이가 주사를 거부하면 거부하는 대로, 잘 맞으면 잘 맞는 대로 그 모습을 지켜보는 부모의 마음은 참으로 힘들었다. 나는 병실 침대에서 자고 일어나면 '이게 꿈은 아닐까? 꿈이 아니라면 그냥 이대로 계속 잠만 잤으면 좋겠다'라는 생각이 들었다. 그만큼 아이보다 엄마인 내가 현실을 받아들이기 힘들었다.

생후 36개월이 되는 동안 감기 한 번 심하게 앓아보지 않았고, 응급실 한 번 가지 않을 정도로 건강한 아이였다. 곧은 나무는 휘지 않고 부러진다고 했던가. 아이는 그렇게 1형당뇨를 진단받고 부러진 것 같았다. 1형당뇨는 아이의 생활은 물론 우리 가족의 생활을 모두 바꿔놓았다. 내가 정신을 차리지 않으면 아이를 지켜줄 수 없을 것이라는 생각이 들었다. 그래서 간호사 선생님, 영양사 선생님, 심리상담 선생님을 만나서 '앞으로 내가 어떻게 해야 되는지'를 열심히 묻고 정리했다.

인터넷 검색도 하고 1형당뇨 커뮤니티에도 가입해서 궁금한 것들을 물어봤다. 인간의 몸에서 자동으로 분비되는 '인슐린'이라는 호르몬 하나가 나오지 않을 뿐인데…. 감당해야 할 고통은 너무나 컸다.

아이의 혈당은 비당뇨인은 평생 볼 수 없을 저혈당과 고혈당 상태였다. 혈당이 엉망이 되자 아이의 컨디션도 안 좋았고, 그런 혈당수치를 보는 내 감정도 혈당에 따라 오르내렸다. '몸무게 몇 킬로그램에 음식 몇 그램을 먹으면 몇 단위의 인슐린을 맞아야 한다'는 공식이 있다면 좋겠지만 그런 공식 따윈 없었다.

같은 음식을 먹고 같은 양을 주사해도 어느 날은 고혈당, 어느 날은 저혈당이었다. 도저히 내 머리로는 혈당 예측이 불가능했다. 자고 있는 아이를 볼 때면 혹시 고혈당으로 몸이 힘들지는 않을지, 저혈당 혼수상태가 되는 건 아닌지 걱정돼서 수시로 혈당을 체크했다. 아이의 몸속에 어떤 일이 일어나는지 들어가보고 싶을 정도였다. 가능하다면 내 췌장을 떼주고 내가 대신 1형당뇨인으로 살고 싶었다.

나는 걱정 때문에 깊은 잠을 이룰 수 없었다. 선잠을 자며 여러 개의 알람을 맞추고 일어나 아이의 상태를 관찰했다. 공부를 하면 할수록 자신감이 생겨야 하는데, 이건 공부를 하면 할수록 점점 자신이 없어졌다. '이런 병을 평생 아이가 안고 살아가야 하다니….' 이 생각만 하면 답답해서 숨을 쉴 수가 없었다. 아이가 한없이 가여웠고 내가 살아 있는 한 이 아이는 평생 돌봐야 하는 존재였다. 흔히 장애 아이를 둔 부모들이 "아이보다 하루만 더 사는 게 소원이에요"라고 말하는데, 나도 똑같은 마음이었다.

아이는 내성적인 아이였다. 두세 살 때도 소매가 없는 옷은 창피한 옷이라고 했고, 셔츠의 가장 위에 달린 단추를 풀어놓는 일은 부끄러운 일이라고 이야기할 정도였다. 처음 보는 사람들과는 눈도 못 마주쳤다. 그러던 아이가 당뇨를 진단받고 나서는 내성적인 성격이 극에 달했다.

아이는 주변 사람들에게 자기가 1형당뇨라는 사실을 알리지 말아달라고 했다. 그래서 정말 친한 지인이나 친척, 자주 봐야 하는 사람이 아니라면 아이의 1형당뇨를 오픈하지 못했다. 한 번은 고향에 계시는 고모댁에서 2박 3일간 지냈는데, 아이가 1형당뇨라는 사실을 말하지 말라고 해서 주사를 놓거나 혈당을 체크해야 할 때 방에 숨어서 했다.

어떤 날은 교회에서 율동을 하는데, 아이가 춤은 추지 않고 목석처럼 서 있었다. 당뇨를 받아들이지 못하고 비당뇨인 사이에서 힘들어하는 아이를 볼 때면 너무나 안쓰럽고 마음이 아팠다.

그런데 내 걱정은 그리 오래가지 않았다. 아이는 어린이집에서 진행하는 활동에 열심히 참여했고, 외부 활동도 한 번도 빠지지 않았다. 처음에는 담임 선생님이 혈당 체크를, 간호사 선생님이 인슐린 주사를 놓아주셨다. 하루에 여러 번 해야 했는데도 선생님은 아이를 귀찮아한 적이 없었다. 지금 생각해보면 아이가 1형당뇨 생활에 빠르게 적응할 수 있었던 것은 선생님들의 관심과 배려 덕분인 것 같다.

아이는 어린이집에서 활동하는 시간만큼은 스스로 혈당을 체크하고 주사하고 싶어 했다. 그래서 네 살 가을에 스스로 혈당 체크를 하고, 다섯 살 겨울에 스스로 인슐린 주사를 놓았다. 손끝의 힘을 조절하지 못했던 시기라서 채혈침과 주삿바늘에 손가락이 찔린 적도 많았다. 그런데 기특하게도 아이는 피가 나고 손끝이 멍이 들어도 겁을 내거나 못하겠다는 말을 안 했다.

다섯 살짜리 아이가 스스로 배에 주사하는 모습을 볼 때면 기특하면서도 마음이 아팠다. 그럼에도 나는 하지 말라는 말은 못했다. 스스로 할 수 있어야 우리 부부가 없는 상황에서도 타인의 도움을 받지 않고 생활할 수 있기 때문이다.

나중에 알게 된 사실인데, 아이가 스스로 혈당 체크를 하고 주사를 놓겠다고 마음을 먹은 건 어린이집 규정 때문이었다. 나이가 어린 아이들은 저층에서 생활하고 형님반이 되면 고층으로 올라가는데 간호사실이 1층에 있었던 것이다. 형님반이 되고 보니 친구들과 한창 놀 때 주사를 맞기 위해 계단을 오르락내리락해야 했는데, 아이는 친구들과의 놀이 흐름을 깨고 싶지 않았던 것이다. 그렇게 아이는 주사도 혈당 체크도 교실 한 켠에서 스스로 하기 시작했고, 그러고 나니 선생님께 부탁하는 일들도 줄었다.

'어떻게 하면 스스로 잘해서 친구들과 잘 놀 수 있을까?'를 고민했던 아이를 보면서 내가 얼마나 어리석은 생각을 했었는지 깨달았다. 아이 앞에서 눈물을 보이는 나약한 엄마였지만, 앞으로는 아이 앞에서만큼은 울지 않는 '씩씩하고 강한 엄마'가 되어야겠다고 다짐했다.

나는 눈에 띄지 않는 사람이었다. 학창 시절에 반장은커녕 학급 임원도 못 해봤고, 소심하고 조용해서 지금 환우회 대표를 하고 있다는 사실이 믿기지 않을 정도다. 그런데 나는 성실하고 끈기가 있는 편이었다. 누가 알아주지 않더라도 '내가 해야겠다'라고 생각한 일이라면 꾸준히 하는 사람이었다. 세탁기가 있어도 손빨래를 한 옷이 좋아서 거의 10년간 손빨래를 했다. 게다가 직장을 다니면서 야근이 많아도 새벽 운동을 거르지 않았다. 나는 정해진 일을 꾸준히 해나가는 게 어렵지 않았다.

그런데 아이가 1형당뇨를 진단받고 나니 시간이 절대적으로 부족했다. 2~3시간에 한 번씩 혈당 체크를 해야 하고, 혈당이 높으면 인슐린 주사를 놓아야 했다. 혈당이 낮으면 저혈당 간식을 먹여야 했다. 외부 음식은 혈당을 높이기에 수시로 아이 반찬과 간식을 만들어야 했다. 그러다 보니 일하면서 이 모든 일을 하기에는 힘에 부쳤다. 그래서 나는 일의 우선순위를 정했다. 그러고는 우선순위가 낮은 일들은 과감히 포기했다. 손빨래나 새벽 운동은 탈락 1순위였다.

우선순위가 가장 높은 일은 아이 혈당 관리였다. 영양정보부터 혈당 관리에 관련된 국내외 정보, 그리고 의학논문까지 읽으면서 공부했다. 관련 정보를 요약해서 국내 커뮤니티에 전달했고, 환우 가족모임을 주최하기도 했다. 새로 진단받은 아이와 가족을 집으로 초대해서 필요한 혈당 소모품도 나눠주고 혈당 관리하는 방법도 가르쳐주었다. 그리고 언제든지 연락이 오면 시간을 쪼개서 도와주었다.

내가 공부한 만큼 혈당 관리가 잘되면 뿌듯했다. 그리고 그 지식을 누군가와 공유해서 그들도 혈당 관리가 잘된다는 소식을 들으면 기뻤다. 예전에는 내 만족을 위해 그저 정해진 규칙을 따르는 사람이었다. 그런데 아이 덕분에 누군가를 위해 도움을 주는 성실한 리더가 되어가고 있었다.

어떤 분은 "아이 때문에 많이 힘들었겠어요"라고도 말한다. 물론 나를 걱정해서 하는 말일 것이다. 나는 그럴 때마다 이렇게 대답한다. "저는 아들 덕분에 가치 있는 삶을 살고 있어요." 물론 여전히 '아이가 1형당뇨를 진단받지 않았더라면 더 좋았겠다'라고 생각한다. 그렇지만 아이의 1형당뇨 덕분에 나는 가치 있는 삶을 살고 있으니, '아이는 내 삶의 감동 그 자체'이다.

환우회 커뮤니티를 운영하다 보면 이제 막 진단받은 가족들을 많이 만난다. 그분들의 이야기를 들으면 나는 지금도 아이가 1형당뇨를 진단받았을 당시의 기억이 나서 마음이 아린다. 진단받았을 때의 그 절망감과 고립감은 시간이 지나도 잊히지 않는다. 그래도 이제는 먼저 겪어본 사람으로서 그분들께 몇 가지 이야기를 해줄 수 있게 되었다.

'힘들 때는 펑펑 울어라. 그리고 언제든지 환자 커뮤니티에 와서 나누고 소통하자. 다만 아이 앞에서는 울지 말자.'

실제 1형당뇨 아이를 둔 엄마 중에서 절망감과 우울감을 떨치지 못하고 스스로 생을 마감하신 분들도 계신다. 나 역시 그런 어리석은 생각을 했었다. 그런데 아이는 부모의 눈에서 세상을 본다고 했던가. 그렇지 않아도 완전히 바뀐 일상을 사는 아이들에게 엄마의 눈물은 더 큰 불안과 공포로 다가올 수 있다. 그러니 진단 초기에 아이 앞에서 울지 않아야 한다. 사실 나는 진단 초기에 눈물을 참지 못하고 아이 앞에서 몇 번이나 울기도 했다. 그때 나는 아이의 눈에서 공포를 보았고, 그제야 정신이 번쩍 들었다.

엄마인 내가 먼저 1형당뇨를 받아들여야 한다. 그렇게 하려면 부모가 당뇨를 공부하고 많은 사람들과 소통해야 한다. 아이가 당뇨를 숨길지라도 부모는 당뇨를 부끄럽게 여겨서는 안 된다. 아이가 당뇨를 자연스럽게 받아들일 수 있도록 혈당 관리뿐 아니라 정서적으로 지지해줘야 한다. 그러다 보면 혈당도 안정되고 일상으로 조금씩 돌아갈 수 있다.

이제 우리 가족은 아이가 당뇨가 있다고 해서 안쓰러워한다거나 과잉 보호하지 않는다. 아이는 또래 친구들과 다르지 않다. 오히려 수업 시간에 다른 친구들보다 더 적극적인 편이다. 운동을 좋아하고 개그 욕심이 있다 보니 친구들 사이에서 인기도 많다.

네 살 때 당뇨를 진단받았기 때문에 친구 엄마들에게 우리 아이는 '당뇨병이 있는 아이'로 통했다. 그런데 초등학교에 들어가면서는 '당뇨병이 있는 아이'가 아니라 '재미있고 유쾌한 아이'로 통한다. 아이 스스로도 '개그가 체질'이라고 할 정도로 친구들과 주변 사람들을 웃기는 일에 기쁨을 느낀다.

가끔은 다른 친구들은 하지 않아도 되는 혈당 관리를 해야 하는 아이에게 집안일까지 시켜서 안쓰러울 때도 있다. 하지만 아이는 평생 당뇨와 함께 살아가야 하기에 언제까지 안쓰러워만 할 필요는 없다. 혈당 관리를 하면서 일상생활을 잘해나가고 주변을 돌아볼 줄 아는 아이로 자랄 수 있게 돕는 것이 부모의 역할이라고 생각한다. 그래서 나는 아이가 학교에서 기죽지 않도록 학부모 모임이나 담임 선생님 면담에도 성실히 임한다. 가끔은 아이 친구들도 초대해서 아이의 기를 세워주기도 한다.

아이에 대한 안쓰러움과 걱정에도 불구하고 아이는 지금껏 자기 일을 잘해왔다. 물론 아이는 아직 성장하고 있고, 사춘기에 어떻게 돌변할지 모른다. 그래서 '지금 내 방법이 옳은가?'라는 물음에 '100% 옳다'라고 확신할 수는 없다. 다만 질풍노도의 시기를 앞둔 아이 앞에서 부모가 흔들린다면 아이가 거센 바람을 이겨낼 수 없는 건 자명한 일이다. 그렇기에 부모가 먼저 당뇨를 받아들여야 한다. 부모조차 당뇨를 받아들이지 못하는데, 어떻게 아이에게 당뇨를 받아들이라고 요구할 수 있겠는가?

당뇨를 받아들이고 회복하는 일은 거창한 게 아니다. 아이 그 자체를 온전히 봐주는 것, 그리고 당뇨를 가지고 살아갈 미래를 위해 부모가 아이에게 관심을 주고 지지하는 것이 당뇨로부터 회복하는 과정이다.

TYPE 1 DIABETES

1형당뇨가 예순 넘어서 발병한 환자는 처음 봅니다

- 최외숙

나에게 2020년은 통째로 들어내고 싶은 해이자 특별한 선물을 받은 한 해였습니다. 그 특별한 선물은 췌장에서 인슐린이 하나도 나오지 않는다는 1형당뇨 판정이었습니다.

7월 31일. 밤새 물을 들이켜며 화장실을 들락거리다 아침에 탈진 상태로 인근 병원을 찾았습니다. "어제 음식을 짜게 먹었는지 물이 엄청 당기는 것 같다"고 했더니 몇 가지 검사를 받았습니다. 당화혈색소가 6.5, 당이 580이니 의사는 우선 입원 수속을 밟으라고 했습니다. 일주일을 입원하던 중 혈당은 잡히지 않았고, 하루에 한 번 인슐린을 투여했고, 약 처방전을 받고 퇴원했습니다. 이후에도 일주일에 한 번씩 내원하며 치료를 받았지만, 혈당 조절이 되지 않아 다시 입원 권유를 받았습니다.

가족은 물론이고 주위에 당뇨를 앓고 있는 사람이 아무도 없어서 인터넷과 유튜브 등을 뒤적이면서 당뇨에 좋다는 돼지감자를 박스째로 사서 차를 만들어 마셨습니다. 지인들은 당뇨에 좋다는 여주차, 여주 가루, 비트 등 당뇨에 좋다는 것들을 갖다주었고, 저도 꾸준히 먹었습니다.

그러던 중 서울 딸 집을 방문할 일이 생겨 하루에 한 번씩 맞던 인슐린을 투여하지 않고 약만 처방받아 딸 집을 방문했습니다. 집에 도착하자마자 점심 때 먹은 고구마 때문에 체했는지 속이 거북했습니다. 저는 "잠깐 누웠다가 일어날게" 하며 자리에 누웠는데 곧바로 속이 울렁거거려서 토하기 시작했습니다. '많이 체했나 보다'라고 생각하며 소화제도 먹고 손가락 10개를 다 따기도 했습니다. 그런데 약을 먹으려고 마신 물까지 전부 토해냈고, 어느덧 정신을 차려보니 사위의 차에 실려 강남성심병원 중환자실이었습니다. 온몸에는 링거와 기계들이 주렁주렁 연결된 상태였습니다. 그리고 그곳에서 진단받은 병명은 케토산증을 동반한 당뇨였습니다.

코로나19로 인해 하루 한 번씩 번갈아가며 잠깐 왔다가는 아들과 딸을 만날 때마다 '하나님 아버지, 요즘은 백세시대라고 하지만 칠십까지는 우리 애들한테서 엄마를 데려가지 말아주세요. 지금은 너무 빠르지 않습니까?'라며 눈물로 기도했습니다. 퇴원 후 친구들에게 이런 이야기를 하니 "이왕이면 팔십까지로 하지 왜 칠십으로 낮춰 말했냐?'라고 놀림을 받았지만 정말이지 그땐 갈급했습니다. 이후 일반 병실로 올라가 모든 검사를 다 했지만 원인은 알 수 없었습니다. 인슐린과 소모성 처방전을 받아 약국에서 구입하고 하루 4번씩 인슐린 투여를 시작했습니다.

부산 집으로 내려온 뒤 11월 18일, 부산대학교병원에서 저는 최종적으로 1형당뇨 판정을 받았습니다. 1형당뇨가 예순이 넘어서 발병한 환자는 처음 본다는 교수님의 말씀을 들으며 저는 '이 나이에 왜? 나한테 왜? 열심히 살아온 죄밖에는 없는데…'라는 생각만 들었습니다.

받아들일 수 없는 현실을 외면하며 하루에 4번씩 주사기를 몸에 찌르며 울었고, 한 움큼씩 빠지는 머리카락을 주워 들고는 욕실에 주저앉아 울고 또 울었습니다.

발바닥 상처를 당으로 인한 합병증이라고 생각하고 고압산소치료 병원을 검색하며 며칠 밤을 두려움 속에서 지새운 일, 내 몸에 일어나는 작은 변화들이 당뇨 합병증이라고 단정 지으며 고통 속에서 보내던 중에 '슈거트리'를 알게 되었습니다. 그때 저는 삶의 전환기를 맞이했습니다.

환우회의 관심 속에 '우리는 가족' 채팅방에 초대되었고, 그곳에서 만난 분들은 주말에도 시간을 내서 제게 덱스콤 센서를 달아주었습니다. 저는 스마트폰과 스마트워치로 혈당수치를 확인하며 새로운 세상에 발을 들여놓았습니다. 채팅방 이름처럼 모두가 가족처럼 다가와주셨고, 하루에도 10번, 20번씩 '훅 올라오는 고혈당, 돌아서면 곤두박질치는 저혈당'에 대해 물을 때마다 꼼꼼히 답해주었습니다. 혼자서 센서를 처음 부착할 때 트랜스미터가 빠지지 않아 겁이나서 문의했을 때도 동영상을 찍어 보내주는 등 세심한 부분까지 챙겨주었습니다. '우리는 가족' 식구들 덕분에 받아들이기 쉽지 않은 삶을 어느덧 울고 웃으며 한 걸음씩 적응해가고 있습니다.

우연한 기회로 슈거트리 온라인 신입간담회에 참석했습니다. 각자의 삶이 다른데도 비슷한 모습을 볼 때면 눈물이 흐르기도 했고, 서로에게 힘을 실어주는 모습도 보았습니다. 그리고 대표님의 경험담과 앞선 분들의 발자취를 통해 오늘의 이런 편리한 혜택을 누리고 있다는 사실도 알게 되었습니다.

음식을 먹을 때마다 탄수화물비, 주사량, 주사시간, 추가 주사 등 아직도 익숙하지 않는 단어들을 알아가며 '1형당뇨는 자가면역질환, 전 연령층에서 발생하고 평생 혈당 관리를 해야 하는 질환이지만 혈당 관리를 잘하면 합병증 없이 건강하게 살 수 있다'는 것을 알게 되었습니다. 계속 공부하고 노력해서 앞으로 인슐린펌프에도 도전해보려고 합니다.

'내 탓이야? 왜 내가?'라고 자책한다고 해서 나아지는 것은 없습니다. 동굴 속에서 빛을 보고 환자와 환자 가족이 나와야 한다는 대표님의 말씀처럼, 빛을 향해 오늘도 한 걸음씩 나아가고 있습니다.

TYPE 1 DIABETES

1형당뇨를 극복하며 느낀 깨달음

- 오유나

2006년 가을. 생후 100일도 채 되지 않던 아이가 밤새 보채며 잠을 이루지 못하던 어느 날이었다. 소아과에서 처방해준 감기약이 전혀 듣지 않는다는 것을 엄마의 직감으로 깨닫고는 나는 곧바로 대학병원 응급실로 향했다. 응급실에 도착했을 때 아이는 케톤산증으로 이미 의식을 잃은 상태였고, 이틀 안에 깨어나지 못하면 가망이 없으니 마음의 준비를 하라는 청천벽력 같은 이야기를 들었다. 나는 그 자리에 쓰러지듯 주저앉았다.

가녀린 팔다리와 이마에 링거 줄을 주렁주렁 달고 있는 아이를 보며 우리 부부는 '제발 깨어나기만 해달라'는 간절한 기도만 반복했다. 하루하고도 반나절을 꼬박 지새고 아이의 눈이 떠지는 순간, 나의 간절한 소망이 이루어졌음에 감사를 드리며 우리는 참아왔던 눈물을 펑펑 터트렸다.

그러나 우리 앞에는 더 큰 산이 기다리고 있었다. 아이의 췌장에서 인슐린이 잘 분비되지 않아서 매일 인슐린 주사를 투여해야 했고, 혈당 상태를 알아보기 위해 하루에 십여 차례 손끝에서 채혈을 해야 했다. 수유

할 때 어느 정도의 양을 먹었는지 알아야 했기 때문에 모유도 유축해서 먹일 수밖에 없었다. 인슐린 주사를 놓을 때마다 아이의 허벅지에는 시퍼런 멍이 들었고, 혈당 체크 때문에 손끝은 허물이 벗겨지고 온통 상처투성이었다. 아이의 혈당 흐름을 알아야 인슐린 주사의 적정 용량을 파악할 수 있었기 때문에 매일 밤낮을 가리지 않고 2시간 간격으로 혈당 체크를 해야만 했다. 그래서 밤에 2시간 이상 숙면을 취한다는 것은 언감생심 꿈도 꾸지 못했다. 혹시나 깨지 못하면 아이의 혈당이 어떻게 될지 장담할 수 없었기에 편안하게 누워서 잠들지 못하고 의자에 기대거나 새우자세로 엎드려서 밤을 지샜다.

비록 몸이 조금 힘들지라도 '내 아이가 건강하게 자랄 수만 있다면 우리 부부는 더 이상 바랄 게 없다'고 생각했다. 그런데 매일 지속되는 피로 누적에 체력의 한계를 느끼며, '과연 우리가 얼마나 이러한 생활을 버틸 수 있을지' 암담하기만 했다.

더군다나 혈당 관리는 생각처럼 쉽지가 않았다. 하루에도 몇 번씩 저혈당과 고혈당이 반복되어서 혈당 체크를 자주 할 수밖에 없었고, 고사리 손에 더 이상 피를 내기가 어려울 때면 발가락에 피를 내어 혈당을 확인해야 했다. 아이가 잠을 잘 때에도 혈당이 낮으면 자는 아이를 깨워서 먹여야 했고 혈당이 높으면 인슐린 주사를 해야 했다. 때문에 아이도 깊은 잠을 잘 수가 없었다. 깨서 우는 아이를 달랠 때면 나도 아이를 따라 우는 날이 허다했다.

특히 모유를 먹는 아이가 1형당뇨인 경우는 거의 없었다. 때문에 병원에서도 이렇게 어린아이는 처음이라며, 혈당 잡기가 어렵다고 이야기했다. 나는 비슷한 사례를 찾아 혈당을 유지하는 방법을 배워보려고 했다. 그런데 아무리 수소문을 해도 비슷한 또래는 찾아볼 수 없었다. 대부분의 1형당뇨 아이들은 식후 혈당을 적정 수치로 유지하기 위해 운동을 하는데, 아직 걸음마조차 못 뗀 젖먹이 아기에게 운동을 시킨다는 것은 너무나 어려운 일이었다.

걸음마는 물론이고 아직 말도 못하는 아이였다. 그러니 저혈당 상태가 되어도 본인의 몸 상태를 부모에게 표현할 수 없어서 우리는 아이가 울기만 해도 혈당 체크를 할 수밖에 없었다. 혈당을 관리하는 데 필수적인 주사기의 경우 눈금이 0.5단위씩만 변경이 되었는데, 아이의 몸집이 너무 작아 한 번에 요구되는 인슐린 양이 0.1~0.2단위 정도였다. 그래서 인슐린 양을 조정하는 일이 너무나 어려웠다.

그래서 당시에는 '아이가 어서 커서 말을 할 수만 있다면, 걸음마를 떼서 운동을 할 수만 있다면, 어서 커서 필요한 인슐린 양이 늘어나 주삿바늘 눈금에 따라 인슐린을 조정만 할 수 있다면 이 어려움들이 해소되지 않을까' 하는 기대감을 갖고 하루하루를 버텨나갔다.

그런데 아이가 크고 말을 하기 시작하면서 혈당 체크와 주사를 맞기 싫다는 표현을 하기 시작했다. 혈당 흐름에 따라 간식 양을 조절하려고 하면 더 먹겠다고 투정을 부렸다. 특히 사과를 좋아하던 아이는 "사과 많이 먹고 싶다"는 말을 입에 늘 달고 다녔고, 기름진 음식을 먹은 날이면 밤새 오르는 혈당 때문에 추가 주사를 해야 했다. 부모가 아이에게 음식을 제한시킨다는 일은 너무도 어려운 일이었고, 늘 혈당 관리와 아이 사이에서 마음이 갈팡질팡 흔들렸다.

특히 아이가 유치원에서 점심과 간식을 먹고 오면 혈당 잡는 일이 더욱 어려웠다. 매일 식단표를 확인하고 점심 식사 주사량을 정해도 혈당은 끝없이 요동쳤다. 그래서 추가 주사를 하러 유치원으로 달려가는 일이 허다했다.

유치원 간식이 너무 과한 날에는 선생님께 부탁해서 조금만 먹게 해달라고 요청했는데, 그런 날에는 아이가 집에 돌아와 혈당 관리를 하기 싫다며 떼를 썼다. 혈당 관리를 잘 하자니 아이의 마음이 다치는 순간들이 생겼고, 아이의 마음이 비뚤어지지 않게 다독이는 것도 큰 문제였다.

그러던 어느 날, 너무도 힘든 우리의 일상에 한 줄기 빛과 같은 희소식이 전해졌다. 그것은 피부에 센서를 부착하기만 하면 손끝에서 피를 뽑지 않아도 혈당을 알아볼 수 있게 해주는 연속혈당측정기 소식이었다. 그런데 당시에 이러한 의료기기는 국내에 수입되지 않은 상황이었다. 해외에서 국내로 들여오기에는 구입과 통관 절차가 너무나 복잡해서 개인이 구매하는 것은 사실상 불가능에 가까웠다.

그러던 중 이 어려운 절차를 극복하고 처음 기기를 들여온 '소명맘'을 알게 되었다. 나는 얼굴 한 번 못 본 사이임에도 불구하고 연속혈당측정기 구입을 부탁했다.

소명맘의 도움으로 연속혈당측정기를 부착했고 우리의 삶은 180도로 달라졌다. 5분에 한 번씩 혈당을 파악해 저혈당이나 고혈당이 되면 알람이 울렸다. 우리는 더 이상 혈당 체크를 하려고 밤을 지새우지 않아도 되었고, 혈당의 흐름을 그래프로 파악하면서 음식에 대한 반응을 즉각적으로 파악할 수 있었다. 그래서 간식을 제한하는 일도 더 이상 하지 않았다.

아이가 소풍을 가도 누군가가 따라갈 필요가 없었고 유치원에서 간식을 줄일 필요도 없었다.

연속혈당측정기만으로도 우리의 삶은 여유로워졌다. 그런데 소명맘은 거기에서 그치지 않고 우리 아이들이 좀 더 자유롭게 생활할 수 있는 방법을 끊임없이 찾아냈고, 마침내 APS와 인슐린펌프를 사용할 수 있게 되었다.

연속혈당측정기 덕분에 손끝 채혈에서 벗어났다면 APS와 인슐린펌프의 연동으로 우리 아이는 비로소 주사기에서 해방되었다. 특히 실시간으로 변하는 혈당에 따라 인슐린펌프가 인슐린 양을 조절했기에 저혈당과 고혈당 상황에 노출되는 횟수가 현저히 줄어들었고, 어떠한 음식을 먹어도 아이의 혈당을 잘 잡을 수 있었다. 십여 년 동안 혈당 체크와 인슐린 주사의 어려움으로 마음 편할 날이 없었는데, 어느덧 중3이 된 아이는 여느 아이들과 다름없는 학창 시절을 누리고 있다.

당시에 우리는 내 아이의 혈당 관리에만 급급했는데 소명맘은 해외 커뮤니티에서 정보를 찾고 더욱 좋은 기기를 국내에 들여오기 위해 노력했다. 심지어 1형당뇨 아이들이 겪는 여러 가지 어려움을 극복하기 위해 정부와 공공기관의 문을 두드렸다. 소명맘의 노력 덕분에 1형당뇨인들에게 필요한 각종 의료기기가 정식으로 국내에 수입되었고, 교육기관에서 1형당뇨 아이들이 보살핌을 받을 수 있도록 제도도 마련되었다.

나는 소명맘의 모습을 보면서 반성했다. '내 아이의 건강을 어떻게 유지해야 하나' 하는 문제에만 사로잡혀 숲을 보지 못했는데, 소명맘은 자신의 아이를 관리하는 문제를 넘어서 전체 1형당뇨인들의 문제를 해결하기 위해 노력했다. 새로운 의료기기에 대한 정보를 끊임없이 찾았고, 국회에 찾아가 우리의 어려움이 해소될 수 있도록 각종 법안 상정을 건의했으며, 1형당뇨 아이들이 어려움 없이 교육받을 수 있는 방법들을 교육부에 제시했다. 게다가 각종 의료기기의 도입을 위해 식약처에 의견을 개진했다.

소명맘 덕분에 혈당 관리의 어려움 속에서 헤매던 우리 가족은 이제 비당뇨인들과 크게 차이 나지 않는 삶을 살고 있다. 다만 현재 우리가 사용하는 기기들은 불완전하기에 더 좋은 방향으로 개선되어야 한다. 그리고 아직도 1형당뇨인들에게는 해결해야 할 문제들이 많이 남아 있으므로 우리는 끊임없이 노력해야 한다.

소명맘이 건네준 조건 없는 도움 덕분에 우리는 편안한 일상을 되찾을 수 있었다. 나는 이 사실에 감사하며 나 역시 어려움을 겪고 있는 주변 사람들을 도와줘야 한다고 다짐한다. 모두가 더 좋은 방향으로 나아갈 수 있게, 작지만 힘을 보태야겠다는 생각으로 하루하루를 살아가고 있다.

TYPE 1 DIABETES

1형당뇨라는 시련이 우리 가족을 하나로 엮어주었습니다

– 송병주

전주에 사는 송다경, 송태결 가족입니다. 저는 아빠이고, 아내, 큰딸, 큰아들, 막내아들 이렇게 다섯 식구입니다. 그중 다경이와 태결이, 두 아들이 1형당뇨인입니다.

2014년 9월, 우리 집 막내 태결이가 생후 10개월 때쯤이었습니다. 며칠간 기저귀에 소변도 많이 보고 물도 많이 마시더니 새벽에 눈이 돌아가고 기절을 하더라고요. 그래서 아이를 들쳐 업고 대학병원 응급실로 부리나케 갔지요. 거기서 간단한 피검사를 하더니 아이는 바로 소아중환자실로 옮겨졌습니다. 머리에서 피가 철철 나는 아이도 있었는데 그 아이는 뒷전이었죠. 중환자실 전공의가 얘기하더라고요. "케톤산증! 1형당뇨!" 케톤산증은 뭐고, 1형당뇨는 뭐지? 당뇨면 당뇨지, 1형당뇨라고?

저희 친가와 처가, 그 어느 누구도 당뇨병이 있는 사람은 없으니 유전은 아니라고 생각했습니다. 생후 10개월인 아이가 운동 부족이거나 식습관이 잘못되었을 리도 없을 텐데 말이죠. 이렇듯 1형당뇨병은 '어느 날

길을 걷다가 예측할 수 없이 당하는 교통사고'처럼 저희 가족에게 다가왔습니다.

밤낮 할 것 없이 2시간에 한 번씩 저와 아내가 번갈아가며 태결이 손끝과 발끝에서 채혈을 하고 혈당 체크를 했습니다. 고혈당이면 추가 인슐린 주사를 놓았고, 저혈당이면 배즙을 먹여가며 혈당 관리를 했습니다. 혹시 모를 새벽 저혈당 쇼크가 두려워서 제대로 잘 수도 없었고, 그로 인해 우리 부부는 만성피로에 시달렸지요. '왜 내 자식만 이런 질환에 걸렸지'라는 생각이 들어 우울했고 상실감도 느꼈습니다. 몸도 마음도 많이 피폐해진 상태였습니다.

그러던 중 2015년경, 1형당뇨 관련 인터넷 카페에서 '소명맘'이라는 분을 만나게 되었습니다. 그분의 도움으로 연속혈당측정기를 알았고, 채혈을 하지 않고도 혈당의 흐름을 눈으로 볼 수 있었습니다. 말 그대로 신세계였죠. 저희 가족을 연속혈당측정기라는 신세계로 이끌어준 소명맘이 바로 한국1형당뇨병환우회 김미영 대표입니다.

그 후로 태결이는 인슐린펌프에 APS까지 사용하면서 비당뇨인과 다르지 않게 무럭무럭 잘 성장했고, 저희 가족도 범사에 감사하며 화목하게 잘 살고 있었습니다.

그런데 2018년 3월 9일. 당시 초등학교 3학년이던 큰아들 다경이가 하는 말이 "밤에 소변 보느라 화장실을 세 번이나 갔다"는 겁니다. 순간 저하고 아내는 뒤통수를 뭔가로 크게 얻어맞은 기분이 들었죠. 다뇨, 즉 소변을 많이 보는 것은 1형당뇨병의 초기 증상 중 하나니까요. 집에 있는 혈당기로 재봤더니 250이었습니다. 바로 대학병원으로 갔고 아이는 1형당뇨 진단을 받았습니다.

보통은 일주일 이상 입원을 하면서 식단 짜는 법, 혈당 체크하는 법, 주사 놓는 법을 배우는데. 이미 저희 가족은 태결이라는 '당뇨 선배님'이 있었기 때문에 입원도 하지 않고 집으로 왔습니다. 그렇게 다경이의 당뇨 인생이 시작되었고, 저희 가족은 두 번째 교통사고를 당했습니다.

우리 부부의 결혼기념일이 3월 10일인데, 그 하루 전날에 다경이의 발병 사실을 알게 되어서 그날을 평생 잊을 수가 없습니다. 태결이가 1형당뇨 진단을 받았을 때의 충격이 100이었다면, 다경이가 진단을 받았을 때의 충격은 1,000 정도 되었던 것 같습니다. 그 충격으로 제 얼굴에 주름살도 느는 것 같고 실제로 흰머리도 많이 생겼지요.

다경이는 1형당뇨가 발병한 지 만 3년이 넘었는데, 동생 태결이가 혈당 관리하는 것을 보며 자라왔던 터라 그나마 다른 아이들보다는 쉽게 받아들이고 잘 생활하고 있습니다. 아이들은 태권도를 다니면서 건강을 관리하고 있고, 요즘 '홈트'가 대세인 만큼 집에 러닝머신과 스피닝 자전거를 구비해두고 열심히 운동하고 있습니다.

1형당뇨인들이 가장 두려워하는 것이 아마 저혈당 쇼크일 겁니다. 태결이 7년, 다경이 3년 도합 10년간 저혈당 쇼크는 단 한 차례도 없었습니다. 제 생각에는 연속혈당측정기를 부착하고 혈당의 흐름을 보면서 저혈당에 대비를 할 수 있었던 게 가장 큰 이유라고 생각합니다.

그러고 보니 우리 집 큰딸 이야기는 안 했네요. 현재는 고등학교 2학년인데, 어렸을 때부터 아홉 살 터울인 막내 태결이를 많이 보살펴줬죠. 우리 부부가 출근하고 나면 혼자서 혈당 체크와 인슐린 주사를 도맡아서 했습니다. 큰딸의 장래희망이 간호사랍니다. 아무래도 동생들이 1형당뇨인이다 보니 자신도 모르게 그런 마음이 생겼을 거라고 생각합니다. 기특한 딸이죠.

그리고 절대로 빠져서는 안 될 사람이 있지요. 늘 제 옆에서 같이 힘들어하고 같이 힘을 내준 저의 반쪽 김미경 여사도 수고 많았습니다. 사랑한다고 말해주고 싶네요.

다행히 아이들과 우리 부부간에 마찰은 없습니다. 사춘기를 지나고 성인이 되어서 자립할 수 있을 때까지 부모를 믿고 잘 따라주어서 건강한 당뇨인으로 성장했으면 좋겠습니다. 그래서 어엿한 사회 구성원이 되었으면 합니다. 그리고 당뇨가 있든 없든, 모두가 행복하고 서로가 배려하는 세상이 되었으면 좋겠습니다.

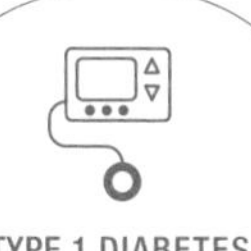

TYPE 1 DIABETES

1형당뇨와 친해지기

- 김수현

저는 그날, 일곱 살이던 아이를 데리고 대학병원 응급실에 갔었습니다.

"아이고, 혈당이 591이네요."

당뇨에 대해 아무것도 모르던 저도 591이라는 수치가 무엇을 의미하는지 직감적으로 알 수 있었습니다. 아이에게 지체 없이 인슐린이 투여되었습니다. 30분쯤 지나자 아이의 발그레한 볼이 눈에 들어왔습니다. 아이의 눈이 다시 반짝였습니다. 그러고 보니 한 달 전부터 아이는 부쩍 피곤해했고 푸석했으며 반짝이던 눈빛도 잃었습니다.

"아이는 전형적인 1형당뇨 증상을 보이고 있습니다. 췌장이 알 수 없는 이유로 인슐린을 분비해내지 못하는 병이라 인슐린 투여가 필수입니다. 인슐린을 맞지 않으면 아이는 생존할 수 없을 겁니다."

마지막 한마디가 귀 안에 박혀 메아리쳤습니다. 우리 아이는 생존할 수 없다. 우리 아이는 살 수 없다. 그 말을 되뇌이다가 귀를 쫑긋 세우고 있는 딸아이를 바라보았습니다. 그리고 제 입은 이런 말을 하고 있었습니다. "그럼 인슐린만 잘 맞으면 되는 거잖아요? 괜찮아요. 할 수 있어요."

퇴원 후 달라진 것은 인슐린 주사만이 아니었습니다. 1형당뇨의 특성상, 최소 하루 8번의 혈당 검사를 해야 했습니다. 주방에는 전자저울이 한 자리를 차지했고, 아이 가방에는 저혈당에 대비한 간식이 들어 있었습니다. 그럼에도 우리 가족은 변함없이 서로를 사랑한다는 표현을 멈추지 않았습니다.

사실은 지치는 날들의 연속이었습니다. 잦은 혈당 검사로 일곱 살 아이의 손끝에는 굳은살이 생겼습니다. 아이는 스스로 자신의 윗옷을 걷어 턱으로 붙잡고 배를 꼬집어 주사를 해야 했습니다. 스스로 자기 배에 주사를 해보겠다고 귤에 인슐린 주사기를 찌르는 연습을 하던 아이를 바라보는 일은 엄마인 제게는 너무나 가혹한 슬픔이자 현실이었습니다. 인슐린만 잘 맞으면 될 거라 생각했지만, 혈당 관리는 그리 호락호락하지 않았지요.

그러다가 김미영 대표님을 만났고 연속혈당측정기를 알게 되었지요. 당시에는 해외에서만 연속혈당측정기를 구입하고 사용할 수 있었는데, 굳은살이 가득한 손끝도 모자라 발가락에서 채혈하던 저희 아이에게 꼭 필요한 의료기기였습니다. 어쩌면 대표님이 저희 아이에게 연속혈당측정기를 사용할 수 있는 기회를 만들어줄 수 있겠다는 생각이 들어 지독하리만큼 간절한 마음으로 매달렸습니다. 대표님은 간절함으로 타들어가는 제 마음을 이해해주었습니다.

대표님의 희생과 노력으로 연속혈당측정기를 자유롭게 사용할 수 있었습니다. 그날 이후 아이의 손끝은 새살이 돋아 말랑해졌습니다. 말랑해진 손끝만큼 우리의 마음도 서서히 치유되고 있었습니다. 아이가 1형당뇨를 만난 것은 분명한 슬픔이었지만, 어느새 우리 가족은 그 슬픔에 갇혀서만 살지 않았습니다.

아이는 어느새 열두 살이 되었습니다. 아이는 발병한 지 5년 동안 당화혈색소 5.4~6.4 사이를 꾸준히 유지하고 있습니다. 병원에서도 혈당 관리의 모범사례라며 늘 칭찬해주고 있습니다. 매년 학급회장도 놓치지 않고, 모든 일에 '열심히' 임하는 자랑스러운 딸입니다. 사실 1형당뇨가 생기기 전에는 우리 아이를 향해 이렇게 기도했었습니다.

"우리 아이가 살아가는 동안 힘든 고비를 피해가게 해주세요."

그렇지만 지금은 이렇게 기도합니다.

"우리 아이가 삶의 어떤 고비를 만나더라도 이겨낼 수 있는 힘을 주세요. 딱 지금처럼만요."

이 책을 읽는 분들 중에는 저와 같은 경험을 시작한 분들도 있겠지요. 1형당뇨는 조금 불편하고, 조금 어렵습니다. 그렇지만 지금 우리가 가지고 있는 행복에 집중하며 마음을 서서히 열어보세요. 1형당뇨병환우회와 슈거트리가 그 '마음 열기'와 '행복 집중'을 도와줄 수 있어요. 제 딸을 비롯해서 모든 당뇨인의 건강을 기원하며 이 글을 마칩니다.

TYPE 1 DIABETES

열여섯 살 소녀의 가혹한 겨울이 따스한 봄이 되기까지

- 김서영

2003년 2월, 나는 열여섯 살 겨울의 끝자락에서 원인 모를 갈증과 어지러움으로 쓰러졌다. 그러고는 케토산증과 함께 '1형당뇨'라는 진단을 받았다. 눈을 떠보니 앞으로 '먹을 것'을 제한해야 하고, 음료나 간식은 먹지 못한다고 했다. '당뇨'라는 말을 들어본 것 같기는 한데 내가 그 병이라니! 뚱뚱하지도 않은 내가 왜? 더군다나 평생 식사할 때마다 주사를 맞아야 한다는 사실, 입원 기간 2주 내내 맛없는 병원 밥만 먹으면서 먹고 싶은 간식을 못 먹는다는 사실에 화가 났다. 그 겨울은 내게 참으로 가혹하고도 추운, 잊지 못할 계절이었다.

퇴원을 하고 집에 가니 너무나도 많은 것이 달라져 있었다. 엄마는 아침저녁으로 혈당측정기를 내밀며 나의 혈당을 쟀다. 혈당이 괜찮을 때는 안도의 한숨을, 혈당이 높을 때는 눈물 맺힌 눈으로 걱정스런 한숨을, 그리고 혈당이 낮을 때는 허겁지겁 주스를 가져오시며 한숨을 쉬셨다. 동생은 나 몰래 눈치 보며 과자를 먹었고, 아빠는 딸의 눈치를 보느라 진땀을 빼며 "우리 큰딸, 치킨 먹을래?" 하시다가 엄마에게 혼이 났다.

2주간 입원을 하면서 새 학기 초에 일주일 정도 학교를 가지 못했다. 나는 담임 선생님과 정말 친한 친구 3명에게만 1형당뇨라는 사실을 털어놓았고, 그 누구에게도 말하지 않았다. 나는 늘 야무지고 똑똑하다는 주위의 칭찬을 받으며 우수한 성적으로 학교 생활을 했었다. 그런데 갑작스러운 1형당뇨 진단으로 내 인생이 발목 잡히고 무너지는 것 같아서 현실을 인정하기가 너무 싫었다.

늘 내 칭찬을 입에 달고 살던 엄마가 내 앞에서 한숨만 쉬고, 관심을 안 줬으면 하는 친척들이 그 사실을 알고는 원치 않는 걱정을 해주는 것. 그것이 마치 내가 동물원의 구경거리가 된 것 같은 느낌이 들어서 나는 점점 마음의 문을 닫았고 사람들과도 멀어져갔다. 나는 승부욕도 강하고 자존감도 높았는데, 1형당뇨를 만나고서 매일매일 혈당에 졌고 자존감은 무너져 내렸다. 나의 자존감이 지하로 떨어지고, 왜 나에게만 이런 일이 일어나는지 밀려오는 억울함과 막막함은 '이렇게 살 바에야 차라리 죽는 게 낫겠다'는 결론을 가져올 만큼 상당히 충격적인 일이었다.

그렇게 사춘기와 함께 찾아온 1형당뇨는 "그렇게 한숨 쉴 바에는 내 방에 들어오지 말고 내 혈당도 알 생각하지 마"라며 문을 쾅 닫으며 엄마에게 모진 말을 쏟아내는 못된 딸로 만들었다. 그리고 솔직한 성격이었던 나는 친구들에게 말 못 하는 비밀을 가진 사람이 되었다. 그리고 1형당뇨에 대한 혼자만의 소심한 복수로 엄마 몰래 학교에서 '월드콘'을 쉬는 시간마다 사 먹는 '1형당뇨계의 반항아' 생활을 했다.

기억에 남는 학창 시절 사건은 중3 때다. 1박 2일간 청소년 수련회를 갔을 때 작은 가방에 인슐린과 주사기를 챙겨갔다. 그런데 교관이 전체 소지품 검사를 하면서 내 가방을 열어보고는 나를 살짝 불러냈다. 여자 교관이 조심스럽게 물어봐서 병에 대해 말씀드렸고, 알았다고 들어가라고 했다. 정말 다행이었던 건 앞에서 크게 묻지 않으셨던 점이고, 기억에 남는 건 내 자리로 들어오는 길에 무슨 일 때문에 불려간 것인지 의문스러워하는 친구들의 눈빛이었다.

그리고 또 하나는 고등학교 3학년 때 수능을 치고 머리도 식힐 겸 경기도 수원의 외삼촌 집에 놀러가서 일주일 정도 있었을 때다. 나는 그 누구에게도 내가 정상인과 다르다는 걸 알리고 싶지 않았다. 그래서 외삼촌 집에서도 화장실에 가서 주사를 맞았다.

나는 당시 유리병 인슐린(바이알) N과 R을 사용했는데, 인슐린 유리병을 세면대에 잠깐 올려놨었다. 주사기를 세팅하면서 실수로 병을 치는 바람에 바이알이 차가운 화장실 타일 바닥으로 떨어졌고, 바이알 아랫부분이 깨져버렸다.

'아, 이걸 어떡하지? 삼촌한테 말하면 엄청 당황할 텐데. 엄마한테 전화하면 엄청 걱정하실 텐데.' 그래서 나는 누구에게도 말하지 않고 숙모에게 요리할 때 쓰는 랩을 달라고 해서 깨진 바이알 아랫부분을 래핑해서 거꾸로 세워두고 썼다. 그러고는 여행을 끝내고 집으로 와서 그 바이알을 버렸다. 지금 생각해보면 '여유분을 가지고 갔으면 됐을 텐데, 없으면 내과 가서 처방받으면 됐을 텐데' 하는 아쉬움이 남는다. 하지만 세상에 1형당뇨인이 나 혼자인 줄만 알았던 열아홉 살 소녀는 누구에게도 배우지 못했고, 그래서 누구와도 공유하지 못했었다.

고등학생 때 1형당뇨에 대한 생각은 안중에도 없었지만, 그래도 내 인생을 포기할 수는 없었다. 나는 열심히 공부해서 원하는 대학에 들어갔다. 대학 친구들과 술까지 마시면서 더 진화한 '반항아' 생활을 이어나갔다. 그러다가 대학에서 사랑하는 사람을 만나고, 준비하던 공공기관에 취업하면서 1형당뇨인생 10년 만에 '아, 나도 관리를 잘해서 제대로 된 삶을 살아야겠어!'라고 다짐했다.

직장 생활도 잘해야겠고, 결혼해서 이 사람과 행복한 삶도 살아야겠고, 고민 끝에 임신을 계획하고 아기도 가졌다. 나는 그제야 덜컥 겁이 났다. 좀 더 타이트한 관리가 필요했고 다른 사람의 조언이 필요했기에 이리저리 방법을 찾았다. 슈거트리에 '시원블루'라는 닉네임을 가진 분을 만났고, 내 인생 최대의 전환점을 맞게 되었다.

나는 연속혈당측정기를 알고 나서 혈당 관리를 어떻게 해야 하는 것인지 공유하며 배웠다. 그리고 환우회가 있다는 사실도 알게 되어 가입하고, 또 거기서 우리 1형당뇨인의 더 나은 삶을 위해 움직이는 환우회원들을 보며 '나는 혼자가 아니었구나. 난 왜 여태 이런 걸 몰랐을까. 지금이라도 알게 돼서 정말 다행이다'라고 생각했다.

그 덕분에 나는 아무 탈 없이 너무나도 예쁜 아가를 만날 수 있었다. 임신을 하고 출산을 하며 아이와 지내는 지금 이 시간들이 '내 인생의 봄'이라고 감히 말하고 싶다. 너무나도 행복했고 지금도 무척이나 행복한 시간을 보내고 있다. 그런데 이게 단순히 아이가 태어났기 때문일까? 고민해봤지만 단순히 그것 때문만은 아니었다. 분명 과거의 나와 현재의 나는 달랐다.

19년의 세월을 지나오며 부정적인 생각에 사로잡혀 '죽어가던 나'는 살기 위해 생각을 바꿨다. 내 인생에서 내가 최우선이기 때문에 소중한 나의 인생, 나의 건강을 위해 혈당을 관리했고 사랑하는 가족을 위해 긍정적으로 생각했다. 생각이 바뀌니 행동이 바뀌었고, 나는 더 이상 불행하지 않았다.

내가 1형당뇨로 입원했을 당시, 수간호사가 엄마에게 결혼은 하더라도 임신은 힘들 거라고 말했던 것을 분명히 기억한다. 수간호사가 병실을 나간 뒤 '자기가 뭔데 내 인생에 답을 내리냐'고 노발대발하며 엄마에게 역정을 내던 나를 똑똑히 기억한다. 간호사의 그 말이 맺힌 엄마는 내가 결혼을 하고 임신을 고려할 때 딸 건강이 걱정되어서 만류하고 반대했었다. 그런데 내가 그런 이유들로 결혼과 출산을 포기했다면, 나는 과연 오롯이 나의 봄을 맞이할 수 있었을까?

내 인생의 봄은 바로 지금이다. 나와 나의 배우자와 나의 아이가 내일은 또 어떤 재미난 일을 하며 보낼지 고민하는 지금 이 순간이 내게는 따스한 봄이다. 그리고 내가 노력하는 한, 이 봄은 계속될 것이라 믿는다.

내가 생각했을 때 지금 우리에게 가장 중요한 것은 첫 번째, '나는 혼자가 아니다'라는 생각. 두 번째, 오늘의 혈당보다 더 중요한 것은 '오늘을 보내는 긍정적인 사고와 행동'이다. 그리고 마지막으로 세 번째, 내 인생의 주인공은 혈당이 아니라 바로 나, 오롯이 '나'라는 인식이다.

한 가지 바람이 있다면 이 글을 읽는 환우 또는 환우의 부모님들이 혈당과 건강에 대한 걱정으로 자신을 감옥에 가두고 행복의 날개를 꺾는 일이 부디 없기를 바라본다. 나의 행복은 내가 정하는 것이기에, 스스로가 주체가 되어 자기 삶을 살아가는 것. 그것만 기억한다면 우리는 모두 언젠가 자신의 봄을 맞고 있지 않을까? '1형당뇨인 아무개'가 아닌, 그저 자신의 이름 석 자로 당당하게 살아갈 수 있을 때, 우리는 분명 '행복한 봄'을 만날 수 있을 것이다.

이외에도 더 많은 수기를 보고 싶다면,
QR 코드를 확인해주세요.

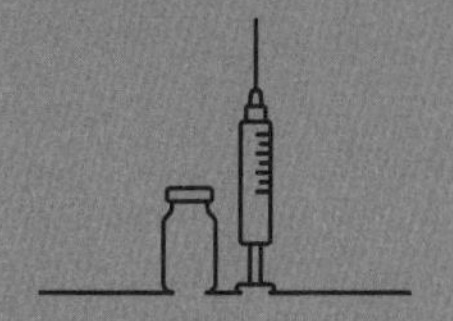

1형당뇨인들은 각 분야에서 열정적인 삶을 살고 있다. 올림픽 수영 금메달리스트, 슈퍼모델, 방송인, 영화배우, 정치인, 사업가 등 자신의 재능과 열정이 닿는 곳에서 뛰어난 성취를 보여주고 있다. 이뿐만 아니라 기부를 통해 선한 영향력을 펼치고 있다. 이들의 목소리는 한결같다. "1형당뇨는 병이 아니라, 당신의 인생과 동행하는 동료이자 친구다. 1형당뇨 때문에 할 수 없는 것은 아무것도 없고, 당신들은 무엇이든 할 수 있다"고 말이다. 부록에는 1형당뇨를 극복한 유명인들의 사례가 담겨 있다. 그들의 이야기를 통해 희망을 얻길 바란다.

+ 부록 +

1형당뇨를 극복한 유명인들

소니아 소토마요르

Sonia Sotomayor

미국 연방대법원 대법관, 전 판사

1954년 6월 25일생. 미국 최초의 히스패닉계 대법관이다. 미국은 우리나라 대법관과 달리 종신직이다. 더 엄격하게 자질을 심사할 뿐만 아니라 인격적으로도 존경받을 만한 인물이 아니면 대법관이 되기가 어렵다. 게다가 미국 사회의 주류가 아닌 라틴 아메리카 이민자 출신 여성으로서 대법관이 되었다는 점에서 수많은 여성과 이민자들에게 큰 용기와 희망을 주고 있다.

소토마요르는 일곱 살에 1형당뇨병 진단을 받았다. 어머니는 간호사였고, 아버지는 노동자였다. 아버지는 알코올중독자로 그녀가 아홉 살일 때 사망했다. 그녀는 『소토마요르, 희망의 자서전』에서 1형당뇨병 진단을 받았을 때의 가족 풍경을 묘사했다. 알코올중독자인 아버지는 술이 덜 깬 상태로 어머니와 말다툼을 벌였다. 아내는 일을 하러 나가야 하는데, 남편은 알코올중독으로 무기력하게 있었기 때문이다.

소토마요르는 그때 자신이 해야 할 일을 깨달았다고 한다. 앞으로 '살기 위해서'는 스스로 인슐린 주사를 맞아야 한다는 것을 말이다. 그녀는 어머니에게 자신이 직접 주사를 놓겠다고 말하고는 주사기 소독하는 법, 인슐린 맞는 법 등을 배웠다. 당시에는 지금처럼 펜 형 인슐린 제품이 없었을 때였다.

앞으로 오래 살아도 쉰 살 정도까지만 살 수 있다는 말을 들었지만, 그녀는 스스로 운명을 개척했고 대법관의 자리에 올랐다. 소토마요르는 자서전에서 "1형당뇨병은 내 삶에 전혀 장애가 되지 않았다. 오히려 '자제력'이라는 훌륭한 자질을 일깨워주었다"라고 밝혔다.

호수 페이주

Josu Feijoo

1형당뇨인으로서 최초의 우주비행사

7대륙의 최고 봉우리를 모두 오르고, 남극과 북극을 탐험한 사람을 두고 산악인들은 '그랜드슬램'을 달성했다고 한다. 지금까지 그랜드슬램을 달성한 사람은 20명 남짓이다. 그 리스트 중에는 스페인 바스크 출신의 호수 페이주가 있다.

그는 대학 학위를 받은 스물네 살 때, 갑작스레 1형당뇨병을 만났다. 그럼에도 그는 어린 시절의 꿈을 포기할 수 없었다. 에베레스트를 등반하고 우주 여행을 하는 게 꿈이었다. 의사들은 그가 높은 봉우리를 오를 수 없을 것이고, 우주비행사가 되는 일은 불가능하다고 말했다. 그러나 의사들의 말은 모두 틀렸다.

그는 1형당뇨인 최초로 그랜드슬램을 달성했고, 미그(MIG) 29기를 모는 조종사가 되었다. 게다가 2023년에 우주로 나갈 채비를 하고 있다. 스위스 제네바대학교의 연구진과 힘을 합쳐 당뇨병 환자의 몸이 우주에서 어떻게 반응하는지, 인슐린이 어떻게 작용하는지를 분석할 예정이다.

그는 한 인터뷰에서 에베레스트 정상에 섰을 때의 느낌을 이렇게 말했다. "2006년 5월 18일. 나는 정상에서 거의 한 시간을 보냈다. 너무 초현실적이어서 울음을 멈출 수가 없었다. 에베레스트를 처음 알려준 아버지에 대한 기억이 떠올랐다. 구름 한 점 없는 맑은 날, 하늘을 바라보며 감사했다. 영하 42도였다. 게다가 딸이 태어난 지 3개월 만이었다."

페이주는 당뇨병을 '같이 인생을 걸어가는 동료'라고 생각한다. 그것은 어떤 장애도 아니고, 자신의 꿈을 꺾을 수도 없는 것이다. 그는 세계당뇨병협회의 홍보대사도 맡고 있다. 그는 전 세계 당뇨인들에게 이렇게 말한다.

"걱정하지 마라! 삶은 계속될 것이고, 당뇨병은 단지 그 길을 함께하는 동료일 뿐이다."

앤 라이스

Anne Rice

소설가, 〈뱀파이어와의 인터뷰〉 원작자

앤 라이스는 1994년 톰 크루즈, 브래드 피트, 크리스찬 슬레이터 등이 출연한 영화 〈뱀파이어와의 인터뷰〉의 원작자이자 전 세계적으로 1억 부 이상 팔린 베스트셀러 작가다. 초자연적인 고딕풍의 소설로 엄청난 성공을 거두었지만 앤 라이스의 삶은 결코 평탄하지 않았다.

그녀가 열다섯 살이었을 때 어머니는 알코올중독 후유증으로 세상을 떠났다. 어머니가 사망한 이후 외할머니 손에 맡겨졌지만, 외할머니 역시 알코올중독자였다. 대학교에 진학해도 학비를 감당할 수 없어서 그만두고 생활 전선에 뛰어들어야 했다. 보험회사에 취업해 보험금 청구 담당자로 일했다. 학업의 끈을 놓을 수 없었던 앤 라이스는 야간 과정에 등록해 학업을 이어갔다. 이후에는 샌프란시스코 주립대학교에서 문예창작 석사 학위를 받고 대학 강사를 시작했다.

나중에는 문예창작과 학과장을 맡았다. 대학원 시절에는 둘째 아이가 백혈병으로 사망하는 고통을 겪기도 했다.

1998년 어느 날, 극심한 두통과 호흡 곤란이 찾아왔다. 죽을 것만 같은 고통이었다. 남편은 급히 911 다이얼을 돌렸다. 병원에 도착했을 때, 그녀의 혈당은 무려 800mg/dl이 넘었다. 의사는 조금만 늦었어도 사망했을 것이라고 말했다. 어린아이들만 걸리는 병으로만 알았던 1형당뇨병 진단을 받은 것이다.

그녀는 멈추지 않았다. 당뇨병 진단을 받은 후 적절한 인슐린 치료를 받으며 소설가로서의 명성을 이어갔다. 그리고 1형당뇨병에 대한 사람들의 인식을 바꾸고자 많은 노력을 기울였다.

론 산토

Ronald Edward Santo

미국 메이저리그 야구선수, 야구 해설가

프로야구 선수로서 최고의 영광은 무엇일까? '명예의 전당'에 들어가는 일, 그리고 자신의 등번호가 영구 결번이 되는 일이 아닐까? 더 나아가 자신의 동상이 경기장 입구에 세워져 있다면, 선수로서 그보다 영광스러운 일은 없을 것이다. 실력과 인격 면에서 팬들로부터 절대적인 사랑을 받아야만 이 영광을 모두 누릴 수 있다.

그런데 그 영광을 누린 선수가 있다. 바로 프로야구팀 시카고컵스에서 뛰었던 론 산토이다. 산토는 다섯 차례의 골든글러브, 아홉 차례의 올스타 선정에 빛나는 시카고컵스의 레전드 3루수였다. 은퇴 이후에는 시카고컵스의 해설가로 활동하며 팬들에게 열렬한 지지를 받았다. 편파(?) 해설로 유명했는데, 팬들은 그의 모습에서 팀에 대한 헌신과 열정을 보았고 그를 사랑했다(미국은 우리나라와 달리 각 구단에 전속 해설가를 두고 경기를 중계한다).

론 산토는 프로야구에 갓 진출했을 때, 그러니까 열여덟 살(1958년)에

1형당뇨병 진단을 받았다. 당시만 해도 연속혈당측정기와 같은 의료기기가 발달하지 않았다. 그럼에도 그는 저혈당을 관리하기 위해 치열하게 노력했다. 평소 식단 관리를 철저히 하면서 저혈당이 올 것 같으면 벤치에서 사탕과 초콜릿을 먹고 경기에 나섰다.

그를 더욱더 위대한 선수로 만든 계기는 그가 은퇴하고 나서였다. 1971년 8월 28일, 리글리필드에서 '론 산토 데이'를 개최하던 날이었다. 그는 그날 자신의 투병 사실을 사람들에게 공개했다. 자신이 열여덟 살에 1형당뇨병 진단을 받았고, 잘해야 25년 정도 더 살 것이라고 했던 의사의 말과 함께 말이다.

그는 1형당뇨병을 대하는 사람들의 인식을 바꾸고, 다른 당뇨인들을 돕기 위해 많은 노력을 기울였다. 그는 1974년 '당뇨 퇴치를 위한 론 산토의 행진(Ron Santo Walk to Cure Diabetes in Chicago)'이라는 자선 행사를 열었고, 그가 사망한 2010년까지 매년 계속되었다.

닉 조나스

Nick Jonas

미국의 싱어송라이터, 영화배우

1992년 9월 6일생. 2021년 닉 조나스는 세계에서 가장 비싼 광고로 알려진 미식축구 슈퍼볼 경기의 덱스콤 모델로 등장했다. 덱스콤은 5분 간격으로 실시간 혈당 데이터를 알려주는 연속혈당측정기 제조 회사다. 덱스콤이 그를 광고 모델로 발탁한 이유는 무엇일까? 그가 바로 1형당뇨인이기 때문이었다.

닉은 형 둘과 함께 '조나스 브라더스'로 활동했던 유명 가족밴드의 막내다. 그는 열세 살 때 1형당뇨병 진단을 받았다. 그는 조나스 브라더스 투어를 하던 중 병원에 입원했다. 그는 입원 전까지 체중이 계속 줄었고, 갈증도 심해서 화장실을 자주 들락거렸다. 의사가 그의 혈당을 측정해보니 무려 900mg/dl 이상이었다. 그는 입원을 하고서 혈당을 조절하고, 다시 열정적으로 투어를 진행했다.

그는 미국에서 가장 유명한 1형당뇨 '셀럽'이다. 이뿐만 아니라 그 누구보다도 적극적으로 1형당뇨 인식 개선에 앞장서고 있다. 미국 최대 청소년 당뇨 단체인 JDRF의 공익광고에 출연하는 등 후원을 아끼지 않고 있다. 2015년에는 유명 셰프인 샘 탤봇 등과 1형당뇨병 네트워크 'Beyond Type1'을 공동으로 설립했다.

그는 1형당뇨병 진단을 받은 후 자신의 심정을 담아 노래를 불렀다. 그의 세 번째 정규 앨범의 타이틀곡 〈A little bit longer〉이다. 한 번 들어보시길!

나초 페르난데스

Nacho Fernández

레알 마드리드 소속, 스페인 국가대표 축구선수

1990년 1월 8일 마드리드 출생. 2018년 크리스티아누 호날두가 이끄는 포르투갈과 상대 팀 스페인의 경기는 러시아월드컵 최고의 빅매치였다. 이 경기에서 멋진 하프 발리슛으로 스페인의 세 번째 골을 넣은 주인공이 바로 나초 페르난데스다.

나초는 레알 마드리드 원클럽맨으로 팬들의 절대적 지지를 받는 인물이다. 열한 살 때 레알 마드리스 유스팀에 입단해 지금까지 레알 마드리드 소속으로 뛰고 있다.

그의 축구 인생에서 가장 힘들었던 시기는 열두 살 때였다. 이때 찾아온 1형당뇨병 때문에 의사는 그에게 더 이상 축구를 할 수 없다고 말했지만, 그는 결코 포기하지 않았다.

나초는 다른 의사의 도움을 받아 성공적으로 혈당 관리를 했다. 그러면서 세계 3대 축구리그인 라리가를 대표하는 팀 레알 마드리드에서 열정적으로 축구 인생을 살고 있다. 그는 한 인터뷰에서 1형당뇨병을 가진 사람들에게 다음과 같이 말했다.

"내 인생에 제한은 없다. 좀 더 음식에 주의를 기울여야 하지만 다행히 잘 조절하고 있고, 의사와 좋은 관계를 유지하고 있다. 당뇨병은 당신을 더 책임감 있는 사람으로 만들어줄 것이고, 당신 자신을 더 잘 돌보게 해 줄 것이다. (중략) 그건 마치 내 옆에 팀 동료가 있는 것과 같다."

데이먼 대시

Damon Dash

기업가, 프로듀서, 가수, 영화배우, 영화 제작자

열다섯 살의 고등학생 데이먼 대시는 침대에 꼼짝 않고 한두 달 누워 있었다. 몸무게가 18kg이나 빠졌지만 병원 가는 게 두려웠다. 에이즈에 걸린 매직 존슨(전설적인 농구선수)처럼 자신도 불치병 진단을 받을 것만 같았다. 결국 의사를 만났고, 1형당뇨병이라는 진단을 받았다.

데이먼은 기뻤다. "나는 정말 (진단을 받았을 때) 행복했고, 그 이후로도 쭉 행복하다. 다리에 바늘만 찌르면 죽지 않고 살 수 있고 기분도 좋아졌기 때문이다."

그는 불치병이 아니라 인슐린만 투입하면 되는 1형당뇨병으로 인해 두 번의 삶의 기회를 얻었다고 말한다. 열다섯 살 때 당뇨병 진단을 받고, 같은 해 어머니를 천식으로 잃은 이 소년의 미래는 어땠을까?

그는 제이 지(Jay Z)와 함께 최고의 힙합 레이블인 로카펠라(Roc-A-Fella) 레코드를 설립했다. 제이지와 함께 음반을 내기 위해 대형 레이블의 문을 두드렸지만 반응은 냉담했다. 결국 데이먼과 제이 지, 그리고 카림 빅스 버크는 제작사를 만들기로 마음먹었고, 그렇게 탄생한 것이 로카펠라다.

첫 음반은 무려 50만 장이나 팔리면서 '대박'을 쳤다. 이후 제이 지와 데이먼은 로카펠라 브랜드를 확장해 의류업체 로커웨어를 설립했고, 이 회사는 캘빈클라인과 폴로 등에 필적하는 회사로 성장했다. 이후 영화 사업에도 진출해 큰 성공을 거두었다.

데이먼은 로카펠라의 지분을 모두 팔고 자신의 회사들을 직접 경영하고 있다. 그중 하나가 영상제작 스튜디오다. 그 회사에서 'Dash Diabetes Networks'라는 당뇨 및 건강 관련 콘텐츠를 제공하는 곳도 운영하고 있다.

"나는 음악 프로듀서, 기업가, 영화 제작자, 감독, 그리고 배우까지 모든 것을 당뇨병과 함께해왔다. 당뇨병이 마치 나를 '슈퍼 히어로'로 만들어준 것처럼 느껴질 때가 있다. 나는 건강을 관리하는 방법을 알고 있다. 그리고 건강하기 때문에 내가 원하는 삶을 살 수 있다."

수잔 퐁

Susan Fong

디즈니 픽사(Pixar) 기술감독

〈토이 스토리〉〈니모를 찾아서〉〈코코〉 등 주옥 같은 애니메이션을 만든 픽사가 2022년 첫 작품으로 〈메이의 새빨간 비밀〉을 OTT 플랫폼에 공개했다. 이 영화는 개봉 전부터 미국 당뇨 커뮤니티에서 화제가 되었다. 이 작품에 인슐린펌프와 연속혈당기(CGM)를 부착한 두 명의 캐릭터가 등장하기 때문이다. 게다가 이 작품의 기술감독이 네 살 때 1형당뇨병 진단을 받은 수잔 퐁이라는 사실이 알려지면서 당뇨 커뮤니티에서는 영화 개봉에 대한 기대감이 높았다.

이 영화에 당뇨 관리 기기가 등장한 이유는 무엇일까? 픽사는 이전부터 생생한 삶의 모습을 영화에 담으려는 노력을 해왔다고 한다. 〈토이스토리 4〉에서는 인공와우를 단 인물이 등장했다. 이번에도 실제 사람들의 삶을 영화에 담자는 취지 아래, 감독과 회사 측에서 수잔의 제안을 수용했다고 한다.

수잔은 1형당뇨인 캐릭터를 제안했고, 감독과 회사 측은 설명을 듣자마자 그 자리에서 오케이 했다고 한다. 재미있는 점은 당뇨 커뮤니티에서는 팔에 부착한 것을 두고 연속혈당측정기라는 얘기가 있었지만, 수잔은 그것을 인슐린 주입기라고 한다. 이 영화의 배경이 2000년 초반이니, 그때는 연속혈당측정기가 상용화되지 않았을 때라고 한다.

수잔이 컴퓨터 그래픽 분야에 관심을 둔 계기는 고등학교 때 학교 연감을 만들면서부터다. 연감에는 그래픽 자료가 들어간다. 컴퓨터 그래픽을 하려면 컴퓨터 언어를 이해해야 하는데, 수잔 퐁은 어려서부터 수학을 좋아했다고 한다.

"내가 수학을 잘하게 된 것은 1형당뇨인이라는 사실과도 관련이 있다. 1형당뇨인은 탄수화물비뿐만 아니라 혈당의 움직임을 보고 계산해서 인슐린 양을 결정해야 한다. 그러니 자연스레 숫자와 친숙해질 수밖에 없다."

밥 바비 클라크

Bob Bobby Clarke

NHL 아이스하키 팀 필라델피아 플라이어스의 전설

1949년 8월 19일 출생. 아이스하키 역사상 가장 위대한 인물 중 한 명으로, 아이스하키가 국기(國伎)인 캐나다 아이스하키 팬들에게 존경과 사랑을 받는 인물이다. 1998년 일본 나가노 동계올림픽에서 캐나다 선수단의 단장을 맡기도 했다. 1987년에는 아이스하키 명예의 전당에 헌액되었다.

청소년 시절부터 두각을 나타내던 바비가 위기를 맞은 것은 10대 초반에 1형당뇨병 진단을 받으면서부터다. NHL(북미아이스하키리그) 스카우터들은 그를 눈여겨봤지만 1형당뇨병에 대한 의구심을 떨쳐버리기가 어려웠다. 1960년대만 해도 지금처럼 당뇨병 관리 기술이 발달하지 못했다.

그런데 필라델피아 플라이어스의 스카우터는 그의 성실성과 재능을 보고는 1형당뇨병 전문의에게 '선수로서 활동할 수 있는지'를 문의했다. 처음에는 구단으로부터 거절을 당했지만 스카우터의 끈질긴 노력으로 바비는 1969년에 프로에 진출하게 된다. 실력도 실력이었지만 뛰어난 리더십으로, 스물세 살 때 당시 NHL 역사상 최연소 주장을 맡았다.

바비는 스스로를 '당뇨병 운동선수(diabetic athlete)'가 아니라 '우연찮게 당뇨성을 갖게 된 아이스하키 선수(a hockey player who happened to have diabetes)'라고 명명한다. 그의 이야기를 더 들어보자.

"나는 '당뇨병 운동선수'라는 말을 들었을 때 정말 화가 났다. 무릎이 찢어졌다고 해서 그를 '무릎이 찢어진 하키선수'라고 부르지 않는다. 어깨가 탈골되었다고 해서 '어깨 탈골 하키선수'라고도 부르지 않는다. 나는 우연히 당뇨병을 갖게 된 하키선수일 뿐이다. 그게 전부다. 내 당뇨병으로 나를 판단하지 말아 달라."

바비는 혈당측정기나 연속혈당측정기가 없던 시대에 선수로 활동했다. 그때는 소변으로 혈당을 측정했다. 그런데도 그는 합병증 없이 건강하게 선수생활을 했고 레전드로 남았다. 게임 중간중간에 설탕물을 먹으면서 레전드가 된 바비. 그는 지금도 1형당뇨병을 우연찮게 갖게 된 아이스하키 선수들의 롤 모델로서, 많은 이에게 삶의 영감을 주고 있다.

샘 탤봇

Sam Talbot

수석 셰프 및 레스토랑 경영자

샘 탤봇은 미국의 인기 요리경연 프로그램인 〈탑 셰프(top chef)〉 시즌2의 준결승 진출자이자 유명 셰프다. 그는 셰프, 레스토랑 경영자, 서퍼(surfer), 화가 등 다양한 방면에서 재능을 펼치고 있다. 2012년에는 미국 잡지 〈피플(people)〉에서 '미국에서 가장 섹시한 남성 중 한 명'으로 뽑히기도 했다.

그가 1형당뇨병 진단을 받은 것은 열두 살 때였다. 목이 마르고 소변을 자주 보자 어머니는 그를 병원에 데려갔다. 외삼촌이 1형당뇨인이었기에 어머니가 아이의 상태를 빨리 알아차릴 수 있었다. 그의 혈당은 700~800mg/dl이었다. 그는 두려웠다. 지금까지와는 다른 삶을 살아야 했다. 항상 손이 닿는 곳에는 저혈당에 대비한 주스 상자를 둬야만 했다.

그러던 어느 날, 그는 문득 깨달았다. '1형당뇨와 함께 사는 것은 걸림돌이 아니라 최선을 다하는 삶을 살기 위한 원동력이다'라는 것을 말이다. 이때부터 그는 당뇨병이 자신을 괴롭히게 만들지 않겠다고 마음을 먹었고, 오히려 더 건강하고 굳건한 사람이 되기로 했다.

샘은 최고의 삶을 살기 위해서는 자신의 몸, 그리고 무엇보다 자신의 몸에 들어가는 음식에 대해 프로가 되어야 한다고 생각했다. 이런 신념은 자신에게만 해당하는 것은 아니다. 그는 사회운동에도 적극적이다. 샘은 '학교 급식을 구하자'라는 프로그램을 의원들에게 제안하고자 40개 주에서 출발해 국회의사당까지 행진하는 50명의 셰프 중 한 명이었다. 그들은 국회의사당에서 학생들에게 더 높은 질의 음식을 제공해야 한다고 강력하게 주장했다.

쉴 새 없이 바쁜 가운데도 샘은 1형당뇨 자녀를 둔 부모 2명과 함께 'Beyond Type1'이라는 단체를 공동으로 설립했다. 샘은 'Living Beyond' 인스타그램을 통해 1형당뇨인 지원 커뮤니티를 만들어 이를 전 세계로 연결하는 게 목표라고 힘주어 말한다.

윌 크로스와 게리 윙클러

Will Cross, Geri Winkler

산악인

2006년 5월, 한 1형당뇨인이 세계에서 가장 높은 에베레스트 정상에 올랐다. 전문 산악인의 목숨을 300여 명이나 앗아간 에베레스트를 1형당뇨인이 정복한 것이다. 그는 680마일, 혹독한 남극 광야를 가로질렀다. 아프리카 대륙에서 가장 높은 킬리만자로 산을 포함해 7대륙 최고봉에 도전해 모두 성공했다. 이번에는 사막으로 탐험의 발길을 옮겼다. 아프리카의 사하라 사막, 인도의 타르 사막 등을 자신의 두 발로 성큼성큼 걸었다.

산악인으로서 대단한 성과를 일군 그의 이름은 1976년 아홉 살 때 1형당뇨병 진단을 받은 윌 크로스다. 미국 의회는 그의 모범적인 삶과 도전 정신, 그리고 봉사활동 업적을 인정해서 황금의회상(Gold Congressional Award)을 수여했다.

윌 크로스는 "1형당뇨가 산을 오르고 싶은 내적 욕망을 막지 못했다"고 했다. 한 걸음 더 나아가 그는 1형당뇨인들은 1형당뇨를 질병으로 정의할 필요조차 없다고 말한다.

"저는 전 세계 수백만 명의 당뇨병 환자들에게 (당뇨병을) 질병으로 정의할 필요가 없다는 것을 보여주고 싶었습니다. 우리는 무엇이든 이룰 수 있습니다."

그런데 윌 크로스는 에베레스트 등반에 성공한 최초의 1형당뇨인이 아니고 두 번째다. 그렇다면 첫 번째는 누구일까? 바로 오스트리아 산악인, 게리 윙클러다. 그는 윌 크로스보다 조금 앞서 에베레스트 정상에 올랐다. 1984년 비엔나에서 교사로 일하고 있던 게리 윙클러는 갑작스레 1형당뇨병 진단을 받는다. 그의 나이 스물여덟 살 때의 일이었다.

1형당뇨병은 그의 모험심과 도전정신을 꺾지 못했다. 그는 1987년에 마라톤을 완주했고, 단독 트레킹으로 아프리카, 라틴 아메리카, 오세아니아 등 여러 대륙을 거치며 장거리 여행을 했다.

그의 에베레스트 정복기는 독특하다. 지구상에서 가장 낮은 지점인 사해(死海, -411m)에서 자전거를 타고 히말라야 산맥으로 떠났다. 가장 낮은 곳에서 출발해 가장 높은 에베레스트 정상에 섰다. 이때의 경험을 한 권의 책으로 출간했고, 많은 독자들에게 사랑을 받았다.

독자 여러분의 소중한 원고를 기다립니다

메이트북스는 독자 여러분의 소중한 원고를 기다리고 있습니다. 집필을 끝냈거나 집필중인 원고가 있으신 분은 khg0109@hanmail.net으로 원고의 간단한 기획의도와 개요, 연락처 등과 함께 보내주시면 최대한 빨리 검토한 후에 연락드리겠습니다. 머뭇거리지 마시고 언제라도 메이트북스의 문을 두드리시면 반갑게 맞이하겠습니다.

메이트북스 SNS는 보물창고입니다

메이트북스 홈페이지 matebooks.co.kr

홈페이지에 회원가입을 하시면 신속한 도서정보 및 출간도서에는 없는 미공개 원고를 보실 수 있습니다.

메이트북스 유튜브 bit.ly/2qXrcUb

활발하게 업로드되는 저자의 인터뷰, 책 소개 동영상을 통해 책에서는 접할 수 없었던 입체적인 정보들을 경험하실 수 있습니다.

메이트북스 블로그 blog.naver.com/1n1media

1분 전문가 칼럼, 화제의 책, 화제의 동영상 등 독자 여러분을 위해 다양한 콘텐츠를 매일 올리고 있습니다.

메이트북스 네이버 포스트 post.naver.com/1n1media

도서 내용을 재구성해 만든 블로그형, 카드뉴스형 포스트를 통해 유익하고 통찰력 있는 정보들을 경험하실 수 있습니다.

STEP 1. 네이버 검색창 옆의 카메라 모양 아이콘을 누르세요. STEP 2. 스마트렌즈를 통해 각 QR코드를 스캔하시면 됩니다.
STEP 3. 팝업창을 누르시면 메이트북스의 SNS가 나옵니다.